산림자원직
기출문제
정복하기

9급 공무원 산림자원직
기출문제 정복하기

개정2판	발행	2024년 01월 10일
개정3판	발행	2025년 01월 10일

편 저 자 | 공무원시험연구소

발 행 처 | ㈜서원각

등록번호 | 1999-1A-107호

주   소 | 경기도 고양시 일산서구 덕산로 88-45(가좌동)

교재주문 | 031-923-2051

팩   스 | 031-923-3815

교재문의 | 카카오톡 플러스 친구[서원각]

홈페이지 | goseowon.com

모든 시험에 앞서 가장 중요한 것은 출제되었던 문제를 풀어봄으로써 그 시험의 유형 및 출제경향, 난이도 등을 파악하는 데에 있다. 즉, 최소시간 내 최대의 학습효과를 거두기 위해서는 기출문제의 분석이 무엇보다도 중요하다는 것이다.

'9급 공무원 기출문제 정복하기 – 산림자원직'은 이를 주지하고 그동안 시행된 국가직, 지방직, 서울시 기출문제를 과목별로, 시행처와 시행연도별로 깔끔하게 정리하여 담고 문제마다 상세한 해설과 함께 관련 이론을 수록한 군더더기 없는 구성으로 기출문제집 본연의 의미를 살리고자 하였다.

수험생은 본서를 통해 변화하는 출제경향을 파악하고 학습의 방향을 잡아 단기간에 최대의 학습효과를 거둘 수 있을 것이다.

9급 공무원 시험의 경쟁률이 해마다 점점 더 치열해지고 있다. 이럴 때일수록 기본적인 내용에 대한 탄탄한 학습이 빛을 발한다. 수험생 모두가 자신을 믿고 본서와 함께 끝까지 노력하여 합격의 결실을 맺기를 희망한다.

STRUCTURE
이 책의 특징 및 구성

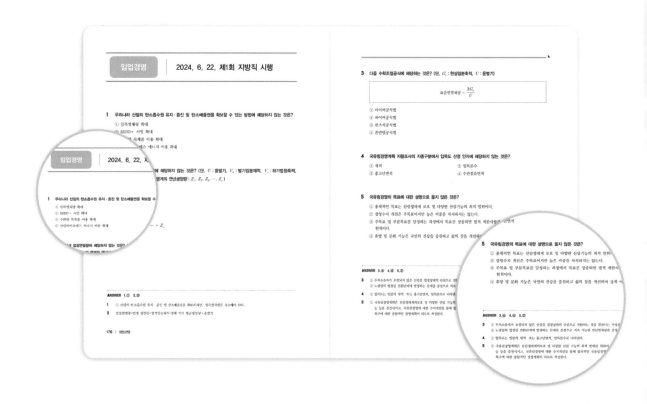

최신 기출문제분석

최신의 최다 기출문제를 수록하여 기출 동향을 파악하고, 학습한 이론을 정리할 수 있습니다. 기출문제들을 반복하여 풀어봄으로써 이전 학습에서 확실하게 깨닫지 못했던 세세한 부분까지 철저하게 파악, 대비하여 실전대비 최종 마무리를 완성하고, 스스로의 학습상태를 점검할 수 있습니다.

상세한 해설

상세한 해설을 통해 한 문제 한 문제에 대한 완전학습을 가능하도록 하였습니다. 정답을 맞힌 문제라도 꼼꼼한 해설을 통해 다시 한 번 내용을 확인할 수 있습니다. 틀린 문제를 체크하여 내가 취약한 부분을 파악할 수 있습니다.

CONTENT
이 책 의 차 례

01 조림

02 임업경영

01

조림

2017. 4. 8. 인사혁신처 시행

1 줄기의 밑 부분에 상처가 있는 나무의 통도기능을 회복시키는 접목방법은?

① 교접   ② 박접
③ 설접   ④ 복접

2 묘목의 단근작업에 대한 설명으로 옳지 않은 것은?

① 직근의 발달이 억제되고 측근과 세근이 발달한다.
② 일부 수종은 늦가을 도장을 억제하는 효과가 있다.
③ 직근성 수종은 식재 후 뿌리가 깊이 내리고 수간의 통직성이 증대된다.
④ 상체작업 없이 2년생 이상으로 산출하는 묘목은 단근작업을 하는 것이 좋다.

3 밀식에 대한 설명으로 옳지 않은 것은?

① 표토의 침식과 건조를 방지하여 개벌에 의한 지력의 감퇴를 줄일 수 있다.
② 비대생장이 불규칙하여 문양이 아름다운 고급재를 생산할 수 있다.
③ 하층식생의 발달이 빈약해져 산림생태계의 건전성이 악화된다.
④ 임분의 근계발달이 약해져 풍해, 설해 등의 피해를 입기 쉽다.

ANSWER 1.① 2.③ 3.②

1 ① 교접 : 나무줄기에 상처가 생겨 넓게 껍질제거를 했을 때 수·양분이 통과되기 어렵게 되어 상처부위의 상하를 연결하는 방법
② 박접 : 접수를 절접에서 모양으로 마련한 다음 박피가 쉽게 되는 초봄에 한줄 또는 두줄로 칼자국을 낸 후 박피된 부분에 접수를 넣어 접목하는 방법
③ 설접 : 대목과 접수의 굵기가 비슷한 것에서 대목과 접수를 혀 모양으로 깎아 맞추고 졸라매는 방법
④ 복접 : 대목의 측면부를 비스듬히 삭면을 만들어 다른 삭면을 지닌 접수를 끼워 넣는 방법

2 ③ 묘목의 단근작업시 직근 발달을 약화시켜 수간의 통직성은 저하된다.

3 ② 개체끼리의 경쟁으로 인해 균일한 연륜폭이 되어 고급재의 생산이 가능하다.

4 그림과 같은 묘목 식재방법은?

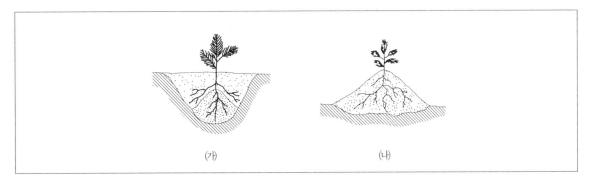

(가)   (나)

	(가)	(나)
①	심식	천식
②	천식	심식
③	치식	봉우리식재
④	봉우리식재	치식

5 반형매 또는 전형매 차대검정을 실시하는 임목육종방법은?

① 선발육종   ② 도입육종

③ 배수체육종   ④ 돌연변이육종

ANSWER 4.④ 5.①

4 • 봉우리식재 : 구덩이에 흙을 모아 봉우리를 만든 다음 묘목의 뿌리를 사방으로 고루 퍼지게 하여 봉우리 위에 얹고 그 뒤 다시 흙으로 뿌리를 덮는 방식
    • 치식 : 구덩이를 파지 않고 지표면의 흙을 모아 심는 방식

5 반형매는 부모의 한 쪽만 같은 것이고, 전형매는 부모가 모두 같은 것을 말한다.
반형매 또는 전형매 차대검정 관련 부분은 선발육종에 포함된다.

6 임목의 유형기(juvenile period)에 대한 설명으로 옳지 않은 것은?

① 유형기의 침엽수는 추재의 밀도가 비교적 높다.

② 수고생장을 빨리 도모하여 햇빛을 더 많이 받으려는 생존전략이다.

③ 유형을 유지하면서 개화하지 않는 시기를 말한다.

④ 유형기에는 환공재의 특성이 잘 나타나지 않는다.

7 다음 설명에 해당하는 참나무속 수종은?

- 잎의 뒷면에는 연한 황갈색 또는 백색 성모가 밀생하여 백색으로 된다.
- 줄기에 두꺼운 코르크가 발달한다.
- 각두총포는 거의 대가 없으며 견과보다 약간 짧고 선형의 긴 포린으로 덮인다.

① *Quercus acutissima*

② *Quercus variabilis*

③ *Quercus mongolica*

④ *Quercus serrata*

6 ① 침엽수의 경우에는 춘재에서 추재로의 전이가 점진적으로 일어나 추재의 비중이 비교적 낮다.

7 굴참나무는 코르크형성층이 주로 코르크층을 만들기 때문에 두꺼운 코르크층을 가지게 된다.
① Quercus acutissima : 상수리나무
② Quercus variabilis : 굴참나무
③ Quercus mongolica : 신갈나무
④ Quercus serra : 졸참나무

8 수목의 자가수분 회피기작에 해당하지 않는 것은?

① 이화주성

② 자가불화합성

③ 자웅이숙

④ 타가수분장애

9 직파조림이 용이한 수종만 묶은 것은?

㉠ *Juglans mandshurica*
㉡ *Taxus cuspidata*
㉢ *Abies holophylla*
㉣ *Prunus serrulata var. spontanea*

① ㉠, ㉡   ② ㉠, ㉣

③ ㉡, ㉢   ④ ㉢, ㉣

ANSWER 8.④ 9.②

8 자가수분 회피기작은 자가수분을 하지 않고 타가수분을 하도록 만드는 것이다.
따라서 ④ 타가수분장애가 있으면 타가수분에 방해가 된다.

9 가래나무, 자작나무, 밤나무, 벚나무 등은 직파조림이 용이한 수종이다.
  • Juglans mandshurica : 가래나무
  • Taxus cuspidata : 주목
  • Abies holophylla : 전나무
  • Prunus serrulata var. spontanea : 벚나무

10 숲의 갱신방법 중 왜림작업에 대한 설명으로 옳지 않은 것은?

① 토양이 비옥하고 지리적 조건이 좋은 임분에 적합하다.

② 모수의 유전형질을 유지하는 데 좋은 방법이다.

③ 단위면적당 연평균 유기물의 생산량이 적어서 지력이 증대된다.

④ 새로운 맹아는 늦가을까지 생장하여 냉해의 위험성이 높다.

11 동령림의 간벌 전후 흉고직경과 본수를 나타낸 그림이다. 간벌의 종류가 옳게 짝지어진 것은? (단, 그림의 색칠 된 부분은 간벌을 나타낸다)

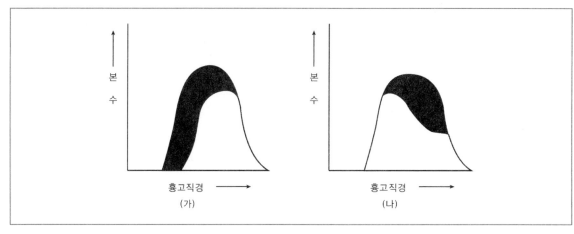

	(가)	(나)
①	하층간벌	택벌식간벌
②	도태간벌	택벌식간벌
③	도태간벌	수관간벌
④	하층간벌	수관간벌

ANSWER 10.③ 11.④

10 ③ 단위면적당 유기물질의 연평균 생산량이 최고치에 달한다.

11 • 하층간벌 : 피압된 가장 낮은 수관층의 나무를 먼저 벌채하고 점차 높은 나무를 벌채해 가는 방법
　　 • 수관간벌 : 상층을 소개해서 같은 층을 구성하는 우량개체의 생육을 촉진하는 데 목적인 방법
　　 • 택벌식 간벌 : 우세목을 벌채하여 그 아래에 자라는 나무의 생육을 촉진하는 간벌 방법
　　 • 도태간벌 : 장벌기로 가꿀 미래목을 미리 선정하고, 이 나무에 방해가 되는 나무를 벌채하는 방법

12 종자발아에 있어서 후숙이 필요한 수종은?

① *Ulmus davidiana var. japonica*

② *Fraxinus rhynchophylla*

③ *Quercus serrata*

④ *Salix koreensis*

13 가지치기작업에 대한 설명으로 옳지 않은 것은?

① 상처의 빠른 치유를 위하여 비대생장이 활발한 계절에 가지치기를 한다.

② 소경재 생산을 목표로 하는 임분에서는 가지치기를 하지 않는다.

③ 최종수확 대상목이 선정되면 그것에 대해서만 가지치기를 한다.

④ 과도한 가지치기는 추재의 비율을 높인다.

14 산림생태계의 질소순환에 대한 설명으로 옳지 않은 것은?

① 연간 질소수지는 생태계 밖에서 공급되는 양이 유실량보다 적다.

② 연간 질소 증가량은 현존량에 비해 매우 적다.

③ 토양 중 질소는 유기태가 대부분이며 무기태는 매우 적다.

④ 토양미생물과 식물의 작용으로 유기태와 무기태 질소 상호간 변환이 일어난다.

ANSWER 12.② 13.① 14.①

12 버드나무, 느릅나무, 졸참나무, 신갈나무 등은 후숙을 필요로 하지 않는다.
① Ulmus davidiana var. japonica : 느릅나무
② Fraxinus rhynchophylla : 물푸레나무
③ Quercus serrata : 졸참나무
④ Salix koreens : 버드나무

13 가지치기
㉠ 가지치기는 줄기가 곧고 상처가 없으며 생장이 왕성한 나무에 실시한다.
㉡ 큰 나무, 생장이 불량한 나무 등은 간벌할 때 베어내므로, 비용을 들여 가지치기 할 필요는 없다.

14 ① 연간 질소수지는 생태계 밖에서 공급되는 양이 유실량보다 크다.

15 수목의 저온피해에 대한 설명으로 옳지 않은 것은?

① 상주는 겨울철에 발생하며 천근성 수종의 뿌리를 들어올리는 것으로 고사의 원인이 된다.

② 상륜은 만상의 해로 생장기능이 저해되어 형성된 일종의 위연륜이다.

③ 상렬은 지표면에 가까운 수간의 남서쪽 표면에 주로 세로로 발생한다.

④ 상혈에 의한 피해는 남사면보다 북사면에서 현저하게 많이 나타난다.

16 소나무류의 개화 특성에 대한 설명으로 옳지 않은 것은?

① 암꽃은 옥신이 생산되는 수관상부의 가지에 많이 형성된다.

② 수꽃이 달린 가지는 엽량이 증가하여 가지의 활력이 증대된다.

③ 암꽃은 한번 활력이 떨어진 가지에는 형성되지 않는다.

④ 수꽃은 봄에 새로 나온 가지의 기부에 형성된다.

· ·

ANSWER 15.④ 16.②

15 ④ 상혈의 경우 남사면은 북사면에 비해 최고기온은 높고 최저기온은 비슷하기 때문에 온도 차이가 심한 남사면에 피해가 심하다.

※ **저온의 해**

㉠ **만상** : 이른 봄 나무가 자라기 시작한 후 기후의 이변으로 서리가 내려 새순이 피해를 입는 것을 말한다.

㉡ **상렬** : 추위에 수액이 얼어서 수간의 외층이 냉각 수축하여 수선방향으로 나무껍질이 갈라지는 것을 말한다.

㉢ **상주** : 기온이 영하로 내려가 지표면이 빙점 이하로 냉각되어 땅 속 입자 사이의 모세관을 통해 올라온 물이 땅 표면에서 얼게 되는 현상이 반복되어 얼음 기둥이 점차 위로 올라가는 것을 말한다.

16 ② 소나무류 수종들의 수꽃은 암꽃과 달리 적은 탄수화물을 공급받아 분화하기 때문에 활력이 약한 수관 하단부에 자리한다.

17 간벌방법에 대한 설명으로 옳지 않은 것은?

① 정성간벌은 줄기의 형태와 수관의 특성으로 구분되는 수관급이나 수형급을 바탕으로 간벌목을 선정하는 것이다.

② 정량간벌은 수종과 형질이 크게 상이하고 어린나무가꾸기 등 숲가꾸기작업을 실행하지 않은 산림에 적합하다.

③ 기계적간벌은 입목간의 우열이 심하지 않고 임목밀도가 식재 본수의 70% 이상으로 조밀한 유령임분에 적용한다.

④ 도태간벌은 선정된 미래목의 생장을 방해하는 나무를 우선적으로 벌채하는 것이다.

18 산림생태계의 천이에 대한 설명으로 옳지 않은 것은?

① 천이초기에는 침입식생간 또는 기존식생과의 입지 쟁취를 위한 경쟁으로 순생산이 최고치에 도달하지 못한다.

② 천이초기에는 현존생체량이 계속 축적되어 증가하고 극상에 이르면 순생산량이 점차 감소한다.

③ 천이초기에는 주로 개방된 생물학적 양료순환이 일어나며 후기에는 폐쇄된 지화학적 양료순환이 일어난다.

④ 천이의 극상에 도달하는 데 걸리는 기간은 1차천이에서보다 2차천이가 훨씬 짧다.

ANSWER 17.② 18.③

17 정량간벌의 대상
 ㉠ 수종이 단순하고 형질이 비슷한 산림
 ㉡ 숲가꾸기를 실행한 산림
 ※ 정성간벌
  ㉠ 하층간벌
   • A종 간벌(약도간벌) : 임분을 구성하는 주요임목은 남겨두고 4·5급목의 전부를 벌채하는 것으로, 임지 내를 깨끗이 했다는 데 불과하고 실질적인 간벌수단이라 할 수 없다.
   • B종 간벌(중도간벌) : 1급목 전부와 2급목의 일부 및 3급목의 대부분을 남겨두는 방법으로 3급목의 경쟁을 완화하고 중용목을 주체로 하는 임분을 만든다.
   • C종 간벌(강도간벌) : 우량목이 많은 임지 내에 적용하는 방법으로 2·4·5급목의 전부, 3급목의 대부분을 벌채하고 다른 1급목에 지장을 주는 1급목도 벌채한다.
  ㉡ 상층간벌(D종·E종 간벌) : 임지표면이 햇빛에 노출되는 것을 막기 위해 3·4급목을 남기는 방법이다.
  ㉢ 도태간벌 : 장벌기로 가꿀 미래목을 미리 선정하고, 이 나무에 방해가 되는 나무를 벌채하는 방법이다.
  ㉣ 기계적간벌 : 수관급에 관계없이 임의의 간격을 정해 남겨 둘 임목을 제외하고 모두 베어내는 방법이다.
  ㉤ 택벌식간벌 : 일종의 상층간벌로 1급목 중 가장 큰 것 또는 1급목 전부와 5급목을 솎아 낸다.

18 ③ 천이초기에는 개방된 지화학적 양분순환이 일어나며 후기에는 폐쇄된 생물학적 양분순환이 일어난다.

19 파종상의 종류가 평상에 해당하는 것으로만 묶은 것은?

① 소나무상, 오리나무상

② 상수리나무상, 호두나무상

③ 호두나무상, 오리나무상

④ 상수리나무상, 소나무상

20 열매의 종류가 육질과인 것으로만 묶은 것은?

① 시과(samara), 낭과(utricle)

② 협과(legume), 삭과(capsule)

③ 장과(berry), 핵과(drupe)

④ 수과(achene), 골돌(follicle)

ANSWER 19.③ 20.③

19 파종상 만들기

㉠ 고상
- 묘상의 높이를 10~15cm 정도로 하고 상의 표토를 1cm 정도 눈을 가진 체로 쳐서 흙을 덮은 후 평탄하게 다지는 방식
- 수종 : 소나무, 낙엽송, 삼나무, 가문비나무, 전나무 등

㉡ 평상
- 상 윗부분의 높이가 보도면과 같도록 평탄하게 만드는 방식
- 수종 : 오리나무, 호두나무, 자작나무, 물푸레나무 등

㉢ 저상
- 상 윗부분의 높이를 보도면 보다 약 7~10cm 낮게 묘상을 만드는 방식
- 수종 : 버드나무, 사시나무 등

20 열매의 종류

㉠ 건열과
- 삭과 : 포플러류, 버드나무류, 오동나무류 등
- 협과 : 자귀나무, 아카시아나무, 주엽나무 등
- 대과 : 목련류

㉡ 건폐과
- 수과 : 으아리류
- 견과 : 밤나무, 참나무, 오리나무 등
- 시과 : 단풍나무, 물푸레나무, 느릅나무 등
- 영과 : 대나무, 벼과식물

㉢ 육질과(습과)
- 핵과 : 살구나무, 호두나무, 복숭아나무 등
- 장과 : 포도나무, 감나무, 까치밥나무 등
- 이과 : 배나무, 사과나무, 산사나무 등
- 강과 : 밀감 레몬 등

1 자연상태에서 종자가 발아하는 데 가장 오랜 시간이 소요되는 수종은?

① *Ulmus davidiana var. japonica*

② *Carpinus cordata*

③ *Camellia japonica*

④ *Pinus rigida*

2 비교적 유전력이 높은 임목의 형질에 해당하지 않는 것은?

① 수간의 직립성

② 수간재의 비중

③ 직경생장

④ 개엽시기

ANSWER 1.② 2.③

1 까치박달나무는 종자가 발아하는 데 1개월 이상이 걸리고, 느릅나무, 리기다소나무, 동백나무는 종자가 발아하는 데 2주 정도가 걸린다.
① Ulmus davidiana var. japonica : 느릅나무
② Carpinus cordata : 까치박달나무
③ Camellia japonica : 동백나무
④ Pinus rigida : 리기다소나무

2 ③ 직경생장은 밀도조절에 의해 변화시킬 수 있다.
①②④는 유전의 영향을 많이 받는다.

3 우량품종을 육성하기 위한 수형목의 선발기준이 아닌 것은?

① 임목의 발근율   ② 수간의 통직성
③ 가지의 특성   ④ 병충해 피해

4 FAO의 세계 산림자원평가(2010)에서 규정한 숲에 대한 정의로 타당한 것은?

① 수고 10m 이상인 나무가 10% 이상 덮고 있고 면적 0.5ha 이상인 토지
② 수고 10m 이상인 나무가 30% 이상 덮고 있고 면적 1.0ha 이상인 토지
③ 수고 5m 이상인 나무가 10% 이상 덮고 있고 면적 0.5ha 이상인 토지
④ 수고 5m 이상인 나무가 30% 이상 덮고 있고 면적 1.0ha 이상인 토지

5 우리나라 천연림 숲가꾸기에서 적용하고 있는 수형급 중 하층임관을 이루고 있는 유용한 임목으로 미래목의 생육에 지장을 주지 않고 수간 하부의 가지 발달을 억제시키는 나무는?

① 중용목   ② 보호목
③ 방해목   ④ 무관목

....

ANSWER 3.① 4.③ 5.②

3 좋은 묘목이 갖추어야 할 조건
    ㉠ 잎의 빛깔이 선명하고 충실한 조직을 가져야 한다.
    ㉡ 원줄기가 곧고(통직성) 가지가 사방으로 잘 뻗으며 끝눈이 굵어야 한다.
    ㉢ 지상부와 지하부의 발달이 균형을 이루어야 한다.
    ㉣ 건조하지 않고 병충해를 받지 않아야 한다.
    ㉤ 뿌리의 발달이 왕성하고 곁뿌리나 잔뿌리가 곧은 뿌리보다 잘 발달한 것이어야 한다.
    ㉥ 웃자라지 않아야 한다.
    ㉦ 유실수의 품종이 확실해야 한다.

4 산림의 정의
    ㉠ 수고 : 5m 이상
    ㉡ 입목의 수관 밀도 : 10% 이상
    ㉢ 최소 면적 : 0.5ha 이상

5 보호목 … 하층임관을 이루고 있는 유용한 임목으로 미래목의 생육에 지장을 주지 않고 수간 하부의 가지 발달을 억제시키는 나무

6 신갈나무림의 맹아갱신에 대한 설명으로 옳지 않은 것은?

① 벌근고가 높을수록 지면에서 맹아가 잘 나오며 갱신근이 발생되어 수형이 곧게 자란다.

② 20~30년생 신갈나무를 벌채하면 맹아발생률이 보통 60% 이상으로 비교적 높다.

③ 현재 우리나라의 신갈나무림은 대부분 한번 이상 맹아갱신된 이차림이다.

④ 맹아지 갱신은 심재부후가 발생할 위험성이 높아 대경재로 유도하는 데 적합하지 않다.

7 수목병의 진단에 대한 설명으로 옳지 않은 것은?

① 균류에 의한 수목병은 병징과 표징을 동시에 관찰할 수 있지만, 바이러스에 의한 경우에는 병징만 나타나고 표징은 관찰하기 어렵다.

② 대부분의 파이토플라스마에 의한 수목병의 병징으로 많은 잔가지와 잎이 발생하는 총생현상이 나타난다.

③ 표징은 일반적으로 병의 초기에 나타나지 않고 병이 많이 진전되거나 병의 말기상태에 나타나므로 적절한 치료가 어렵다.

④ 일반적으로 파이토플라스마나 바이러스에 의한 수목병은 국부병징을, 세균이나 균류는 전신병징을 나타내는 경우가 많다.

ANSWER 6.① 7.④

6 ① 벌근고(그루터기 높이)가 낮을수록 맹아가 잘 나온다.

7 ④ 일반적으로 파이토플라스마나 바이러스에 의한 수목병은 전신병징을 나타내고, 세균이나 균류는 국부병징을 나타내는 경우가 많다.

8 숲가꾸기 작업 중 풀베기에 대한 설명으로 옳은 것은?

① 둘레베기는 현장에서 가장 빈번하게 이루어지는 작업으로 조림목의 식재열을 따라 약 90~100cm 폭으로 잡초목을 제거한다.

② 풀베기 작업은 일반적으로 9~10월에 실시하고, 잡초목의 생장이 왕성할 때에는 9월과 다음해 4월에 나누어 연 2회 실시한다.

③ 풀베기 작업은 일반적으로 조림목이 잡초목의 수고보다 약 1.5배 또는 60~80cm 정도 더 클 때까지 실시한다.

④ 소나무류, 낙엽송, 참나무류의 풀베기 작업은 조림목과 잡초의 생장과 무관하게 모두 5회 동일하게 적용한다.

9 다음 그림에서 맹아갱신을 위해 벌채된 그루터기의 모습으로 비교적 양호한 것으로만 묶은 것은?

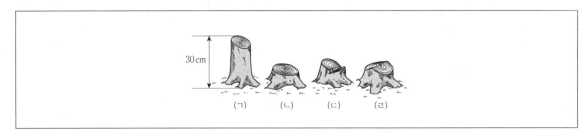

① ㉠, ㉢   ② ㉢, ㉣
③ ㉡, ㉢   ④ ㉡, ㉣

ANSWER 8.③ 9.④

8 ① 둘레베기는 조림목 주변을 반경 50cm 내외로 잘라낸다.
　② 풀베기 작업은 일반적으로 5~7월에 연 1회 시행한다.
　④ 소나무류의 풀베기 작업은 5~8회, 낙엽송·참나무류의 풀베기 작업은 5회를 기준으로 한진행하며, 대상의 생장에 따라서 가감 할 수 있다.

9 그루터기 높이가 낮을수록, 벌채면은 물이 고이지 않도록 평평할수록 맹아갱신에 유리하다.

10 산불에 대한 설명으로 옳지 않은 것은?

① 산불의 발생과 확산에 영향을 미치는 인자는 연료조건, 지형조건, 기상조건 등이며, 산림생태계의 변화는 산불의 유형과 강도에 따라 다르게 나타난다.

② 산불 후에는 임상의 낙엽층과 식생이 제거되고 일시적인 수분 반발성이 생기며, 뿌리가 약해지기 때문에 토양침식이 가속화 될 수 있다.

③ 수관화와 같이 강한 산불로 대부분의 식생이 소실되면 임분 대체효과가 나타나는데, 2차 천이에 의한 복원기간은 50~200년 이상 소요된다.

④ 혼효림에서 강한 산불이 발생하면 침엽수는 빠른 맹아 발생으로 신속하게 복원되지만 활엽수는 기간이 더 오래 걸린다.

11 밤나무와 같이 대립종자를 발아시켜 유경을 절단한 후 자엽병 사이에 접수를 꽂는 접목법은?

① 절접   ② 복접

③ 할접   ④ 유대접

12 수목별 형태적 특징 및 분류체계에 대한 설명으로 옳은 것은?

① 잎갈나무는 일본잎갈나무보다 구과의 실편수가 많다.

② 가문비나무와 종비나무는 과명은 같지만 속명이 다르다.

③ 측백나무와 편백은 과명은 같지만 속명이 다르다.

④ 메타세쿼이아와 낙우송은 과명과 속명이 같다.

ANSWER 10.④ 11.④ 12.③

10 ④ 혼효림에서 산불의 피해를 받았을 경우 활엽수는 맹아력이 강해서 자연복원이 가능하다.

11 ① 절접 : 접가지와 접밑동의 옆을 각각 깎아서 붙이는 접목법으로 일반적으로 가장 많이 사용(=깎기접)
    ② 복접 : 대목의 측면에 삭면을 만들고 여기에 맞는 모양의 접수를 만들어 끼워 넣는 방법
    ③ 할접 : 대목이 비교적 굵고 접수가 가늘 때 적용하는 방법으로 소나무류나 낙엽활엽수의 교접에 사용

12 ③ 측백나무(과명 Cupressaceae / 속명 Thuja), 편백(과명 Cupressaceae / 속명 Chamaecyparis)
    ① 잎갈나무의 실편수는 25~40개, 일본잎갈나무의 실편수는 50~60개이다.
    ② 가문비나무(과명 Pinaceae / 속명 Picea), 종비나무(과명 Pinaceae / 속명 Picea)
    ④ 메타세쿼이아(과명 Taxodiaceae / 속명 Metasequoia), 낙우송(과명 Taxodiaceae / 속명 Taxodium)

13 성숙한 열매를 건조시키면 종자가 빠져나오는 건열과에 해당하는 수종으로만 묶은 것은?

① 너도밤나무, 물푸레나무, 자작나무

② 개오동나무, 동백나무, 주엽나무

③ 자귀나무, 가중나무, 마가목

④ 느릅나무, 오동나무, 개암나무

14 가지치기에 대한 설명으로 옳지 않은 것은?

① 밀생한 임분에서 경쟁하는 나무들에서는 이층형성과 무관하게 수광량이 부족한 가지가 고사한다.

② 자연낙지는 삼나무, 편백 등의 침엽수류에서 발생하며, 수관내의 작은 가지에서 흔히 발생한다.

③ 전나무와 해송은 가지치기에 의한 상처가 잘 유합되지 않는 수종이다.

④ 강도의 생가지치기는 추재의 비율을 증가시켜 목재의 질을 개선한다.

15 직파조림에 대한 설명으로 옳은 것은?

① 종자의 품질은 직파조림의 초기 성공을 가늠할 수 있는 요인이다.

② 후박나무, 음나무, 층층나무는 직파한 당년에 발아하는 수종이다.

③ 지면에 낙엽이나 유기물 등이 많은 장소가 직파조림에 유리하다.

④ 전나무, 구상나무, 낙엽송은 직파조림에 적합한 수종이다.

ANSWER 13.② 14.③ 15.①

13 건열과
- 삭과 : 개오동나무, 동백나무
- 협과 : 주엽나무
- 대과 : 목련류

14 가지치기 수종(전나무, 소나무, 잣나무 등)은 가지치기에 의한 상처가 잘 유합되는 특징을 가진다.

15 ① 파종조림의 성과에 관계되는 인자는 수분, 종자의 품질, 동물의 해, 기상의 해, 흙 옷 등이 있다.
② 후박나무, 음나무, 층층나무는 파종한 익년에 발아한다.
③ 종자의 착상은 낙엽이나 유기물 등이 제거된 장소에서 유리하다.
④ 전나무, 구상나무, 낙엽송은 직파조림이 어렵다.

16 다음에 제시된 활엽수종의 피해증상을 일으키는 대기오염물질로 바르게 연결한 것은?

> (가) 노출 초기에 회녹색 반점이 생기고 잎의 가장자리가 괴사하며, 엽맥 사이의 조직이 괴사한다.
>
> (나) 잎 표면에 주근깨 같은 반점이 형성되고 책상조직이 먼저 붕괴되며, 반점이 합쳐져서 표면이 백색화된다.
>
> (다) 잎 끝이 황화되고 중륵을 따라 안으로 확대되며, 황화조직이 괴사한다.

	(가)	(나)	(다)
①	질소산화물	오존	불소
②	질소산화물	불소	오존
③	불소	질소산화물	오존
④	오존	불소	질소산화물

17 산벌작업에 대한 설명으로 옳은 것은?

① 우리나라 천연림보육을 위해 개발되어 많은 경험이 축적된 대표적인 벌채작업이다.

② 갱신준비 벌채인 하종벌로 임관을 열어 천연갱신에 적합한 임지상태를 만든다.

③ 윤벌기 이전에 갱신이 완료되는 전갱작업이며, 갱신기간은 약 30년 정도이다.

④ 대상산벌작업의 경우 띠의 너비는 일정하지 않지만 20~50m로 하는 것이 일반적이다.

ANSWER 16.① 17.④

16 • 질소산화물 : 피해 초기에 회녹색 반점이 나타나고, 잎의 엽맥 사이 부분에 괴사반점들이 나타난다.
  • 오존 : 책상조직세포가 파괴되면서 잎의 상부가 표백된 형태를 보인다.
  • 불소 : 피해 초기에 잎의 끝이 황화되어 잎가장자리로 확대된다.

17 ① 산벌작업은 우리나라에서 실시한 경험이 부족하다.
  ② 갱신준비를 위해 실시하는 벌채는 예비벌이다.
  ③ 산벌작업의 갱신기간은 10~20년 정도이다.

18 굽힌 가지 끝을 땅속에 묻어 발근을 유도하면서 가지가 굴곡생장을 통해 지상으로 자라나와 정아가 형성되도록 유도하는 취목법은?

① 단순취목
② 단부취목
③ 파상취목
④ 매간취목

19 가지치기와 솎아베기에 대한 설명으로 옳지 않은 것은?

① 가지치기 작업은 옹이가 없고 통직한 완만재를 생산하며 수간의 직경생장을 증대시킬 목적으로 실시한다.
② 가지치기 작업은 인력과 경비가 많이 소요되고 수령이 많을수록 효과가 낮아지므로 어린나무일 때 강도의 가지치기가 효과적이다.
③ 솎아베기 대신 박피해야 할 수종은 수액의 이동이 정지된 시기에만 실시해야 하며, 가을 작업도 가능하다.
④ 솎아베기는 숲을 구성하는 개체들의 생육공간에 대한 경쟁을 완화하는 무육벌채이다.

20 우리나라 조림용 묘목(1-0)의 T-R율로 옳은 것은?

① *Larix kaempferi*   2.0~2.3
② *Alnus japonica*   3.4~3.7
③ *Pinus rigitaeda*   1.0~1.1
④ *Pinus thunbergii*   3.1~3.2

ANSWER 18.② 19.③ 20.④

18 ① 단순취목 : 가지를 굽혀서 땅 속에 묻고 가지의 선단을 지상으로 나오게 하는 방법
③ 파상취목 : 가지를 여러번 파상적으로 굽혀 굴곡시켜 번식하는 방법
④ 매간취목 : 나무의 전체를 평면으로 묻어 새가지를 나오게 하고, 그 가지 밑에서 뿌리가 나오면 절단하여 새 개체를 만드는 방법

19 ③ 박피해야 할 수종은 수액이 흐르는 시기에 실시해도 무방하다.

20 ① Larix kaempferi : 일본잎갈나무(1.6~1.7)
② Alnus japonica : 오리나무(0.7~1.9)
③ Pinus rigitaeda : 리기테다소나무(4.8~5.3)
④ Pinus thunbergii : 해송(3.1~3.2)

1 삼림보육(森林保育)에 대한 다음 설명 중 옳지 않은 것은?

① 어린 조림목이 자라서 갱신기에 이르는 사이에 실시한다.

② 유림(幼林)에 대한 보육은 수관울폐가 일어나면 실시한다.

③ 성림(成林)에 대한 보육은 제벌, 간벌, 가지치기 등의 작업이다.

④ 임지보육은 지력을 향상시키기 위하여 실시한다.

2 생태형에 대한 설명으로 옳지 않은 것은?

① 생물들이 서로 다른 환경조건에 적응하여 서로 다른 생장형을 나타내는 것이다.

② Clausen 등(1948)이 서양톱풀을 이용하여 실험한 내용은 생태형을 설명하는 예이다.

③ 생태형을 한 곳에 모아 같은 조건하에서 생육하면 생리적, 형태적 차이가 나타나지 않는다.

④ 생태형은 생물종이 분화되어 서로 다른 종으로 바뀌는 종분화의 좋은 예이다.

3 느릅나무과 수종에 대한 설명으로 옳지 않은 것은?

① 느티나무의 열매에는 날개가 있다.

② 시무나무의 열매에는 한쪽에만 날개가 있다.

③ 팽나무와 푸조나무는 느릅나무과에 속한다.

④ 난티나무는 잎의 선단부가 결각상이다.

ANSWER 1.② 2.③ 3.①

1 ② 유령림에 대한 보육은 임관 울폐가 일어나기 전의 무육이다.

2 ③ 생태형을 같은 조건 하에서 생육하면 생리적, 형태적 차이점을 나타낸다.
 ※ **생태형 품종**…원래는 한 종이었던 생물들이 다른 환경 속에서 생활하여 유전형질의 변이가 생긴 것

3 ① 느티나무 열매에는 날개가 없다.

4 우리나라의 대표적인 중요 수종인 소나무(Pinus densiflora)에 대한 설명으로 옳지 않은 것은?

① 자웅동주, 양성화이고 1년생으로 상체한다.

② 구과는 개화한 해에 거의 자라지 않고 다음 해 5~6월경에 빨리 자라서 수정하며, 2년째 가을에 성숙한다.

③ 종자는 용기에 넣어 냉소에 보관하고, 파종 전에 냉수침적 하면 발아가 촉진된다.

④ 솔잎혹파리, 소나무재선충 등 각종 해충의 피해를 받는다.

5 우리나라 산림대에 대한 설명으로 옳지 않은 것은?

① 서울시는 온대 중부지역에 해당된다.

② 온대 중부는 온대 남부에 비해 산림면적이 좁다.

③ 온대 중부의 단위면적(ha)당 임목축적이 난대에 비해 높다.

④ 온대 북부의 단위면적(ha)당 임목축적이 온대 남부에 비해 높다.

ANSWER 4.① 5.②

4 ① 소나무는 자웅동주, 단성화이고 1년생으로 상체한다.
   ※ 단성화와 양성화
     ㉠ 단성화 : 암술, 수술 중 하나만 있는 꽃(소나무, 잣나무, 은행나무 등)
     ㉡ 양성화 : 한 꽃에 암술과 수술 모두 갖추고 있는 꽃(무궁화, 목련, 벚나무 등)
   ※ 자웅동주, 자웅이주
     ㉠ 자웅동주 : 한 식물에서 암수의 꽃이 모두 피는 식물(소나무, 삼나무, 오리나무 등)
     ㉡ 자웅이주 : 암꽃이 피는 나무와 수꽃이 피는 나무가 별개인 것(은행나무, 포플러류, 주목 등)

5 ② 온대 중부는 온대 남부에 비해 산림면적이 넓다.
   ※ 온대 남부림과 온대 중부림
     ㉠ 온대 남부림 : 강릉 이남
     ㉡ 온대 중부림 : 경기, 강원, 황해 3개도

6 데라사끼(寺崎)의 정성간벌에 대한 설명으로 옳지 않은 것은?

① D종과 E종 간벌에서 2급목을 모두 제거한다.

② A종과 B종 간벌에서 1급목과 2급목은 모두 남긴다.

③ C종 간벌은 1급목의 일부분이 제거된다.

④ 하층간벌의 경우 4급목과 5급목이 모두 제거된다.

7 우리나라 천연활엽수림에서 극상지수가 높은 생태천이 후기단계의 수종은?

① 버드나무류

② 사시나무류

③ 물푸레나무류

④ 서어나무류

....

ANSWER 6.② 7.④

6 정성간벌
  ㉠ A종 간벌 : 4·5급목을 벌채하는 것
  ㉡ B종 간벌 : 1급목 전부와 2급목 일부 및 3급목의 대부분을 남겨두는 것
  ㉢ C종 간벌 : 2·4·5급목의 전부, 3급목의 대부분을 벌채하고 다른 1급목에 지장을 주는 1급목도 벌채하는 것
  ㉣ D종 간벌 : 3급목을 남기는 것
  ㉤ E종 간벌 : 4급목을 남기는 것

7 천이 후기로 갈수록 내음성이 강한 수종이 남는다.
  ※ 내음성
    ㉠ 개념 : 큰 나무의 그늘에서도 견딜 수 있는 성질을 말한다.
    ㉡ 음수
    • 개념 : 일광이 부족한 곳에서 어릴 때 자라도 비교적 좋은 생육을 할 수 있는 수종을 말한다.
    • 종류 : 주목, 비자나무, 편백, 녹나무, 회양목, 서어나무, 너도밤나무, 금송, 가문비나무류, 전나무류, 잣나무류, 솔송나무
      등이 있다.
    ㉢ 양수
    • 개념 : 어릴 때 충분한 광선을 필요로 하는 수종을 말한다.
    • 종류 : 자작나무, 소나무, 해송, 낙엽송, 오동나무, 물푸레나무, 포플러류, 사시나무류, 참나무류, 오리나무류 등이 있다.
    ㉣ 온도, 수분 조건에 따라 수종의 음양성이 다소 변화하게 된다.

8 다음 그림의 갱신법에 대한 설명으로 옳은 것은? (단, 흑색면은 갱신된 부분이다.)

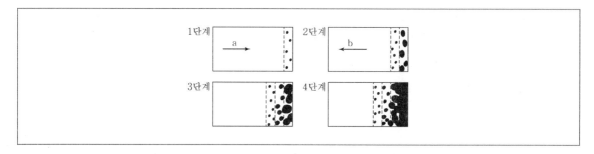

① 대상산벌법과 군상산벌법을 병용한 갱신법이다.

② 설형산벌천연하종갱신법이다.

③ 바덴신 군상산벌법이다.

④ a는 벌채방향, b는 풍향을 나타낸다.

9 묘목 규격을 표시하는 것으로 옳은 것은?

① T/R율, 줄기의 굵기, 뿌리의 길이

② 줄기의 길이, 가지의 길이, T/R율

③ 줄기의 길이, 근원직경, 뿌리의 길이

④ 뿌리의 길이, 가지의 길이, 줄기의 길이

ANSWER 8.① 9.③

8 대상초벌(획벌)법은 대상산벌법과 군상산벌법을 병용하는 시업방법이다.

9 묘목의 규격은 대개 형태적 특성만으로 판정하며, 형태적 규격기준으로 묘목의 나이, 묘고, 줄기·뿌리의 길이, 뿌리의 발달형
태, 근원직경, 피해무, 이식횟수, T/R율 등이 있다.

10 토심이 깊은 곳을 선호하는 수종은?

① *Robinia pseudoacacia*

② *Betula platyphylla var. japonica*

③ *Quercus accutissima*

④ *Alnus japonica*

11 정량간벌에 대한 설명으로 옳은 것은?

① 잔존본수는 지역 간 차이가 거의 없다.

② 평균흉고직경이 클수록 평균수간거리가 짧아진다.

③ 평균수고가 높아질수록 잔존본수가 증가한다.

④ 지위가 낮아질수록 잔존본수가 증가한다.

12 죽림(竹林) 조성에 대한 설명으로 옳지 않은 것은?

① 증식재료는 지하경의 눈이 나오기 전인 3~4월경에 굴취한다.

② 죽묘양성용 지하경은 뿌리를 붙여서 50cm 길이로 끊어 포지에 심는다.

③ ha당 식재밀도는 맹종죽은 300~500주, 왕대는 500~800주, 솜대는 700~1,000주로 한다.

④ 심는 장소가 경사지일 때에는 지하경을 등고선 방향과 수직으로 둔다.

ANSWER 10.③ 11.④ 12.④

10 ① Robinia pseudoacacia : 아까시나무

② Betula platyphylla var. japonica : 자작나무

③ Quercus accutissima : 상수리나무

④ Alnus japonica : 오리나무

※ 토심에 따른 수종

토심	수종
얕음	아까시나무, 사시나무류, 자작나무류, 오리나무류 등
중간	잎갈나무, 측백나무, 편백, 잣나무 등
깊음	상수리나무, 느티나무, 소나무, 전나무 등

11 ④ 지위가 낮아질수록 ha당 임목본수가 증가한다.

12 ④ 심는 장소가 경사지일 때에는 지하경을 등고선 방향으로 수평으로 둔다.

13 덩굴치기에 대한 설명으로 옳은 것은?

① 덩굴은 조림목의 줄기를 자극하여 양료의 하강을 촉진한다.

② 덩굴을 오랫동안 그대로 두면 수관이 강해지고 줄기가 곧추선다.

③ 덩굴치기의 시기는 덩굴식물의 생장이 종료된 겨울철에 실시한다.

④ 덩굴을 초기에 제거하면 다소 임목의 성장이 늦어질 수 있다.

14 온대 중부지방의 지형에 따른 수종분포를 볼 때 주로 계곡부에 나타나는 것은?

① *Juglans mandshurica*　　　② *Quercus mongolica*

③ *Pinus densiflora*　　　④ *Tilia amurensis*

15 종자 검사에 대한 설명으로 옳은 것은?

① 굵은 종자의 실중은 종자 100립의 무게를 뜻한다.

② 일반적으로 발아력 검사를 위한 정온기 적온 범위는 25~30℃이다.

③ 실중과 용적중은 비례하지 않는다.

④ 건전한 배는 테룰루산칼륨($K_2Te O_3$) 처리 시 붉은색으로 변한다.

ANSWER 13.④　14.①　15.③

13　① 덩굴이 조림목의 줄기를 감아 압박을 가하면 그 부위가 잘록해지거나 양료의 하강이 불가능해진다.
　　② 덩굴을 오랫동안 그대로 두면 수관을 덮어 조림목의 생장에 지장을 준다.
　　③ 덩굴치기는 덩굴이 무성하기 전인 5~6월에 하는 것이 좋다.

14　높은 증산계수의 수종인 가래나무, 들메나무, 난티나무 등은 물기가 많은 땅을 좋아한다.
　　① Juglans mandshurica : 가래나무
　　② Quercus mongolica : 신갈나무
　　③ Pinus densiflora : 소나무
　　④ Tilia amurensis : 피나무

15　실중은 순정종자 1,000립의 무게를 말하고, 용적중은 순정종자 1ℓ 의 종자 무게를 g으로 표시한 것이다.
　　① 실중은 순정종자 1,000립의 무게를 말한다.
　　② 일반적인 정온기는 보통 20 ~ 25℃ 이다.
　　④ 건전한 배는 테룰루산칼륨 처리 시 흑색으로 변한다.

16 조직배양으로 인한 우량 클론(clone)의 대량증식에 대한 설명으로 옳은 것은?

① 채종원에 비하여 클론의 추가 또는 제거가 용이하지 않다.

② 우량 개체의 선발에서 보급까지의 기간을 상당히 단축 시킬 수 있다.

③ 형질의 상가적 분산은 이용할 수 있지만 비상가적 분산은 이용하지 못한다.

④ 클론으로 보급되므로 유전획득량을 충분히 올리기 힘들다.

17 밀식조림에 대한 설명으로 옳지 않은 것은?

① 조기에 수관이 울폐되어 임지의 침식이나 건조를 막을 수 있다.

② 경쟁식생의 발생을 억제하여 풀베기 비용을 줄일 수 있다.

③ 옹이발생이 많고 연륜폭이 균일하지 못하여 저급 목재를 생산한다.

④ 조림지 준비 비용, 묘목대, 식재 비용 등이 증가한다.

ANSWER 16.② 17.③

16 ① 채종원에 비하여 클론의 추가 또는 제거가 용이하다.
③④ 가계 내 분산과 비상가적 분산도 얻을 수 있어 높은 유전량을 올릴 수 있다.

17 ③ 개체끼리의 경쟁으로 인해 균일한 연륜폭이 되어 고급재의 생산이 가능하다.

18 그림으로 제시한 접목방법을 올바르게 나열한 것은?

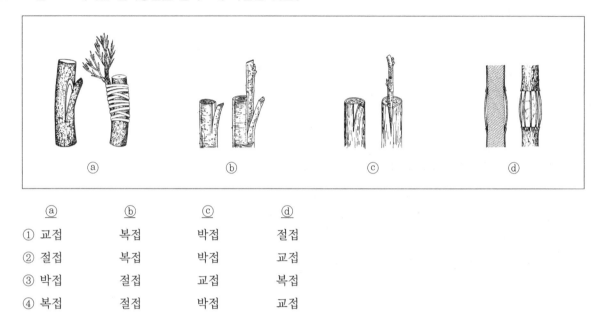

	ⓐ	ⓑ	ⓒ	ⓓ
①	교접	복접	박접	절접
②	절접	복접	박접	교접
③	박접	절접	교접	복접
④	복접	절접	박접	교접

ANSWER 18.④

18 ⓐ **복접** : 대목의 측면 피부를 T자형으로 절개하고 그 부위에 접순를 꽂아 접목하는 방법
ⓑ **절접** : 접가지와 접밑동의 옆을 각각 깎아서 붙이는 방법
ⓒ **박접** : 접수를 절접에서 모양으로 마련한 다음 박피가 쉽게 되는 초봄에 한줄 또는 두줄로 칼자국을 낸 후 박피된 부분에 접수를 넣어 접목하는 방법
ⓓ **교접** : 나무의 줄기가 상처를 받아 수분의 상승과 양료의 하강에 지장을 받았을 때 상처부위를 건너서 회초리와 같은 가지로 접목해서활력을 회복, 유지시키는 방법

19 질소, 인산, 칼리(칼륨)에 대한 표준시비량(g/본)을 가장 많이 요구하는 묘목은?

① 오동나무 ② 해송

③ 낙엽송 ④ 전나무

20 종자의 풍흉과 결실 주기에 대한 설명으로 옳지 않은 것은?

① 수목종자 결실의 풍흉은 연도에 따라 불규칙하기 때문에 예측이 어렵다.

② 해마다 결실하는 대표적인 수종으로 일본잎갈나무가 있다.

③ 소나무류, 전나무류 등은 자화아와 웅화아를 구별하기 쉬운 편이므로 풍흉을 예측하는 데 도움이 된다.

④ 너도밤나무의 경우 종자를 많이 맺는 해에는 생장보다 번식에 자원을 집중한다.

ANSWER 19.① 20.②

19 식재시 첨가하는 비료량

(단위 : g)

구분	질소	인산	칼리
해송	6~8	4~5	4~5
낙엽송	10~14	7~8	5~6
전나무	8~12	5~7	5~7
오동나무	24~48	16~32	12~40

20 결실의 주기성

㉠ 매년 또는 1년인 수종 : 해송, 소나무, 리기다소나무 등

㉡ 2~3년인 수종 : 삼나무, 편백, 전나무류, 상수리나무, 들메나무 등

㉢ 3~4년인 수종 : 가문비나무 등

㉣ 5~7년인 수종 : 낙엽송, 너도밤나무 등

1 접목에 대한 설명으로 옳지 않은 것은?

① 탱자나무 대목에 귤을 접목하는 것은 종간접목이다.

② 접목을 통해 실생묘보다 개화·결실을 촉진할 수 있다.

③ 대목과 접수 사이에는 접목친화성이 있어야 한다.

④ 수간이 벗겨져 양분 이동에 지장이 있을 때 교접을 이용한다.

2 종자의 품질검사 항목에 대한 설명으로 옳지 않은 것은?

① 실중은 종자의 품질 검사에 이용되며, 종자 1,000립의 무게로 나타낸다.

② 발아율은 일정기간 내 발아한 종자 수를 전체 시료 종자 수로 나누어 구한다.

③ 발아세는 종자의 품질을 판단하는 자료로 발아율과 순량률을 곱하여 구한다.

④ 용적중은 종자 1 L에 대한 무게를 그램 단위로 나타낸다.

3 산림의 유형별 특성에 대한 설명으로 옳은 것은?

① 중림이란 상층, 중층, 하층이 존재하는 다층림에서 중층 부분을 가리킨다.

② 혼효림은 순림에 비하여 공간 이용이 효과적이고 각종 위해 인자에 대한 저항력이 비교적 강하다.

③ 균형 잡힌 이령림은 수직적 계층 분화가 잘 되어 있고, 대경목의 수가 소경목의 수보다 많다.

④ 천연림은 인공림에 비하여 산림 구조가 단순하고 목재생산성이 높다.

ANSWER 1.① 2.③ 3.②

1 ① 탱자나무 대목에 귤을 접목하는 것은 속간접목이다.

※ 속간접목 … 속이 다른 나무끼리 접목하는 것

2 발아세 … 발아시험에 있어서 발아실험용 종자수 중에 일정한 기간 내에 발아하는 종자수의 ‰를 말한다.

$$발아세 = \frac{가장 \ 많이 \ 발아한 \ 날까지 \ 발아한 \ 종자수}{발아실험용 \ 종자수} \times 100$$

3 ① 중림은 동일한 임지에 교림과 왜림을 성립시킨 것이다.

③ 균형잡힌 이령림은 한 임분 내애 직경분포가 몇 개의 영급으로 구분되어 있고, 대경목의 수가 소경목의 수보다 적다.

④ 인공림은 산림 구조가 단순하고 목재생산성이 높다.

4 완경사면의 비옥도 '중' 정도의 입지에 ha당 3,000본의 전나무 2-1묘를 조림한 후 10년 동안 수행하는 숲가꾸기 작업이 아닌 것은?

① 조림지에 생육하는 으아리류 제거

② 조림지의 등고선과 수직 경사면에 따른 줄베기

③ 전나무 미래목을 선정하고 열등불량목 중심의 솎아베기

④ 싸리, 산딸기, 국수나무 등의 관목류 제거

5 결핍되면 잎에 검은 반점과 잎 주변에 황화현상이 나타나고, 뿌리썩음병에 대한 저항성이 약해지는 무기 영양소는?

① Mg

② Ca

③ S

④ K

ANSWER 4.③ 5.④

4 '조림한 후 10년 동안'이라는 조건에 따라 유령림의 특징이 아닌 것을 고르면 된다.
③ '미래목을 선정하는 것'은 장령림에 해당한다.

5 칼륨의 특징
㉠ 질소를 단백질로 합성한다.
㉡ 병충해에 대한 저항력을 증가시킨다.
㉢ 결핍되면 잎에 검은 반점이 생기고 잎 주변에 황화현상이 나타난다.

6 용어에 대한 설명으로 옳은 것은?

① 성목(pole), 성숙목(standard), 과숙목(veteran)은 나무의 생장 단계를 나타내는 용어로, 수고를 기준으로 구분한다.

② 개량벌(improvement cutting)은 유령림 단계를 벗어난 임분에서 수종 구성과 형질을 향상하기 위하여 한다.

③ 제벌(cleaning)은 다른 건전목에 병충해를 전염시킬 위험이 있는 나무를 제거하기 위하여 한다.

④ 위생벌(sanitation cutting)은 죽었거나 쇠퇴하는 임목을 경제적 가치가 없어지기 전에 이용하기 위하여 한다.

7 다음은 산지에 노지묘의 식재 과정을 순서대로 나열한 것이다. 식재 방법으로 옳지 않은 것으로만 묶은 것은?

> ㉠ 식재 지점의 토양 표면을 정리하고, 낙엽 등의 지피물을 한쪽으로 치운다.
> ㉡ 비옥한 표토를 한쪽으로 모은 후, 충분한 크기의 구덩이를 판다.
> ㉢ 묘목의 뿌리가 자연스럽게 퍼질 수 있도록 묘목을 구덩이에 세운다.
> ㉣ 흙을 채우면서 부식층과 낙엽을 섞어 거름으로 뿌리 주변에 조금 넣어준다.
> ㉤ 묘목을 잡고 살며시 위로 잡아당기며 부드럽게 좌우로 흔들어 흙을 채우고, 발로 밟아 흙이 다져지도록 한다.
> ㉥ 모아두었던 표토를 위에 덮는데, 묘목은 원래 자라던 수준보다 깊게 심고, 뿌리목 부근의 흙은 약간 낮게 한다.
> ㉦ 치워두었던 낙엽 등을 뿌리 부근에 덮어 흙의 건조를 막아준다.

① ㉠, ㉦

② ㉡, ㉤

③ ㉡, ㉥

④ ㉣, ㉥

ANSWER 6.② 7.④

6 ① 성목, 성숙목, 과숙목은 나무의 생장 단계를 나타내는 용어로, 흉고직경을 기준으로 구분한다.
③ 제벌은 밑깎기가 끝난 임분이 울폐하게 되고, 조림목 이외의 나무가 침입해서 자랄 경우나 조림목 중에서도 형질이 불량하고 임분의 구성인자로서 그냥 둘 수 없는 것이 있을 때, 이것을 제거하는 작업이다.
④ 위생벌은 전염병과 병원체의 퍼짐을 막고 산림의 건강을 촉진시키기 위해 고사목, 손상되었거나 병해를 입기 쉬운 수목을 벌채하는 작업이다.

7 ㉣ 낙엽이 들어가지 않도록 하여 흙을 채운다.
㉥ 묘목은 원래 자라던 수준으로 심는다.

8 유형기(幼形期, juvenile period)가 가장 짧은 수종은?

① *Larix kaempferi*   ② *Pinus rigida*

③ *Picea jezoensis*   ④ *Abies holophylla*

9 용기묘에 대한 설명으로 옳지 않은 것은?

① 용기묘는 일정 기간 동안 경화처리하여 순화과정을 거친 후 조림지로 반출한다.

② 용기의 개구선(공기구멍)은 세근 발달을 촉진한다.

③ 용기 내에 발생하는 나선형 뿌리는 현장 이식 시 활착과 생장에 유리하다.

④ 용기묘의 뿌리 발달 정도는 조림 후 용기묘의 활착과 생장 능력을 좌우한다.

10 기주식물의 줄기 또는 가지에 피해를 주는 천공성 해충으로만 묶은 것은?

① 솔나방, 북방수염하늘소, 밤바구미

② 대벌레, 박쥐나방, 복숭아명나방

③ 솔수염하늘소, 소나무좀, 버들바구미

④ 솔껍질깍지벌레, 알락하늘소, 미국흰불나방

....

ANSWER 8.② 9.③ 10.③

8   ③ *Pinus rigida*(리기다소나무)는 보통 3년이 지나고 개화가 시작한다.
   ① *Larix kaempferi* (낙엽송)는 보통 10~15년이 지나고 개화가 시작한다.
   ③ *Picea jezoensis*(가문비나무)는 보통 20~25년이 지나고 개화가 시작한다.
   ④ *Abies holophylla*(전나무)는 보통 25~30년이 지나고 개화가 시작한다.

9   ③ 용기 내에 발생하는 나선형 뿌리는 정상적인 근계 발달을 방해한다.

10   천공성 해충 ⋯ 나무의 목질부에 구멍을 파먹는 해충
   ㉠ 알락하늘소
   ㉡ 박쥐나방
   ㉢ 소나무좀
   ㉣ 솔수염하늘소
   ㉤ 버들바구미

11 야생동물에 의한 피해를 줄이는 대책으로 옳지 않은 것은?

① 꿩 – 수렵에 의한 개체 수 조절
② 멧비둘기 – 폭발음을 내거나 허수아비 세우기
③ 멧돼지 – 포획 후 불임수술로 개체 수 억제
④ 고라니 – 수렵 또는 철조망 설치

12 개벌에 대한 설명으로 옳지 않은 것은?

① 대상개벌작업은 숲을 띠모양으로 나누고, 순차적으로 벌채하여 갱신하는 방법이다.
② 대상개벌작업은 모든 숲이 이령림이 되도록 유도한다.
③ 군상개벌작업은 임지의 지형 변이가 심하거나 좁은 면적 내에서 입지 차이가 큰 경우에 적용한다.
④ 군상개벌작업은 숲 틈이나 치수가 많이 자라고 있는 곳을 먼저 하는 것이 유리하다.

13 산림관리에서 처방화입(處方火入)에 대한 설명으로 옳지 않은 것은?

① 축적된 낙엽 등의 연료를 태워 없앰으로써 산불 위험도를 낮출 수 있다.
② 우리나라에서는 약제를 혼용한 처방화입을 주로 이용하고 있다.
③ 조부식층의 발달로 천연하종갱신이 어려울 때, 처방화입으로 조부식층을 제거하여 천연갱신을 돕는다.
④ 관목류가 밀집된 지역에 처방화입으로 관목을 제거하고 초지를 형성하여 야생동물에게 활동 공간과 먹이를 제공한다.

ANSWER 11.③ 12.② 13.②

11 ③ 멧돼지로 인한 피해를 줄이기 위해 전기울타리 및 철망을 설치한다.

12 ② 개벌 후에 성립되는 임분은 개벌 전의 임목연령 여하를 막론하고 모두 동령림이 성립된다.

13 ② 화입법은 산불의 위험성이 높아서 우리나라에서는 거의 사용하지 않는다.

14 「수목원·정원의 조성 및 진흥에 관한 법률 시행규칙」에서 지정한 특산식물과 희귀식물로 옳은 것은?

	특산식물	희귀식물
①	물들메나무	미선나무
②	붉가시나무	가시오갈피
③	참느릅나무	참나무겨우살이
④	종비나무	히어리

15 목재생산림에서의 풀베기와 덩굴제거에 대한 설명으로 옳은 것은?

① 글라신액제를 이용한 덩굴제거는 2 ~ 3월 또는 10 ~ 11월에 실시하는 것이 효과적이다.

② 30℃ 이상의 고온에서는 디캄바액제의 사용을 중지한다.

③ 풀베기 작업 과정에서 조림목의 피해율 허용치는 30% 미만이다.

④ 풀베기는 조림목의 묘고가 주변 풀베기 대상물의 초장과 같아질 때까지 한다.

16 간벌에서 이용되는 수형급에 대한 설명으로 옳지 않은 것은?

① Hawley의 수형급은 임관에서 임목의 위치와 빛을 받는 양에 따라 구분한다.

② 우리나라 천연림 보육에서 형질이 불량한 중용목은 제거 대상목이다.

③ Hawley 수형급과 데라사끼 수형급은 정성간벌에 쓰인다.

④ 데라사끼의 수형급은 활엽수 천연림에 적용하기 적합하다.

ANSWER 14.① 15.② 16.④

14 • 물들메나무는 물푸레나무과에 속하는 특산식물이다〈수목원·정원의 조성 및 진흥에 관한 법률 시행규칙 별표1의4〉.
• 미선나무, 가시오갈피, 참나무겨우살이, 히어리는 희귀식물에 속한다〈동법 시행규칙 별표1의3〉.

15 ① 글라신액제를 이용한 덩굴 제거는 5~9월에 실시한다.
③ 풀베기 작업과정에서 조림목의 피해를 허용치는 10% 미만이다.
④ 풀베기는 조림목의 높이가 잡초 등 제거 대상물의 1.5배 또는 60~80cm정도 더 클 때까지 실시한다.

16 ④ 데라사끼의 수형급은 침엽수 동령림에 적용하기 적합하다.

17 간벌 과정을 순서대로 바르게 나열한 것은?

① 예정지 답사 → 표준지 조사 → 매목조사 → 간벌량 결정 → 선목작업 → 벌채작업

② 표준지 조사 → 예정지 답사 → 매목조사 → 선목작업 → 간벌량 결정 → 벌채작업

③ 예정지 답사 → 선목작업 → 간벌량 결정 → 표준지 조사 → 매목조사 → 벌채작업

④ 표준지 조사 → 예정지 답사 → 선목작업 → 매목조사 → 간벌량 결정 → 벌채작업

18 잎이 나오기 전에 꽃이 먼저 피는 수종으로만 묶은 것은?

① *Lindera obtusiloba, Rhododendron mucronulatum*

② *Prunus yedoensis, Rhododendron schlippenbachii*

③ *Cornus officinalis, Quercus serrata*

④ *Prunus padus, Cornus kousa*

ANSWER 17.① 18.①

17 간벌실시순서
ㄱ **예정지 답사** : 우세목과 열세목의 비율, 생육상황, 수종, 밀도, 각종 피해의 유무, 지형, 교통의 편리 등을 조사한다.
ㄴ **표준지 조사** : 0.1~0.2ha 정도의 표준지를 설정한다.
ㄷ **매목 조사** : 벌채할 나무를 선정하여 나무줄기에 표시를 남기고 수고와 지름을 측정해서 야장에 기록한다.
ㄹ **간벌량 결정** : 나무의 재적과 수를 계산해서 간벌량을 결정한다.
ㅁ **선목 작업** : 선목 기준 수형급에 따라 간벌목 선정 및 표시를 한다.
ㅂ **벌채 작업** : 벌채작업 및 집재작업을 실시한다.

18 선화후엽 식물은 꽃이 먼저 피고 잎이 피는 식물이다. 대표적으로 목련, 생강나무, 벚나무, 진달래, 개나리 등이 있다.
① Lindera obtusiloba(생강나무), Rhododendron mucronulatum(진달래)
② Prunus yedoensis(왕벚나무), Rhododendron schlippenbachii(철쭉)
③ Cornus officinalis(산수유), Quercus serrata(졸참나무)
④ Prunus padus(귀룽나무), Cornus kousa(산딸나무)

19 소나무림(7영급, 400그루/ha, 400m³/ha)을 모수작업법으로 갱신하고자 할 때, 이에 대한 설명으로 옳은 것은?

① 모수는 평균거리를 약 7m로 설정하여 임지에 골고루 배치하고 나머지 임목은 수확 벌채한다.

② 수간이 통직한 형질 우량목을 위주로 수확 벌채한다.

③ 수관이 측면으로 잘 발달하여 결실량이 많은 피압목을 주로 남겨 많은 양의 종자를 공급한다.

④ 모수의 재적을 약 40m³/ha로 설정하고 임지에 골고루 배치한다.

20 가지치기에 대한 설명으로 옳지 않은 것은?

① 자연낙지가 어려운 지름 5cm 이상의 가지를 대상으로 가지치기를 한다.

② 살아있는 가지의 가지치기는 일반적으로 생장휴지기에 한다.

③ 수관 밑부분의 30 ~ 70%를 제거하여도 수고 생장에는 크게 영향을 미치지 않는다.

④ 일반소경재를 생산하는 인공림에서는 가지치기를 하지 않는다.

ANSWER 19.④ 20.①

19 ④ 모수로 남겨야 할 임목은 전 임목에 대하여 약 10%의 재적을 남기고 약 90%의 나무를 벌채해야 한다. 따라서 $400m^3/ha$의 10%인 $40m^3/ha$를 남겨야 한다.

※ 모수작업
① 형질이 좋고 결실이 잘 되는 모수 또는 종자나무라고 불리는 일부분의 나무만을 남기고 그 외의 나무를 일시에 베어내는 방법이다.
② 모수는 한 그루 외따로 남기기도 하고(산생 모수), 몇 그루씩 무더기로 남기기도 한다(군생 모수).
③ 모수작업에 의해 갱신되는 산림은 동령림이고, 벌채 후 발생한 어린 나무와는 10~20년의 나이 차이가 있어 처음 벌채 후 상당기간 복층림을 이룬다.
④ 모수에서 떨어진 씨앗으로 갱신을 하고, 갱신이 끝나면 모수는 벌채하거나 그대로 두어 다음 벌기 때에 함께 베어내기도 한다.
⑤ 남겨질 모수의 수는 전체 나무의 수에 비해 극히 적은 일부에 지나지 않는다.

20 ① 지름 3~5cm 이내의 것만 제거하는 것이 원칙이며, 굵은 가지를 제거하면 유합 기간이 길기 때문에 병원균이 침입할 우려가 있으므로 주의한다.

1 수목의 양엽과 음엽에 대한 일반적인 설명으로 옳지 않은 것은?

① 음엽의 광포화점은 양엽보다 낮다.

② 음엽은 낮은 광도에서 양엽보다 광합성 효율이 높다.

③ 양엽의 엽록소 함량은 음엽보다 많다.

④ 양엽의 책상조직은 음엽보다 촘촘하다.

2 수목의 종자발아에 대한 설명으로 옳은 것은?

① 종자의 발아를 억제하는 식물호르몬은 지베렐린이다.

② 대부분의 종자는 변온에 의한 온도자극으로 발아가 촉진된다.

③ 수분을 충분히 흡수한 종자는 호흡량이 감소한다.

④ 종자의 발아는 원적색광에 의해 촉진되고 적색광에 의해 억제된다.

ANSWER 1.③ 2.②

1 ③ 음엽의 엽록소함량은 양엽보다 많다.
　※ 음엽의 특징
　•양엽보다 잎이 넓다.
　•양엽보다 광포화점이 낮다.
　•양엽보다 색깔이 더 진하다.

2 ① 지베렐린은 종자의 발아를 촉진한다.
　③ 너무 습할 경우 뿌리의 호흡이 원활하지 못하여 뿌리로부터 피해가 시작된다.
　④ 적색광은 종자의 발아를 촉진한다.

3 수목의 식재에 대한 설명으로 옳지 않은 것은?

① 상록침엽수는 가을식재를 하는 것이 좋다.

② 치식은 구덩이를 파기 어려운 곳에 적합한 식재 방법이다.

③ 부분밀식은 산의 위아래로 열을 배치하는 것이 편리하다.

④ 보식은 식재된 묘목보다 수령이 1 ~ 2년 더 많은 것으로 한다.

4 그림과 같은 임형이 유지되는 천연갱신 작업종은?

① 모수작업   ② 개벌작업

③ 산벌작업   ④ 택벌작업

5 수목의 수분스트레스에 대한 설명으로 옳지 않은 것은?

① 세포의 용질농도가 높으면 삼투포텐셜이 높아져 탈수를 피할 수 있다.

② 수분이 부족한 환경에서 자라면 이에 적응하는 과정에서 건조저항성을 가지게 된다.

③ 소나무는 기공이 깊숙이 숨어 있어 수분 손실에 대한 저항성이 높다.

④ 수분스트레스는 춘재에서 추재로의 이행을 촉진한다.

ANSWER 3.① 4.④ 5.①

3 ① 가을식재는 상록침엽수보다 낙엽활엽수 즉, 아카시아, 현사시나무와 같은 묘목에 적용이 가능하다.

4 ④ 택벌작업은 이령림을 형성한다.
　　①②③은 동령림을 형성한다.

5 ① 세포의 용질농도가 높으면 삼투포텐셜이 낮아진다.

6 기상에 의한 산림 피해에 대한 설명으로 옳지 않은 것은?

① 토심이 얕은 남사면 경사지에서는 들메나무보다 자작나무가 한발의 피해를 받기 쉽다.

② 고온에 의한 피해는 묘목에서 나타나는 열사와 성목에서 나타나는 피소 등이 있다.

③ 바람에 의해 활엽수의 수간이 한쪽으로 기울어지면 바람이 불어오는 쪽에 신장이상재가 생긴다.

④ 온대지방에서의 냉해는 주로 수분·수정이나 열매의 발달과 같은 생식생장에 피해를 준다.

7 그림과 같은 화서를 가진 벚나무속 수종으로 옳게 짝지은 것은?

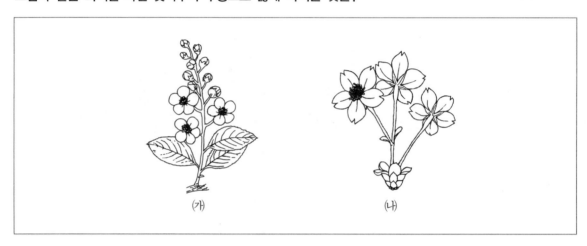

	(가)	(나)
①	산벚나무	올벚나무
②	귀룽나무	벚나무
③	올벚나무	산벚나무
④	벚나무	귀룽나무

ANSWER 6.① 7.②

6 ① 한해는 토양의 깊이가 얕은 남향 경사지에서 피해가 크고, 한해에 약한 수종으로 버드나무, 오리나무, 들메나무 등이 있다. 자작나무는 한해에 강한 수종이다.

7 귀룽나무는 총상화서이고, 벚나무는 산방화서이다.
　※ 화서(꽃차례)의 종류
　• 총상화서 : 길게 뻗은 꽃대에 다수의 꽃자루가 있는 꽃이 달리는 것
　• 수상화서 : 각각의 꽃에 꽃자루가 없는 것
　• 산형화서 : 마디 사이에 공간이 없고 꽃대 선단에서 꽃자루가 있는 여러 개의 꽃이 방사상으로 나 있는 것
　• 산방화서 : 꽃대에 붙은 꽃자루의 길이가 짧아져 모든 꽃이 거의 평면 상에 나란한 것

8 온대지방의 낙엽수종에서 줄기의 탄수화물 농도가 가장 낮은 시기는?

① 늦은 봄   ② 늦은 여름

③ 이른 가을   ④ 이른 겨울

9 아황산가스에 의한 활엽수의 피해 증상으로 옳은 것은?

① 잎의 끝 부분과 엽맥 사이 조직이 괴사하고 물에 젖은 듯한 모양이 된다.

② 잎 표면에 주근깨 같은 반점이 형성되고 책상조직이 먼저 붕괴된다.

③ 피해 초기에는 흩어진 회녹색 반점이 생기고 가장자리가 괴사한다.

④ 피해 초기에는 잎의 끝이 황화되어 잎 가장자리로 확대된다.

10 완만재 생산에 적합한 식재밀도와 숲가꾸기 방법으로만 짝지은 것은?

① 소식 – 간벌   ② 소식 – 가지치기

③ 밀식 – 간벌   ④ 밀식 – 가지치기

ANSWER 8.① 9.① 10.④

8 ① 봄에는 생장을 위해 축적되어있는 탄수화물을 사용하기 때문에 늦은 봄에 탄수화물의 함량이 가장 낮다.

9 ① 아황산가스에 의한 피해 증상
② 오존에 의한 피해 증상
③ 질소산화물에 의한 피해 증상
④ 불소에 의한 피해 증상

10 ④ 높은 밀도에서는 묘목의 지름이 가늘지만 완만재가 되고 가지치기 작업은 수간의 직경생장을 증대시킬 수 있다.

11 그림의 소나무 종자에서 음영으로 표시된 ㉠ 부분의 명칭은?

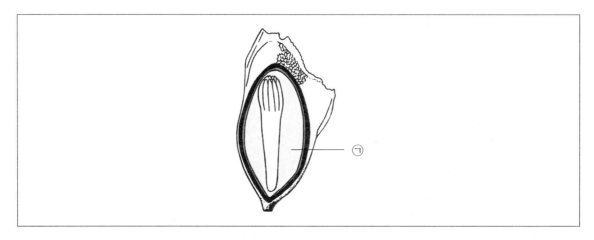

① 웅성배우자   ② 자성배우자
③ 웅성배우자체   ④ 자성배우자체

12 산벌에 대한 설명으로 옳지 않은 것은?

① 후벌에서 벌채될 나무들이 피해를 받을 수 있다.
② 개벌작업과 모수림작업에 비해 높은 작업기술이 필요하다.
③ 갱신되는 임분의 유전적 형질이 퇴화될 수 있다.
④ 후벌을 할 때 어린나무가 피해를 받기 쉽다.

13 굵은 대목의 측면부에 비스듬한 삭면을 만든 다음 여기에 맞는 접수를 조제하여 끼워 넣는 접목 방법은?

① 설접   ② 복접
③ 기접   ④ 박접

14 수목의 뿌리로 운반되어 근원기의 형성을 촉진시키는 식물호르몬은?

① 지베렐린   ② 사이토키닌
③ 아브시스산   ④ 옥신

15 산림의 천이에 따른 생태계의 속성변화에 대한 설명으로 옳은 것은?

① 천이의 성숙단계에서는 발달단계에 비해 순군집생산이 높다.
② 천이 후기가 되면 가용유입에너지에 의해서 유지되는 현존생체량이 적어진다.
③ 천이 초기의 양분순환은 폐쇄된 생물학적 기능 위주로 이루어진다.
④ 천이가 진행될수록 토양영양계와 식물 간의 양분순환속도가 느려진다.

....

ANSWER 13.②   14.④   15.④

13 ① 설접 : 대목과 접수의 굵기가 비슷한 것에서 대목과 접수를 혀 모양으로 깎아 맞추고 졸라매는 방법
     ③ 기접 : 뿌리가 대목과 접수에 다 있는 상태에서 접을 붙이는 방법
     ④ 박접 : 접수를 절접에서 모양으로 마련한 다음 박피가 쉽게 되는 초봄에 한줄 또는 두줄로 칼자국을 낸 후 박피된 부분에 접수를 넣어 접목하는 방법

14 ④ 옥신은 생장력이 강한 줄기와 뿌리 끝에서 생겨나는 호르몬으로, 길이 생장과 세포 분열, 발근을 돕고 곁눈 생장을 막는다.

15 ① 천이 초기단계에서 발달단계에 비해 순군집 생산이 높다.
     ② 천이 초기단계에서 가용유입에너지에 의해서 유지되는 현존 생체량이 적어진다.
     ③ 천이 후기의 양분순환은 폐쇄된 생물학적 기능 위주로 이루어진다.

16 세근이 발달하지 않고 직근의 세력이 강해서 파종조림을 하는 것이 유리한 수종으로만 짝지은 것은?

① *Pinus densiflora* − *Quercus acutissima*

② *Abies holophylla* −*machilus thunbergii*

③ *Taxus cuspidata* − *Fraxinus mandshurica*

④ *Abies koreana* − *Acer palmatum*

17 실생묘포지의 일반적인 선정 조건에 대한 설명으로 옳지 않은 것은?

① 위도가 높고 한랭한 지역에서는 동남향이 좋다.

② 따뜻한 남쪽 지역에서는 북향이 좋다.

③ 조림 예정지보다 남쪽 지역에 위치하는 것이 좋다.

④ 약간의 경사지가 관수 및 배수에 유리하다.

18 산림토양에 대한 설명으로 옳지 않은 것은?

① 용적밀도가 높은 토양은 식물의 뿌리 자람과 배수성이 좋다.

② 화강암과 같은 산성암을 모재로 하는 토양은 비교적 밝은 색을 띤다.

③ 토양산도가 높을수록 미생물의 활성도와 양분의 유효도가 낮다.

④ 일반적으로 산림토양의 pH는 경작토양보다 낮다.

ANSWER 16.① 17.③ 18.①

16 소나무나 상수리나무는 직근성이 강해 묘목의 활착이 좋지 않기 때문에 직파조림이 유리하다.
① Pinus densiflora (소나무) − Quercus acutissima(상수리나무)
② Abies holophylla(전나무) − Machilus thunbergii(후박나무)
③ Taxus cuspidata(주목) − Fraxinus mandshurica(들메나무)
④ Abies koreana(구상나무) − Acer palmatum(단풍나무)

17 묘포의 입지조건
㉠ 한랭한 지역에서는 동남향이 유리하다.
㉡ 온화한 지역에서는 북향이 유리하다.
㉢ 약간의 경사지가 관수 및 배수에 유리하다.

18 ① 용적밀도가 낮은 토양이 식물의 뿌리자람과 배수성이 좋다.

19 산림에서 화학적 처리에 의한 덩굴제거 방법으로 옳지 않은 것은?

① 디캄바액제는 기온이 높을 때 사용하면 주변 식물에 약해를 일으킬 수 있다.
② 글라신액제는 덩굴류의 생장휴지기에 처리한다.
③ 디캄바액제는 잎이 피기 전이나 낙엽 후에 처리한다.
④ 글라신액제는 주두부의 살아있는 조직 내부로 주입한다.

20 가장 잘 자란 우세목을 제거하는 간벌 방법은?

① 수관간벌   ② 택벌식간벌
③ 도태식간벌   ④ 열식간벌

ANSWER 19.② 20.②

19 ② 글라신액제는 덩굴류의 생장기에 실시한다. (5월~9월)

20 ② 택벌식 간벌은 우세목을 간벌해서 하급목들의 생육을 촉진시키는 방법이다.
※ 택벌식 간벌
• 일종의 상층간벌로 1급목 중 가장 큰 것 또는 1급목 전부와 5급목을 솎아 낸다.
• 적용조건 : 우세목으로 대체될 좋은 하급목이 충분히 있어야 한다.
• 적용대상 : 펄프재, 중경목의 생산이 유리한 경우 등에 적용된다.

1 산림종자의 발달과 성숙에 대한 설명으로 가장 옳은 것은?

① 침엽수종은 2개의 정핵이 1개의 난세포와 2개의 극핵과 합쳐지는 중복수정을 한다.

② 소나무는 개화한 해에 수정하여 크게 자라고 다음해에는 거의 자라지 않으며, 2년째 가을에 성숙한다.

③ 수종에 따라서는 배유조직이 감소하고 때로는 배유가 없어지는 일이 있는데, 그 예로서 은행나무, 물푸레나무 등을 들 수 있다.

④ 종자와 열매의 생리적 발달은 생장조절물질의 영향을 받으며, 대부분 수종의 열매는 배주의 수정 이후에 급히 발육하게 된다.

2 수목의 직경생장에 대한 설명으로 가장 옳지 않은 것은?

① 수목의 직경생장은 주로 형성층의 활동에 의해 이루어지며, 형성층은 수간, 줄기, 뿌리 부분의 목부와 사부 사이에 위치하고 있다.

② 형성층 세포는 접선 방향으로 새로운 세포벽을 만드는 병층분열에 의하여 2차목부와 2차사부를 만들게 된다.

③ 온대지방에서는 봄에 형성층이 활동을 재개할 때 목부 조직이 사부조직보다 먼저 만들어진다.

④ 형성층의 활동은 식물호르몬인 옥신에 의해 좌우되며, 형성층의 계절적 활동은 상록수의 경우 낙엽수보다 더 오래 지속된다.

ANSWER 1.④ 2.③

1 ① 겉씨식물(나자식물)은 단일수정으로 그치고, 속씨식물(피자식물)은 중복수정을 한다.
② 소나무는 개화한 해에 거의 자라지 않고 2년째 가을에 성숙한다.
③ 무배유종자의 예로 밤나무, 상수리나무, 호두나무 등이 있다.

2 ③ 온대지방에서는 봄에 형성층이 활동을 재개할 때 사부조직이 목부조직보다 먼저 만들어진다.

3 종자발아 시 광선에 영향을 적게 받는 수종으로 가장 옳은 것은?

① *Thuja orientalis*

② *Betula platyphylla var. japonica*

③ *Tsuga sieboldii*

④ *Ulmus davidiana var. japonica*

4 다음 중 삽수 발근이 가장 어려운 수종은?

① 느티나무　　　　　　　　② 개나리

③ 버드나무　　　　　　　　④ 사철나무

5 목본식물의 사부조직을 통하여 운반되는 탄수화물 중에서 농도가 가장 높고 흔하게 관찰되는 것은?

① raffinose　　　　　　　　② sucrose

③ sorbitol　　　　　　　　④ verbascose

6 수목의 기관 중에서 탄수화물의 상대적 수용 강도가 가장 낮은 것은?

① 성숙한 잎　　　　　　　　② 형성층

③ 뿌리　　　　　　　　　　④ 저장조직

ANSWER 3.④ 4.① 5.② 6.④

3 느릅나무, 주엽나무, 가중나무 등의 활엽수와 일부 침엽수는 광선조건과 무관하게 성장한다.
① Thuja orientalis : 측백나무
② Betula platyphylla var. japonica : 자작나무
③ Tsuga sieboldii : 솔송나무
④ Ulmus davidiana var. japonica : 느릅나무

4 ②③④는 비교적 삽수의 발근이 잘 되는 수종에 속한다.
※ 삽수의 발근이 어려운 수종은 참나무류, 소나무류, 가시나무류, 밤나무, 잣나무, 느티나무, 낙엽송 등이 있다.

5 ② sucrose는 사부조직을 통하여 운반되는 탄수화물의 주성분이다.

6 탄수화물 수용 강도 … 성숙한 잎 > 형성층 > 뿌리 > 저장조직

7 「식물신품종보호법」에 따른 품종보호(출원) 요건에 해당하지 않는 것은?

① 우수성   ② 구별성

③ 균일성   ④ 품종명칭

8 수종별 파종방법이 가장 올바르게 짝지어진 것은?

① *Pinus densiflora* – 조파(줄뿌림)

② *Ginkgo biloba* – 산파(흩어뿌림)

③ *Zelkova serrata* – 조파(줄뿌림)

④ *Juglans regia* – 산파(흩어뿌림)

9 줄기접의 종류에 대한 설명으로 가장 옳지 않은 것은?

① 박접 – 줄기가 단단하고 탄력이 적으며 수조직이 발달하거나 수액이 많이 유출되는 호두나무에 적용

② 할접 – 대목이 굵고 세로로 잘 쪼개지는 감나무에 적용

③ 설접 – 뿌리와 같이 조직이 유연한 대목을 사용할 때 적용하며, 접수와 대목의 굵기가 비슷할 때 유리함

④ 절접 – 밤나무를 포함한 유실수에 흔히 적용

ANSWER 7.① 8.③ 9.①

7 품종보호 요건〈식물신품종 보호법 제16조〉
    ㉠ 신규성
    ㉡ 구별성
    ㉢ 균일성
    ㉣ 안정성
    ㉤ 품종명칭

8 ① Pinus densiflora(소나무) – 산파(흩어뿌림)
    ② Ginkgo biloba(은행나무) – 점파(점뿌림)
    ④ Juglans regia(호두나무) – 점파(점뿌림)

9 ① 박접 … 접수를 절접에서 모양으로 마련한 다음 박피가 쉽게 되는 초봄에 한줄 또는 두줄로 칼자국을 낸 후 박피된 부분에 접수를 넣어 접목하는 방법

10 취목법에 대한 설명으로 가장 옳지 않은 것은?

① 파상취목 : 목부가 발달한 임목의 곧은 줄기를 땅속에 묻어 부정아를 유도하여 모식물체로부터 분리시키는 방법이다.

② 단부취목 : 가지를 굽혀서 그 끝을 땅속에 묻어 발근을 유도 하면서 가지가 굴곡생장을 통해 정아를 형성하도록 유도하는 방법이다.

③ 단순취목 : 가지를 굽히고 굽혀진 가지 밑부분이 땅속에 고정된 상태로 발근이 되도록 하며 가지 끝은 지상으로 나오도록 하는 방법이다.

④ 매간취목 : 줄기 대부분을 고랑에 수평으로 눕혀서 흙으로 덮은 다음, 새 가지에서 뿌리를 발생시킨 후 모식물체로 부터 분리시키는 방법이다.

11 산림토양과 경작토양을 비교한 것으로 가장 옳지 않은 것은?

① 산림토양은 경작토양보다 공극이 많아서, 일반적으로 용적비중이 더 작다.

② 산림토양은 경작토양보다 낙엽층 분해로 인해, 일반적으로 C/N율이 더 낮다.

③ 산림토양은 경작토양보다 산성화되어, 일반적으로 pH가 더 낮다.

④ 산림토양은 경작토양보다 질산화작용이 억제되어, 주로암모늄 형태로 질소를 흡수한다.

12 묘목식재에 대한 설명으로 가장 옳은 것은?

① 동일한 면적에 정삼각형 식재를 할 때에는 정방형 식재에 비하여 식재할 묘목본수가 5.5% 증가하게 된다.

② 봉우리식재는 습지로서 배수가 불량한 곳 또는 석력이 많아서 구덩이를 파기 어려운 곳에 적용되는 특수식재법이다.

③ 용기묘 식재를 할 때 노지묘와 달리 뿌리에 손상이 없도록 유의하고 뿌리에 직접 접촉하여 시비한다.

④ 대묘는 식재 후 바람에 넘어질 수 있기 때문에 지지대를 세워주는 것이 안전하다.

ANSWER 10.① 11.② 12.④

10 ① **파상취목** … 가지를 여러번 파상적으로 굽혀 굴곡시켜 번식하는 방법으로 포도나무, 덩굴장미, 미선나무의 번식에 이용된다.

11 ② 산림토양은 섬유소의 공급으로 경작토양보다 C/N율이 높다.

12 ① 동일한 면적에 정삼각형 식재를 할 때에는 정방형 식재에 비하여 식재할 묘목본수가 15.5% 증가하게 된다.
② 치식은 습지로서 배수가 불량한 곳 또는 석력이 많아서 구덩이를 파기 어려운 곳에 적용되는 식재법이다.
③ 용기묘 식재를 할 때 비료는 뿌리와 직접 접촉되지 않도록 심층에 주거나 용기묘 주변에 표층시비한다.

13 임목종자의 휴면 원인으로 가장 옳지 않은 것은?

① 가래나무 - 종피의 기계적 작용
② 주엽나무 - 종피의 불투수성
③ 들메나무 - 발아억제물질 존재
④ 은행나무 - 미성숙배

14 임목종자 저장 방법에 대한 설명으로 가장 옳지 않은 것은?

① 아까시나무는 종자를 용기에 넣어 실내에 보관하는 일반 건조저장이 가능하다.
② 종자 내 함수량이 많은 참나무류 등은 저장 중에 수분조건을 적절히 유지해 주어야 한다.
③ 대부분의 온대수종 종자는 저장 중에 호흡량을 줄이기 위하여 저온저장보다는 일반건조저장이 적합하다.
④ 은행나무는 가을에 종자 정선이 끝나면 바로 노천매장을 하는 것이 좋다.

15 양료순환이란 산림식물의 생장과 발달에 필요한 양료가 생태계를 통하여 이동, 축적, 배분, 전환하면서 교환되고 순환되는 과정을 말한다. 이에 대한 설명으로 가장 옳지 않은 것은?

① 내부순환계인 폐쇄성 생물학적 양료순환과 외부순환계인 개방성 지화학적 양료순환으로 나눌 수 있다.
② 천이 초기에는 식물생체에 저장되는 양료의 비율이 높으나 후기에는 토양에 저장되는 비율이 높다.
③ 생물학적 양료순환의 예로는 동식물 및 미생물이 관여하는 먹이사슬을 통한 양료의 이동과 전환이 있다.
④ 지화학적 양료순환의 예로는 인위적 시비에 의한 양료 유입과 수확에 의한 양료유출이 있다.

ANSWER 13.③ 14.③ 15.②

13 ③ 사과나무, 배나무, 감나무 등은 발아억제물질이 존재하여 종자의 휴면을 유도한다.
※ 들메나무의 종자는 미성숙배의 상태로 지면에서 바로 발아할 수 없다.

14 ③ 대부분의 온대수종 종자는 저장 중에 호흡량을 줄이기 위하여 저온저장이 적합하다.

15 ② 천이 초기에는 생물체 외에 저장되는 양료의 비율이 높으나 후기에는 생물체 내에 저장되는 비율이 높다.

16 우리나라의 산림에 대한 설명으로 가장 옳지 않은 것은?

① 소나무림이 많이 분포하는 지역은 화강암과 화강편마암을 모암으로 하여 생성된 모래질이 많은 갈색 산림토양이다.

② 소나무의 우점현상은 건조하기 쉬운 산 능선 부위, 암반노출이 심한 지역, 남동~남서 사면에서 더욱 뚜렷하게 나타난다.

③ 소나무의 순림은 건조한 지역에 형성되며 여러 가지 교란에 매우 강한 경향이 있다.

④ 소나무–활엽수 혼효림은 대체로 급경사지에 많이 발달하며 활엽수림으로 천이되는 과도기의 산림형으로 판단된다.

17 우리나라 천연활엽수림에서 성숙목 기준으로 상층임관, 중층임관, 하층식생을 구성하는 수종을 가장 올바르게 짝지은 것은?

① 신갈나무 – 생강나무 – 까치박달나무

② 생강나무 – 진달래 – 쪽동백나무

③ 물푸레나무 – 까치박달나무 – 진달래

④ 신갈나무 – 쪽동백나무 – 물푸레나무

16 ③ 소나무의 순림은 건조한 지역에 형성되며 여러 가지 교란에 약한 경향이 있다.

17 우리나라 천연활엽수림
　　ⓐ 상층임관을 점유하고 있는 수종 : 서어나무류, 물푸레나무류 등
　　ⓑ 중층임관을 점유하고 있는 수종 : 교목류, 당단풍, 까치박달 등
　　ⓒ 하층임관을 점유하고 있는 수종 : 개암나무류, 진달래류, 노린재나무 등

18 우리나라 주요 수종 중 개화시기가 가장 늦은 것은?

① 소나무

② 음나무

③ 구상나무

④ 버드나무

19 영양번식 방법에 해당하지 않는 것은?

① 종자번식법   ② 삽목법

③ 접목법   ④ 조직배양법

20 대추나무빗자루병, 뽕나무오갈병 등의 수목 병을 일으키는 미생물은?

① 박테리아   ② 파이토플라스마

③ 곰팡이   ④ 바이러스

ANSWER 18.② 19.① 20.②

18 ① 소나무 : 5월
  ② 음나무 : 7~8월
  ③ 구상나무 : 5~6월
  ④ 버드나무 : 3~4월

19 영양번식(무성번식)은 접목, 삽목, 조직배양으로 이루어진다.

20 파이토플라스마는 병든 식물의 체관 또는 사부에서 발견되며, 병을 일으키는 원인으로 생각되는 미생물을 말한다. 우리나라에서는 대추나무 빗자루병과 뽕나무 오갈병 등이 큰 피해를 주고 있다.

1 묘목식재에 대한 설명으로 옳지 않은 것은?

① 임목밀도가 높을수록 간재적(幹材積) 점유비율이 높아진다.

② 식재는 봄과 가을에 할 수 있는데 가을식재는 주로 낙엽활엽수를 대상으로 한다.

③ 식재거리는 수평거리를 뜻하므로, 경사가 심하면 보정할 필요가 있다.

④ 배수가 불량한 곳이나 돌이 많은 곳에서는 봉우리식재법으로 식재한다.

2 산벌작업에 대한 설명으로 옳은 것은?

① 동령림 갱신에 알맞은 방법이다.

② 예비벌은 최대한 결실량이 많은 해를 택하여 실시한다.

③ 극양수의 수종갱신에 유리하다.

④ 성숙한 임목의 보호 아래에서 갱신되므로 작업 중 갱신치수의 손상이 없다.

ANSWER 1.④ 2.①

1 ④ 배수가 불량한 곳이나 자갈이 많아서 땅을 파기 어려운 곳에서는 치식에 의한 식재방법을 이용한다. 봉우리식재법은 묘목을 심을 구덩이 바닥 가운데에 좋은 흙을 모아 원추형의 봉우리를 만들고, 이 봉우리에 묘목의 뿌리를 사방으로 골고루 펴서 얹은 다음 다시 좋은 흙으로 뿌리를 덮은 후 일반식재법에 따라 심는 방법이다. 봉우리 식재는 천근성이며 측근이 잘 발달하고 직근성이 아닌 가문비나무 같은 묘목 등에 알맞다.

2 산벌작업은 벌기에 달한 임분을 몇 차례의 벌채로 균등하게 소개하여 천연하종에 의한 후계림을 조성하는 방법으로 갱신된 숲은 동령림으로 취급되며 갱신이 비교적 오래 걸린다.

② 최대한 결실량이 많은 해를 택하여 실시하는 것은 하종벌이다. 예비벌은 산벌작업에 있어서 임목의 결실을 촉진하고, 내풍력을 증강시키기 위한 벌채로, 모수의 결실을 촉진하는 한편 지표에 종자가 발아하기 쉬운 상태를 만든다.

③ 음수나 약간 음성을 띤 수종에 적합하다.

④ 갱신치수의 일부는 벌채로 인한 손상이 발생한다.

3 낙엽수 수간의 횡단면상에서 본 각 부위의 위치 및 기능에 대한 설명으로 옳은 것은?

① 심재는 횡단면상의 안쪽에 위치하며, 형성층이 오래전에 생산한 목부조직으로 죽어 있는 부분이다.

② 변재는 형성층과 내수피 사이에 위치하며, 최근에 생산된 목부조직으로 물의 이동 통로이다.

③ 형성층은 나무의 줄기와 뿌리를 굵게 하는 분열조직으로, 안쪽으로 사부 조직을 만든다.

④ 수피는 줄기의 형성층 바깥쪽에 있는 모든 조직을 말하며 모두 죽은 조직이다.

4 산림병 · 해충에 대한 설명으로 옳지 않은 것은?

① 소나무재선충병의 매개충으로 솔수염하늘소와 북방수염하늘소가 있다.

② 참나무시들음병의 매개충은 광릉긴나무좀으로 수세가 약한 나무를 가해한다.

③ 미국흰불나방 유충은 벚나무, 버즘나무, 포플러의 잎을 가해한다.

④ 솔잎혹파리는 유충이 솔잎을 갉아먹는 식엽성 해충이다.

ANSWER 3.① 4.④

3 ② 변재는 뿌리로부터 수분을 위쪽으로 이동시키는 역할을 담당하는 부위이다.
　　③ 형성층은 줄기의 직경을 증가시키는 분열조직이다.
　　④ 줄기의 형성층 바깥쪽에 있는 모든 조직을 통틀어 일컫는데, 성숙한 목본 줄기의 경우 사부와 코르크 조직으로 이루어지는 내수피(inner bark)와 맨 외각부위의 딱딱한 외수피(outer bark)에 해당하는 조피(rhytidome)로 구성되어 있다.
　　※ 임목 수간의 각 부분

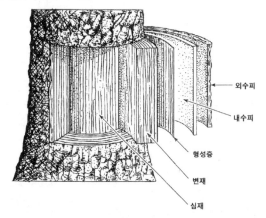

4 ④ 솔잎혹파리는 충영형성 해충이다. 충영은 수목의 잎에 형성된 동그란 혹으로, 솔잎혹파리는 소나무, 곰솔에 기생하며 솔잎 기부에서 혹을 만들고 그 속에서 수액을 흡수해 잎의 생장을 저해한다. 충영형성 해충으로는 솔잎혹파리 외에 밤나무혹벌, 혹진딧물, 혹응애, 큰팽나무이 등이 있다.

5 그림과 같은 상록침엽수의 접목방법은?

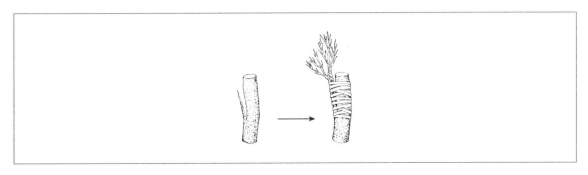

① 절접   ② 복접

③ 설접   ④ 교접

6 수형목의 유전획득량을 옳게 표현한 것은?

① 유전획득량 = 유전력 × 대상집단의 평균

② 유전획득량 = 수형목의 평균 − 대상집단의 평균

③ 유전획득량 = 수형목 차대의 평균 − 대상집단의 평균

④ 유전획득량 = 유전적 요인에 의한 분산 ÷ 총변이의 분산

....

ANSWER 5.②   6.③

5 복접은 대목의 원줄기를 자르지 않고 측면부에 비스듬히 삭면을 만들어 대목의 중심부를 지나지 않도록 접붙이는 방법이다.

① **절접** : 접가지와 접밑동의 옆을 각각 깎아서 붙이는 접목법의 하나로 접가지와 접밑동의 굵기 가 같지 않을 때 주로 사용

③ **설접** : 대목과 접수의 굵기가 비슷한 것에서 대목과 접수를 혀 모양으로 깎아 맞추고 졸라매 는 접목 방법

④ **교접** : 동일식물의 줄기와 뿌리의 중간에 가지 또는 뿌리를 삽입하여 상하조직을 연결하는 것

6 유전획득량은 선발을 통하여 집단이 유전적으로 진전된 정도를 말하는 것으로, 선발후대의 전체평균과 선발세대의 전체평균 간 차이로 나타내기 때문에 선발반응이라고도 한다.

7 묘목의 굴취와 가식에 대한 설명으로 옳은 것은?

① 상록성 수종은 가을에 굴취하여 가식상태로 월동시키는 것이 좋다.

② 월동시킬 묘목은 비스듬히 줄기가 땅속 깊이 묻히도록 하면서 노출된 줄기 끝이 북쪽으로 향하도록 가식한다.

③ 봄에 굴취하여 가식할 경우에는 가지의 끝이 남쪽으로 향하는 것이 좋다.

④ 가식장소로는 사질양토의 포지 중에서 서북풍을 막을 수 있는 온화한 곳이 좋다.

8 파종상의 관리에 대한 설명으로 옳지 않은 것은?

① 전나무, 가문비나무, 삼나무, 편백 등과 소립종자의 파종 시 일사와 건조피해를 막기 위해 해가림을 한다.

② 제초작업은 소나무류의 어린 실생묘 묘포에서 실시하며, 관수작업은 상토가 충분히 물을 흡수할 때까지 한다.

③ 가시나무는 파종 당년에 측근과 세근이 발달하므로 1년 만에 상체를 하는 것이 좋다.

④ 불량 묘목을 솎아 내는 작업은 어린 묘의 본엽이 출현할 때 시작하며, 수종의 생장상태를 고려하여 8월 하순까지 한다.

9 제벌에 대한 설명으로 옳은 것은?

① 소나무와 삼나무림에서의 첫 번째 제벌은 식재 후 3년 이내에 실행한다.

② 제벌은 일반적으로 수관 간의 경쟁이 시작되고 조림목의 생육이 저하될 때 시작한다.

③ 제벌시기는 나무의 고사상태를 알고 맹아력을 감소시키기 위해서 겨울철에 실행하는 것이 좋다.

④ 침엽수종은 맹아력이 강해서 근원부를 절단하면 다시 힘찬 맹아를 내기 때문에 그 처리가 어렵다.

ANSWER 7.④ 8.③ 9.②

7 ④ 가식장소는 과습하지 않고 배수가 잘되는 사질양토를 선택하며 서북풍을 막을 수 있는 온화한 곳이 좋다.
① 상록수 수종은 초봄에 굴취하는 것이 좋다.
②③ 가을에는 묘목의 가지의 끝이 남쪽으로, 봄에는 가지의 끝이 북쪽으로 향하는 것이 좋다.

8 ③ 가시나무는 파종 당년에 직근만 발달하고 측근과 세근의 발달은 미미하므로 1년 만에 상체를 하면 고사할 확률이 높다. 따라서 측근과 세근이 충분히 발달한 뒤 상체한다.

9 ① 소나무는 식재 후 7~8년, 삼나무림은 10년 정도 되었을 때 첫 번째 제벌을 실시한다.
③ 제벌은 제거목의 맹아력을 감소시키기 위해 여름철에 실시한다.
④ 맹아력이 강한 것은 활엽수종에 해당한다. 침엽수종은 오래된 가지에 잠아가 거의 없어서 묵은 가지를 중간에서 제거하면 그 자리에서 맹아가 발생하지 않는다.

10 항속림작업과 관련된 설명으로 옳지 않은 것은?

① 모든 산림의 생태적 건전성을 유지하기 위해 보육적 벌채를 매년 실시한다.

② 항속림은 산벌림과 비슷할 수 있으며, 동령혼효림이다.

③ 항속림에는 정해진 윤벌기가 없고 갱신에 특별한 고려를 하지 않는다.

④ 벌채방법은 간벌, 산벌, 택벌 등 모든 방법이 동원될 수 있다.

11 종자 휴면의 원인이 주로 미성숙배 때문인 수종은?

① *Pinus koraiensis*

② *Juglans mandshurica*

③ *Tilia amurensis*

④ *Fraxinus mandshurica*

12 식물체 내의 질소대사에 대한 내용으로 옳지 않은 것은?

① 가을철 낙엽 전의 잎에서는 N, P, K 함량이 줄어들고, Ca 함량은 증가한다.

② 질소함량의 계절적 변화는 목부보다 사부에서 더 심하다.

③ 소나무의 질산환원작용은 주로 잎에서 일어난다.

④ 일반적으로 변재의 질소함량은 수피보다 낮지만, 심재보다는 높다.

ANSWER 10.② 11.④ 12.③

10 항속림이란 임지의 보호와 임목의 보육에 중점을 하면서 산림의 건전성을 유지하기 위한 택벌시업 등이 이루어지는 산림으로, 산림은 주로 임목 이외에 지상식물, 산림토양 속의 미생물, 그 밖의 야생동물 등의 유기적 관계의 건전한 조화에 근거로 하여 유지된다고 주장하는 A. Moller에 의해 명명되었다.
② 항속림은 택벌림과 비슷할 수 있으며, 이령혼효림이다.

11 미성숙배가 종자 휴면의 주원인인 수종으로는 들메나무, 향나무, 은행나무, 주목 등이 있다.
①②③ 잣나무, 가래나무, 피나무는 종피의 불투수성, 종피의 기계적 압박 등으로 인해 종자 휴면이 발생한다.

12 ③ 소나무의 질산환원작용은 주로 뿌리에서 일어난다.
※ 질산환원은 질산태질소(NO_3^-)가 암모늄질태소(NH_4^+)로 환원되는 과정으로 나자식물, 진달래류 등 lupine형은 뿌리에서 질산환원작용이 일어나고 도꼬마리형은 잎에서 질산환원작용이 일어난다.

13 직파조림과 관련된 설명으로 옳지 않은 것은?

① 발아 유묘 관리가 묘목 식재 조림지 관리보다 용이하다.

② 직근의 세력이 강한 수종이 유리하다.

③ 약간의 피음조건은 발아 유묘의 생육에 유리하다.

④ 소나무류는 직파조림이 용이하다.

14 그림과 같이 잎과 열매의 모양을 갖는 참나무속 수종으로 옳게 짝 지은 것은?

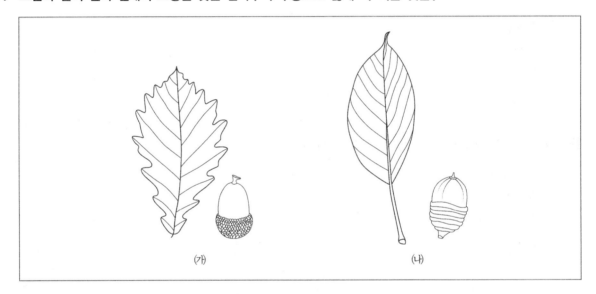

(가)　　　　　　　　　　(나)

	(가)	(나)
①	*Quercus serrata*	*Quercus gilva*
②	*Quercus mongolica*	*Quercus acuta*
③	*Quercus aliena*	*Quercus glauca*
④	*Quercus variabilis*	*Quercus salicina*

13 ① 직파조림(= 파종조림)은 조림지에 종자를 직파하여 임분을 조성하는 방법으로 묘목 양성 비용이 들지 않는다는 장점이 있
지만, 발아 유묘 관리가 묘목 식재 조림지 관리보다 어렵다는 단점이 있다.

14 ① *Quercus serrata*(졸참나무), *Quercus gilva*(개가시나무)

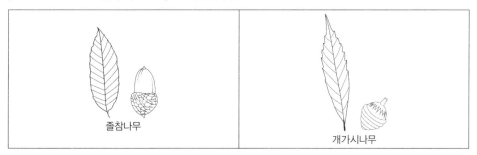

② *Quercus mongolica*(신갈나무), *Quercus acuta*(붉가시나무)

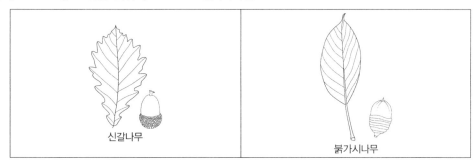

③ *Quercus aliena*(갈참나무), *Quercus glauca*(종가시나무)

④ *Quercus variabilis*(굴참나무), *Quercus salicina*(참가시나무)

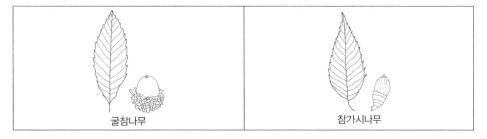

15 Hawley의 하층간벌을 강한수준의 강도(D)로 실시할 경우의 선목대상만을 모두 고르면?

㉠ 우세목	㉡ 대부분의 준우세목
㉢ 중간목	㉣ 피압목

① ㉣

② ㉢, ㉣

③ ㉡, ㉢, ㉣

④ ㉠, ㉡, ㉢, ㉣

16 묘포 만들기에 대한 설명으로 옳은 것은?

① 관수와 배수를 고려하여 평탄지보다는 5° 이상의 경사지가 좋다.

② 온화한 남쪽 지방에서는 북향이 좋고, 상혈이 될 수 있는 지형은 피해야 한다.

③ 자작나무의 파종상은 상 높이를 고랑높이보다 낮게 만든다.

④ 버드나무의 파종상은 상 높이를 고랑높이보다 높게 만든다.

ANSWER 15.③ 16.②

15 Hawley의 하층간벌은 피압된 가장 낮은 수관층의 나무를 먼저 벌채하고 점차 높은 층의 나무를 간벌하는 방법으로, 하층간벌 후에는 우세목과 준우세목이 남게 된다.

※ 하층간벌 강도와 수준에 따른 선목대상

구분	약한 수준	강한 수준
A : 약도	가장 빈약한 피압목	피압목
B : 경도	피압목, 빈약한 중간목	피압목, 중간목
C : 중도	피압목, 중간목	피압목, 중간목, 약간의 준우세목
D : 강도	피압목, 중간목, 상당수의 준우세목	피압목, 중간목, 대부분의 준우세목

16 ① 1~5° 정도의 경사지가 적당하며 5° 이상의 경사지는 강우 시 표토의 유실이 발생할 수 있다.
　③ 자작나무의 파종상은 상 높이를 고랑높이와 같게 만든다.
　④ 버드나무의 파종상은 상 높이를 고랑높이보다 7~10cm 낮게 만든다.

17 가지치기에 대한 설명으로 옳지 않은 것은?

① 죽은 가지를 즉시 제거하는 것은 줄기형태를 완만하게 만드는 효과가 있다.

② 연평균 생장량이 일시적으로 줄어들 수 있고 부정아가 발생할 수 있다.

③ 산불이 있을 때 수관화를 경감시키고, 무절재를 생산한다.

④ 활엽수는 가급적 밀식하여 자연낙지를 유도하고, 죽은 가지를 제거하는 것이 효과적이다.

18 산불이 산림생태계에 미치는 영향과 변화에 대한 설명으로 옳지 않은 것은?

① 산불에 의하여 임상의 낙엽층과 식생이 제거되고, 일시적인 수분 반발성이 발생할 수 있다.

② 수관화가 휩쓸고 지나간 참나무림에서는 맹아력으로 생존하는 개체를 다수 발견할 수 있다.

③ 산불이 발생하면 대부분의 토양 양분이 용출되어 임목이 이용할 수 없으며, 특히 질소 성분이 불용성 상태로 변한다.

④ 산불에 의해 나무 줄기의 형성층과 사부가 심한 피해를 입을 경우 임목이 고사하게 된다.

ANSWER 17.① 18.③

17 ① 생가지치기를 하면 동화기관이 제거되어 줄기형태가 완만하게 되는 효과가 있다.

18 ③ 산불이 발생하면 대부분의 토양 양분이 용출되어 임목이 이용할 수 있지만, 토양수에 용해되어 지하수로 빠져나가기 쉽다. 산불로 유기물이 연소되면서 많은 양의 질소가 휘발되기도 하지만, 남아 있는 질소는 임목이 이용하기 쉬운 상태로 변한다.

19 인공조림과 비교한 천연갱신의 특징으로 옳지 않은 것은?

① 야생동물을 비롯한 각종 생태계 구성원의 보호에 유리하다.

② 다양한 작업이 수반되므로 비용이 많이 든다.

③ 토양침식을 막아 임지를 보전하는 데 유리하다.

④ 여러 해가 걸릴 수 있고 기술적으로 어렵다.

20 산림생태계의 유기물 분해에 대한 설명으로 옳지 않은 것은?

① 유기물내 리그닌 : 질소 비율이 높을수록 분해속도가 빨라진다.

② 온대지역에서 활엽수림의 유기물 분해상수는 침엽수림보다 높다.

③ 열대우림은 물질 순환속도가 빠르고, 식물이 흡수할 수 있는 양보다 많은 양분의 용탈이 일어난다.

④ 일반적으로 유기물의 분해속도는 온도와 강수량이 증가하면 빨라진다.

ANSWER 19.② 20.①

19 ② 천연갱신은 천연력에 의하여 다음 세대의 수목을 발생시키는 것으로 인공조림에 비해 비용이 거의 들지 않는다.

20 ① 리그닌은 식물에서는 2차 세포벽을 구성하는 물질 중 하나로, 섬유소 및 다른 다당류들과 함께 공유 결합을 형성한다. 리그닌은 임목이 쉽게 부패하지 않고 단단해지게 하는 역할을 하는 성분으로 유기물 내 리그닌은 질소 비율이 높을수록 분해속도가 느려신다.

1 리기다소나무의 내한성과 테다소나무의 통직성을 결합하여 리기테다소나무를 생산한 육종방법은?

① 교잡육종　　　　　　　　　　　② 선발육종
③ 도입육종　　　　　　　　　　　④ 돌연변이육종

2 수형목을 선발하여 차대 또는 클론을 한곳에 모아 우량종자를 대량생산하기 위해 조성한 장소는?

① 채종림　　　　　　　　　　　　② 채종원
③ 채종목　　　　　　　　　　　　④ 채종임분

3 수종과 꽃에 관련된 특성이 옳은 것은?

① *Camellia japonica* − 단성화　　　② *Quercus acutissima* − 양성화
③ *Ginkgo biloba* − 자웅동주　　　　④ *Populus davidiana* − 자웅이주

ANSWER 1.① 2.② 3.④

1 리기테다소나무는 추위에는 강하지만 목재의 질이 떨어지는 리기다소나무와 추위에는 약하지만 목재의 질이 좋고, 생장속도가 빠른 테다소나무의 교잡으로 얻어진 품종이다. 교잡육종은 서로 다른 품종 간의 교잡에 의해 새로운 품종을 얻는 육종방법이다.

2 채종원은 우수한 개체를 선택해 접수를 따서 접을 붙여 키운 나무를 모아서 심어 둔 곳으로, 우량종자를 대량생산하기 위해 조성한다. 기계화 작업을 고려할 때 평지 또는 완경사지에 조성하는 것이 좋으며, 채종원의 비옥도는 종자 생산량에 직접적인 영향을 주게 되므로 충분한 시비가 필요하다.

3 ④ *Populus davidiana*(사시나무)는 자웅이주이다.
① *Camellia japonica*(동백나무)는 양성화이다.
② *Quercus acutissima*(상수리나무)는 단성화이다.
③ *Ginkgo biloba*(은행나무)는 자웅이주이다.

4 여름철에 이태리포플러의 일부 가지에서 낙엽 현상이 일어나는 경우, 주로 관여하는 식물생장조절물질은?

① 옥신(auxin)

② 지베렐린(gibberellin)

③ 아브시스산(abscisic acid)

④ 사이토키닌(cytokinin)

5 수목의 내음성 결정방법 중 간접적 판단법에 대한 설명으로 옳은 것은?

① 지서(枝序)가 발달하여 그 수가 많으면 음수이다.

② 임분 내 수관의 밀도가 높으면 양수이다.

③ 임상이 노출된 공지에서 수고생장속도가 빠른 것이 음수이다.

④ 임분의 자연적인 간벌속도가 빠르면 음수이다.

6 토양입자 중 모래와 비교할 시 점토의 특성으로 옳지 않은 것은?

① 수분보유능력이 높다.

② 유기물의 분해속도가 빠르다.

③ pH 완충능력이 높다.

④ 식물양분 저장능력이 높다.

ANSWER 4.③ 5.① 6.②

4 ③ 아브시스산은 식물체 내에서 식물의 생리·생화학적 과정을 억제 또는 제어하는 식물생장 억제물질의 일종으로, ABA라고 한다. 식물의 노화현상유도, 과일의 착색촉진, 식물의 낙엽촉진 등의 작용을 한다.
　① 옥신은 생장력이 강한 줄기와 뿌리 끝에서 생겨나는 호르몬으로, 길이 생장과 세포 분열, 발근을 돕고 곁눈 생장을 막는다.
　② 지베렐린은 식물의 성장을 조절하고 줄기 성장, 발아, 휴면, 개화, 성결정, 잎과 과일의 노화 등 다양한 발달 과정에 영향을 미치는 호르몬이다.
　④ 사이토키닌은 세포분열을 촉진하고, 배우체 발달, 배 발달, 측근 발달, 관다발 발달, 분열조직의 유지 등 식물 일생에 다양하게 기능한다.

5 ①② 음수는 임분 내 수관의 밀도가 높고 지서가 발달하여 그 수가 많다.
　③ 양수는 높은 광도에서 광합성 효율이 높다. 따라서 임상이 노출된 공지에서 수고생장속도가 빠른 것은 양수이다.
　④ 양수는 음수에 비해 피압에 인한 피해가 커 임분의 자연적인 간벌속도가 빠르다.

6 ② 점토는 입자가 작고 수분 및 양분 저장능력이 높지만, 대공극이 부족하여 투기 및 투수가 저해된다. 따라서 유기물의 분해속도는 느리다.

7 다음과 같은 특징을 갖는 참나무속 수종은?

> • 잎의 가장자리는 물결모양(둔거치)이다.
> • 잎의 털은 갈색으로 밀생한다.
> • 잎자루의 길이는 매우 짧다.
> • 잎아래(엽저)는 귀모양(이저)이다.

① *Quercus dentata*

② *Quercus variabilis*

③ *Quercus serrata*

④ *Quercus aliena*

ANSWER 7.①

7 제시된 내용은 *Quercus dentata*(떡갈나무)의 특징이다. 떡갈나무 잎은 다음과 같이 가장자리가 물결모양이고 잎자루의 길이가 매우 짧으며 잎아래가 귀모양이다.

② *Quercus variabilis*(굴참나무)

③ *Quercus serrata*(졸참나무)

④ *Quercus aliena*(갈참나무)

8 그림과 같이 진행되는 산림작업종은?

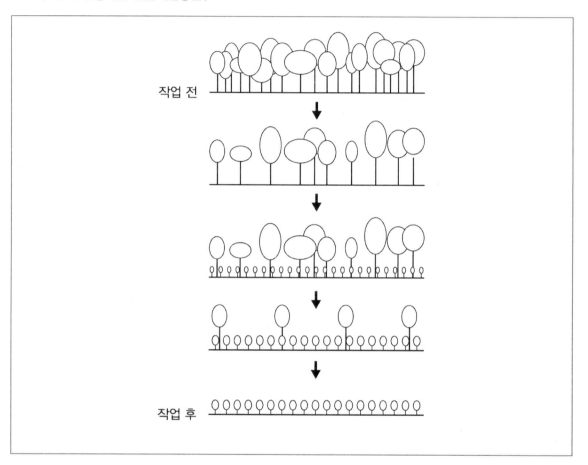

① 개벌작업
② 택벌작업
③ 산벌작업
④ 모수림작업

---

8 산벌작업

ⓐ 벌기에 달한 임분을 예비벌, 하종벌, 후벌, 종벌의 과정을 걸쳐 균등하게 벌채하는 방법이다.

ⓑ 예비벌, 하종벌 등의 과정에서 천연하종 작업이 진행되기 시작한다.

ⓒ 음수성 수종에 적합하다.

ⓓ 택벌작업보다 간단하며, 갱신이 더 안전하다.

9 직파조림에 대한 설명으로 옳지 않은 것은?

① 어린나무 상태에서 내음성이 높고, 불리한 환경조건에 적응력이 강한 수종이 적합하다.

② 지면에 쌓여 있는 낙엽이나 유기물은 직파된 종자의 뿌리내림을 돕고, 광물질 토양을 노출시킨다.

③ 직파조림지에 발생하는 각종 초본류와 목본류의 맹아는 발아된 어린나무에 필요한 수분이나 양분을 탈취한다.

④ 묘목을 양성하여 산지에 조림하는 것보다 쉬울 수 있지만 직파 후 발아된 어린나무의 관리가 중요하다.

10 「수목원·정원의 조성 및 진흥에 관한 법률 시행규칙」에서 지정한 우리나라 특산식물이 아닌 것은?

① *Forsythia saxatilis* Nakai

② *Abeliophyllum distichum* Nakai

③ *Abies koreana* E. H. Wilson

④ *Juglans mandshurica* Maxim.

ANSWER 9.② 10.④

9　② 지면에 쌓여 있는 낙엽이나 유기물은 직파된 종자의 발아나 뿌리내림을 저해하므로, 이를 제거하고 광물질 토양을 노출시킨다.

10　④ *Juglans mandshurica* Maxim. 가래나무과 식물인 가래나무는 「수목원·정원의 조성 및 진흥에 관한 법률 시행규칙」 별표1의4에 따른 특산식물에 해당하지 않는다.
　① *Forsythia saxatilis* Nakai 물푸레나무과 산개나리는 특산식물에 해당한다.
　② *Abeliophyllum distichum* Nakai 물푸레나무과 미선나무는 특산식물에 해당한다.
　③ *Abies koreana* E. H. Wilson 소나무과 구상나무는 특산식물에 해당한다.
　※ 「수목원·정원의 조성 및 진흥에 관한 법률 시행규칙」 별표1의4에 따른 특산식물은 360종으로 개나리, 만리화, 은사시나무, 능수버들, 노랑붓꽃, 떡조팝나무, 서울제비꽃, 오동나무, 회양목, 장억새, 흑산가시나무, 풍산가문비나무, 연밥매자나무, 조도만두나무, 지리산오갈피나무, 좀갈매나무 등이 있다.

11 수목의 병 감염을 예방하기 위하여 중간기주인 송이풀을 제거해야 하는 병은?

① 벚나무 빗자루병
② 대추나무 빗자루병
③ 밤나무 줄기마름병
④ 잣나무 털녹병

12 식재밀도에 대한 설명으로 옳지 않은 것은?

① 밀도는 수고생장보다 직경생장에 더 큰 영향을 미친다.
② 밀도가 높을수록 총생산량 중 가지가 차지하는 비율이 낮아진다.
③ 밀식을 하면 수관의 울폐가 빨리 오고, 연륜폭이 균일해진다.
④ 밀식을 하면 줄기가 굵어지고 근계발달을 촉진시킨다.

13 산림토양생태계에서 균근의 역할로 옳지 않은 것은?

① 식물의 생육이 불리한 한계토양에서 산림생산성을 증가시킨다.
② 항생물질을 생산함으로써 병원균에 대한 저항성을 향상시킨다.
③ 토양 중에 인산의 함량이 높을수록 균근의 형성률이 높아진다.
④ 임목의 뿌리에서 산림토양 내의 암모늄태 질소 흡수를 돕는다.

ANSWER 11.④ 12.④ 13.③

11 송이풀은 까치밥나무류와 함께 잣나무 털녹병의 중간기주이다.
①② 빗자루병은 매개충(모무늬매미충)과 영양번식체(접수, 분주묘)를 통해 전염되는 전신성병이다.
④ 밤나무 줄기마름병의 병원균은 자낭균으로, 일기가 습하면 병자각에서 병포자가 나와 빗물·곤충·조류 등에 의해서 옮겨진다.

12 ④ 밀식을 하면 줄기가 가늘어지고 근계발달이 약해진다.

13 ③ 균근이란 식물의 어린뿌리와 흙 속의 곰팡이가 공생하여 만들어진 뿌리를 말하는데, 균근 곰팡이는 식물에게 인산 같은 무기 양분을 대신 흡수해 준다. 따라서 토양 중에 인산의 함량이 낮을수록 균근의 형성률이 높아진다(→ 반비례).

14 우세목 또는 준우세목을 주로 벌채하여 나무의 생장을 촉진하는 간벌방법은?

① 하층간벌   ② 상층간벌
③ 열식간벌   ④ 정량간벌

15 노지에서 종자를 파종하여 1년생 묘목을 상체하는 수종 중 m²당 상체본수가 가장 많은 것은?

① *Larix kaempferi*

② *Torreya nucifera*

③ *Zelkova serrata*

④ *Betula platyphylla var. japonica*

16 우리나라 소나무 숲에 대한 설명으로 옳은 것은?

① 소나무는 우리나라를 대표하는 수종으로 제주도를 제외한 한반도 전체에 분포한다.
② 소나무림이 많이 분포하는 지역은 퇴적암을 모암으로 하여 생성된 모래가 많다.
③ 소나무림은 산불 등의 교란에 강하고 소나무는 건조한 지역에서 순림을 형성한다.
④ 소나무림의 병해충은 혼효림보다 순림에서 많이 발생하고 그 피해도 크다.

ANSWER 14.② 15.② 16.④

14 상층간벌(= 수관간벌) 상층을 소개해서 같은 층을 구성하는 우량개체의 생육을 촉진하는 데 목적이 있다. 주로 우량목에 지장을 주는 우세목과 준우세목이 벌채된다.

15 양수는 음수보다 소식한다. 보기 중 ① *Larix kaempferi*(일본잎갈나무), ③ *Zelkova serrata*(느티나무), ④ *Betula platyphylla var. japonica*(자작나무)는 양수로, 음수인 ② *Torreya nucifera*(비자나무)보다 소식한다. 따라서 상체본수가 가장 많은 것은 ②이다.

16 ① 소나무는 제주도를 포함한 한반도 전체에 분포한다.
② 소나무림이 많이 분포하는 지역은 화강암과 화강편마암을 모암으로 하여 생성된 모래가 많다.
③ 소나무림은 수간 및 가지, 잎 등에 수지를 함유하여 다른 수종에 비해 발화온도가 낮아 산불이 발생하기 쉽다.

17 우리나라 난대림에서 흔히 볼 수 있는 수종으로만 묶인 것은?

① *Betula costata, Maackia amurensis*

② *Picea jezoensis, Quercus mongolica*

③ *Abies holophylla, Cornus controversa*

④ *Ilex integra, Mallotus japonicus*

18 개벌천연하종갱신에 대한 설명으로 옳은 것만을 모두 고르면?

> ㉠ 산벌작업에 비해 산광과 직사광을 많이 받는다.
> ㉡ 택벌작업에 비해 기존 임목의 근계경합이 적다.
> ㉢ 양수 수종의 갱신에 적용한다.
> ㉣ 대면적인 경우 중력종자수종의 갱신에 적합하다.

① ㉠, ㉢

② ㉡, ㉣

③ ㉠, ㉡, ㉢

④ ㉠, ㉡, ㉢, ㉣

ANSWER 17.④ 18.③

17 ① *Betula costata*(거제수나무) – 온대림, *Maackia amurensis*(다릅나무) – 온대림
② *Picea jezoensis*(가문비나무) – 한대림, *Quercus mongolica*(신갈나무) – 온대림
③ *Abies holophylla*(전나무) – 한대림, *Cornus controversa*(층층나무) – 난대림
④ *Ilex integra*(감탕나무) – 난대림, *Mallotus japonicus*(예덕나무) – 난대림

18 ㉣ 대면적인 경우 음수수종이나 무거운 종자의 갱신에는 적당하지 않다.

19 풀베기 작업에 대한 설명으로 옳지 않은 것은?

① 소나무림에서 작업은 일반적으로 낙엽송 조림지보다 다소 빠른 시기에 실시할 수 있다.

② 한해와 풍해의 위험이 있는 지역에서는 9월 이후에 작업을 실시하는 것이 바람직하다.

③ 조림목이 활착하여 어느 정도 생장하였을 때 경쟁에서 이길 수 있도록 작업을 한다.

④ 조림목의 생장 및 생육상황에 따라 작업횟수가 추가적으로 결정된다.

20 모수림작업에 대한 설명으로 옳은 것은?

① 후계림의 생장손실은 모수의 수확으로 보상받을 수 있다.

② 개별작업처럼 벌채작업 후 반출비용이 많이 든다.

③ 모수는 음수 수종을 선정하는 것이 바람직하다.

④ 보잔목법은 대경재 생산을 위해 모수림 작업의 본수보다 모수를 적게 남긴다.

ANSWER 19.② 20.①

19 ② 풀베기 작업은 보통 6~8월에 실시하고, 9월 이후에는 풀이 조림목에 주는 피해보다 보호하는 효과가 더 크기 때문에 실시하지 않는다.

20 ② 벌채가 집중되어 경비가 절감된다.
③ 모수는 양수 수종을 선정하는 것이 바람직하다.
④ 보잔목법은 모수림작업과 산벌의 중간형태로, 모수림 작업의 본수보다 더 많은 모수를 남긴다.

1 종자가 일제히 싹트는 힘을 나타낸 것으로, 종자의 품질을 판단하는 중요한 기준이 되는 것은?

① 발아율

② 발아력

③ 발아효율

④ 발아세

2 내생균근에 감염되는 식물에 해당하지 않는 것은?

① *Ulmus parviflora*

② *Fraxinus rhynchophylla*

③ *Liriodendron tulipifera*

④ *Betula platyphylla var. japonica*

ANSWER 1.④ 2.④

1 발아세 … 발아의 시험개시 후 5~7일간에 발아한 종자수를 백분율로 표시한 것으로 종자의 품질을 판정하는데 중요한 기준이 되며, 발아세가 큰 것은 작은 것보다 환경에 대해 적응력이 크다.
　① **발아율**: 파종된 종자 수에 대한 발아종자수의 비율
　② **발아력**: 발아율과 발아세 등을 종합하여 칭하는 것

2 내생균근은 균근 중에서 균사가 식물 뿌리의 피층조직 세포 내에 침입하여 공생적 또는 기생적인 생활을 하고 있는 것을 말한다. 자작나무는 균사가 세포간극에는 들어가지만 뿌리의 세포 내에까지는 침입하지 않는 외생균근이 형성된다.
　① *Ulmus parviflora*(*Ulmus parvifolia*) 참느릅나무
　② *Fraxinus rhynchophylla* 물푸레나무
　③ *Liriodendron tulipifera* 튤립나무(백합나무)
　④ *Betula platyphylla var. japonica* 자작나무

3 데라사끼(寺崎)의 간벌양식 중 A종 간벌을 한 후의 임상으로 가장 옳은 것은?

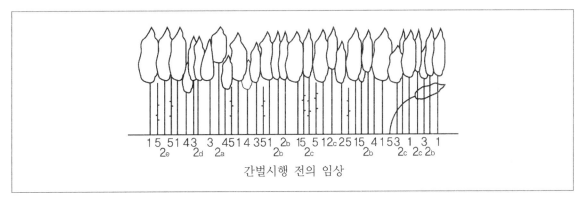

간벌시행 전의 임상

①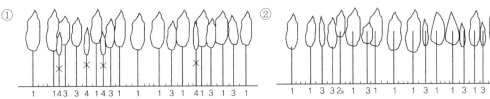

②

③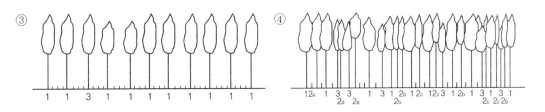

④

ANSWER 3.④

3 데라사끼의 간벌양식
　　㉠ A종 간벌 : 4 · 5급목을 벌채하는 것
　　㉡ B종 간벌 : 1급목 전부와 2급목 일부 및 3급목의 대부분을 남겨두는 것
　　㉢ C종 간벌 : 2 · 4 · 5급목의 전부, 3급목의 대부분을 벌채하고 다른 1급목에 지장을 주는 1급목도 벌채하는 것
　　㉣ D종 간벌 : 3급목을 남기는 것
　　㉤ E종 간벌 : 4급목을 남기는 것

4 직파조림에 대한 설명으로 가장 옳지 않은 것은?

① 종자의 품질은 직파조림에 영향을 주는 인자이다.

② 직파조림의 경우는 지존작업을 실시하지 않는다.

③ 소나무, 상수리나무, 가래나무는 모두 직파조림의 성과가 좋은 수종이다.

④ 중부지방은 3월 하순에서 4월 상순에 파종하는 것이 바람직하다.

5 채종원에 대한 설명으로 가장 옳은 것은?

① 입지는 외부 화분의 유입을 위해 동종임분으로부터 500m 이상 떨어지지 않도록 한다.

② 같은 클론간 교배빈도가 되도록 높게 배치한다.

③ 하층에 풀을 나게 해서 지표면 침식을 막을 수 있게 관리한다.

④ 환상박피, 긴박 등 결실촉진 처리를 하는 것이 바람직하다.

ANSWER 4.② 5.③

4　② 지존작업은 인공조림이나 천연갱신의 준비를 위하여 잡초목이나 벌채목의 가지나 잎을 제거하는 작업을 말한다. 직파조림의 경우에도 지존작업을 실시해야 종자의 착상이 용이하고 발아된 실생묘와 경쟁식생의 경합을 완화시켜 실생묘의 성장에 도움이 된다.

5　채종원은 우수한 개체를 선택해 접수를 따서 접을 붙여 키운 나무를 모아서 심어 둔 곳을 말한다. 수령이 증가하면 수관 하부의 결과지는 수광량 부족으로 고사되며 화분의 밀도가 위치에 따라 균일하지 못하여 종자의 품질이 떨어지는 등 문제가 발생하므로 적절한 채종목의 수형 조절이 필요하다. 또한 하층에 풀을 나게 해서 지표면 침식을 막을 수 있게 관리하는 것이 바람직하다.

① 동일 수종의 임분으로부터 500m 이상 떨어져 있어야 한다.

② 같은 클론 간 교배빈도가 되도록 낮게 한다.

④ 환상박피, 긴박 등 외상적 처리로 일시적인 결실촉진 처리를 하는 것은 바람직하지 않다. 채종원의 비옥도는 종자 생산량에 식섭적인 영향을 주게 되므로 충분한 시비가 필요하다.

6 덩굴치기 작업에 대한 설명으로 가장 옳은 것은?

① 덩굴치기의 시기는 뿌리 속의 저장양분을 소모한 7월경이 좋다.

② 덩굴식물은 일반적으로 내음성이 강한 음성이다.

③ 덩굴식물은 무성적 번식이 잘 되지 않는다.

④ 칡은 지상부의 덩굴을 모두 잘라주어 고사시킨다.

7 피자식물의 수분과 수정과정에 대한 설명으로 가장 옳지 않은 것은?

① 정핵과 난세포가 결합하여 2n의 접합자가 형성된다.

② 배유는 반수체(n)로 된 세포가 독자적으로 자라난 것이다.

③ 배와 배유를 형성하는 중복수정을 한다.

④ 화분이 주두에 부착하는 현상을 수분이라 한다.

8 도태간벌에 대한 설명으로 가장 옳지 않은 것은?

① 우량대경재를 생산하기 위한 숲을 대상으로 미래목을 선발하여 우수한 나무의 자람을 촉진시키는 방법이다.

② 지위(地位)가 중 이상으로 지력이 좋고 입목의 생육상태가 양호한 숲에 적용하기 좋다.

③ 선발목은 최종수확 대상으로 남기는 나무이다.

④ 후보목은 어린 임분에서 장차 선발목으로 선택될 가능성이 있는 우량한 나무이다.

ANSWER 6.① 7.② 8.③

6 ②③ 덩굴식물은 일반적으로 양성이고 무성번식이 잘 된다.
　④ 칡은 지상부의 덩굴을 모두 잘라주어 고사시켜도 다시 줄기를 내기 때문에 근절이 어렵다. 따라서 칡의 덩굴치기는 칡의 주두부(뿌리)나 큰 줄기 등에 약제처리를 하는 방법으로 작업한다.

7 ② 활엽수종의 배유는 3n(극핵 2개 + 정핵 1개), 침엽수종의 배유는 n이 염색체의 세포로 형성된다.

8 ③ 선발목으로 선발되었다고 모두 최종수확 대상으로 남는 것은 아니다. 주위 인접목에 비해 우수한 형질의 임목으로 선발되었지만, 차후 생장과정에 따라 다른 임목으로 대체되기도 한다.

9 개화한 후 이듬해에 종자가 성숙하는 수종으로 가장 옳지 않은 것은?

① *Pinus densiflora*

② *Quercus acutissima*

③ *Castanopsis sieboldii*

④ *Tilia amurensis*

10 데라사끼(寺崎)의 수형급 중 2급목에 대한 설명으로 가장 옳지 않은 것은?

① 세력이 감소되고 자람이 지연되고 있으나 수관이 피압되지 않은 나무

② 수관의 발달이 지나치게 왕성하고 넓게 확장하거나 또는 위로 솟아올라 수관이 편평한 것

③ 수관의 발달이 지나치게 약하고, 이웃한 나무 사이에 끼어서 줄기가 매우 세장한 것

④ 줄기가 갈라지거나 굽는 등 수형에 결점이 있는 것

ANSWER 9.④ 10.①

9
    ④ *Tilia amurensis* 피나무 – 개화 당년 가을

    ① *Pinus densiflora* 소나무 – 개화 이듬해 가을

    ② *Quercus acutissima* 상수리나무 – 개화 이듬해 가을

    ③ *Castanopsis sieboldii* 구실잣밤나무 – 개화 이듬해 가을

    ※ 수종별 종자의 성숙시기

        ㉠ 성숙시기가 꽃핀 직후인 수종 : 미루나무, 버드나무, 사시나무, 은백양, 떡느릅나무, 황철나무 등이 있다.

        ㉡ 성숙시기가 꽃핀 해의 가을인 수종 : 전나무, 가문비나무, 피나무, 삼나무, 편백, 낙엽송, 자작나무류, 오동나무, 오리나무류, 떡갈나무, 신갈나무, 갈참나무 등이 있다.

        ㉢ 성숙시기가 꽃핀 이듬해 여름인 수종 : 후박나무, 육박나무 등이 있다.

        ㉣ 성숙시기가 꽃핀 이듬해 가을인 수종 : 소나무류, 상수리나무, 굴참나무, 구실잣밤나무 등이 있다.

10
    데라사끼의 수형급

    ㉠ 1급 우량우세목 : 수목의 형태가 불량하지 않은 우세목

    ㉡ 2급 불량우세목 : 폭목(수관이 넓게 확장하거나 위로 솟아 편평한 임목), 개재목(수관이 약하고 이웃 나무에 끼어 줄기가 가늘고 긴 임목), 만곡목(줄기가 굽은 임목), 쌍간목(줄기가 갈라진 임목), 병충해피해목 등

    ㉢ 3급 열세개재목 : 임목의 세력이 감소하고 있지만 수관이 피압되지 않은 임목

    ㉣ 4급 피압목 : 삼림에서 다른 수관에 의해 수직으로 완전히 그늘이 진 곳에 자라는 열세한 임목

    ㉤ 5급 고사목 : 병이나 산불, 노화 등으로 인해 서 있는 상태에서 말라 죽은 나무

11 조림수종의 선정 및 묘목의 식재에 대한 설명으로 가장 옳지 않은 것은?

① 장기 용재수는 1ha당 3,000그루 정도를 식재한다.

② 연료림 등의 단벌기 작업을 목적으로 할 때는 1ha당 10,000~20,000그루 정도를 식재한다.

③ 조림수종을 선정할 때는 식재 후 관리가 어렵더라도 경제성이 높은 수종을 선택한다.

④ 포트묘는 봄에서 가을에 걸쳐 식재가 가능하다.

12 Hawley의 하층간벌에 대한 설명으로 가장 옳은 것은?

① 강도의 강한 수준으로 간벌을 실시하면 피압목, 중간목 대부분의 준우세목이 제거된다.

② 피압목은 약도와 경도에서는 제거대상이 되고 중도에서는 제거대상이 아니다.

③ 유령임분(幼齡林分)에서 흔히 적용된다.

④ 보통간벌 또는 프랑스식 간벌법이라고도 한다.

....

ANSWER 11.③ 12.①

11 ③ 조림수종을 선정할 때는 식재 후 관리가 용이한 수종을 선택한다.
   ※ 조림수종의 선택원칙
      ㉠ 생물적 원칙
         • 병충해에 대한 저항력이 강해야 한다.
         • 입지조건에 적응이 가능한 수종이어야 한다.
      ㉡ 경제적 원칙
         • 재질이 우수해 수요가 많고 재적수확량이 많아야 한다.
         • 그 수종의 경제적 가치가 높아야 한다.
      ㉢ 조림적 원칙
         • 쉽게 조림할 수 있고 작업종에 수종의 생리상태가 알맞아야 한다.
         • 임지양호 및 국토양호에 도움이 되어야 한다.

12 ② 피압목은 모든 수준에서 제거대상이 된다.
   ③ 유령임분에서 흔히 적용되는 간벌방법은 기계적간벌이다.
   ④ 보통간벌 또는 독일식 간벌법이라고 한다.
   ※ 하층간벌 강도와 수준에 따른 선목대상

구분	약한 수준	강한 수준
A : 약도	가장 빈약한 피압목	피압목
B : 경도	피압목, 빈약한 중간목	피압목, 중간목
C : 중도	피압목, 중간목	피압목, 중간목, 약간의 준우세목
D : 강도	피압목, 중간목, 상당수의 준우세목	피압목, 중간목, 대부분의 준우세목

13 두 생물종 간의 상호작용 형태에서 두 생물종 중 어느 한쪽만 해롭게 되는 것으로 옳게 나열한 것은?

① 포식, 기생, 상리공생

② 경쟁, 편해공생, 중립

③ 포식, 기생, 편해공생

④ 상리공생, 편리공생, 중립

14 수종과 수령 그리고 같은 입지에 있어서 밀도만을 다르게 할 때 임목의 형질과 생산량에 대한 설명으로 가장 옳은 것은?

① 상층목의 평균수고는 임목의 밀도에 따라 크게 차이가 난다.

② 간형(幹形)은 저밀도일수록 완만하게 된다.

③ 연륜폭은 저밀도일수록 좁아진다.

④ 단목의 평균간재적은 밀도가 높아질수록 작아진다.

ANSWER 13.③ 14.④

13 개체군의 상호작용 유형
   ㉠ 정의상호작용 : 관련된 두 개체군이 상호작용을 통해 모두 또는 어느 한쪽이 이득을 보는 것
   • 원시협동 : 두 개체가 함께 있을 때에는 서로 이익이 되지만 떨어져 있을 때에는 아무런 영향을 받지 않는 관계 예) 뿌리접
   • 편리공생 : 한쪽은 이익을 보지만 다른 한쪽은 아무런 이해관계가 없는 경우 예) 착생식물
   • 상리공생 : 절대적인 상호작용으로 두 생물이 같이 있을 때에는 서로 이익을 받지만 떨어져 있으면 모두 생장이 감소하거나 불가능한 경우 예) 콩과식물과 뿌리혹박테리아
   • 초식과 포식
   -초식 : 식물체의 일부 혹은 전부가 초식동물에 의해 소비되는 것
   -포식 : 먹이사슬에서 상위 단계의 생물이 하위 단계의 생물을 잡아먹는 관계
   ㉡ 부의상호작용 : 관련된 개체군들이 모두 또는 어느 한쪽이 손해를 보는 경우
   • 경쟁 : 부족되는 자원을 공동으로 이용하고 있는 생물들 사이에서 볼 수 있는 관계
   • 편해공생 : 관련된 두 생물 중 한쪽은 피해를 입고 나머지 한쪽은 아무런 해도 입지 않는 상호작용
   • 기생 : 한 생물이 다른 생물의 영양분을 빼앗으면서 살아가는 관계

14 ① 상층목의 평균수고는 임목의 밀도가 달라져도 별로 차이가 나지 않는다.
   ② 간형은 고밀도일수록 완만하게 된다.
   ③ 연륜쪽은 고밀도일수록 좁아진다.

15 임목종자에 대한 설명으로 가장 옳은 것은?

① 은행나무의 배유발달에 필요한 조절물질은 시토키닌이다.

② 일반적으로 수목 체내의 C/N율이 낮아지면 개화 결실이 촉진된다.

③ 소나무의 성숙종자에서는 옥신 농도가 증가한다.

④ 암모늄태 질소비료가 질산태 질소비료보다 개화 결실촉진에 효과적이다.

16 후숙을 필요로 하는 수종의 종자는?

① 느릅나무   ② 버드나무

③ 졸참나무   ④ 물푸레나무

17 가지치기에 대한 설명으로 가장 옳지 않은 것은?

① 소나무, 잣나무, 편백 등의 목재생산 수종을 대상으로 한다.

② 목표생산재가 톱밥·펄프·숯 등 일반 소경재일 경우에는 가지의 발달상태를 고려하여 가지치기를 실시한다.

③ 죽은 가지의 제거는 가지치기의 작업시기와 큰 상관이 없다.

④ 최종수확 대상목이 선정되면 최종수확 대상목에 대해서만 가지치기를 실시한다.

....

ANSWER 15.① 16.④ 17.②

15 ① 시토키닌은 생장을 조절하고 세포분열을 촉진하는 역할을 하는 물질로 은행나무의 배유발달에 필요하다.
② 일반적으로 수목 체내의 C/N율이 높아지면 개화 결실이 촉진된다.
③ 소나무의 성숙종자에서는 옥신 농도가 감소한다.
④ 질산태 질소비료가 암모늄태 질소비료보다 개화 결실 촉진에 효과적이다.

16 ④ 후숙을 필요로 하는 수종으로는 물푸레나무 외에 아카시아나무, 전나무, 피나무, 잣나무, 소나무, 상수리나무, 산수유나무 등이 있다.
①②③ 느릅나무, 버드나무, 졸참나무, 포플러류는 후숙을 필요로 하지 않는다.

17 ② 목표생산재가 톱밥, 펄프, 숯 등 일반 소경재일 경우에는 이용가치 등을 고려하여 가지치기를 실시하지 않는다.

18 단근작업을 1회, 상체작업을 2회 각각 실시한 4년생 실생묘를 나타내는 것은?

① F1P-2P-1
② S1-2P-1
③ F2P-2
④ C1/3

19 〈보기〉의 개벌왜림작업법에 대한 설명 중에서 옳은 것을 모두 고른 것은?

> 〈보기〉
> ㉠ 근주의 맹아력은 벌채 전의 수세와 밀접한 관계가 있다.
> ㉡ 참나무류의 벌기는 10~30년으로 하고 40년은 넘지 않도록 한다.
> ㉢ 근주로부터 맹아가 발생하면 1년 안에 주당 2~4본을 남기고 정리한다.
> ㉣ 작업이 간단하며 단벌기경영에 적합하다.
> ㉤ 단위면적당 생육축적이 높다.
> ㉥ 맹아는 자람이 빠르고 양료의 요구도가 낮다.
> ㉦ 지력의 소모가 심하지 않다.

① ㉠, ㉡, ㉣
② ㉢, ㉥, ㉦
③ ㉢, ㉣, ㉤, ㉥
④ ㉣, ㉤, ㉥, ㉦

ANSWER 18.② 19.①

18 파종시기가 봄인 것은 S, 가을인 것은 F로 표기한다. 단근작업을 한 경우 P로 표기한다.
※ 실생묘와 삽목묘의 연령 표시법
 ㉠ 실생묘 표시법
  • 1-0묘 : 판갈이를 하지 않은 상태에서 1년이 경과된 실생묘목을 뜻한다.
  • 1-1묘 : 파종상에서 1년, 판갈이하고 1년이 경과된 만 2년생 묘목을 뜻한다.
  • 2-1-1묘 : 파종상에서 2년, 판갈이하고 1년, 다시 판갈이를 해 1년을 지낸 만 4년생 묘목을 뜻한다.
  • S1P-3P-1 : 봄에 씨를 뿌려 1년이 지난 후 뿌리끊기작업을 하고 판갈이하여 3년이 지나 다시 뿌리끊기작업 후 판갈이를 하여 1년이 지난 만 5년생 묘목을 뜻한다.
  • F2P-2 : 가을에 씨를 뿌려 2년이 지난 후 뿌리끊기작업을 하고 판갈이를 하여 2년이 지난 만 4년생 묘목을 뜻한다.
 ㉡ 삽목표 표시법
  • 0/0묘 : 삽수 자체를 의미하는데 뿌리도 줄기도 없는 것으로 실생묘의 씨앗이 해당된다.
  • 0/1묘 : 삽수를 꽂아서 줄기와 뿌리가 1년 된 것에서 뿌리부분만 남기고 줄기부위를 자른 것을 의미한다.
  • 1/1묘 : 삽수를 꽂아서 1년생의 뿌리와 줄기를 가진 삽목묘를 의미한다.
  • 1/2묘 : 뿌리는 2년, 줄기는 1년 된 묘로 1/1묘에 지상부를 자르고 1년이 지난 묘를 의미한다.

19 ㉢ 한 근주로부터 다수의 맹아가 발생하므로 맹아가 발생하면 3~5년이 지난 후 주당 2~4본을 남기고 정리한다.
 ㉤ 단위면적당 생육축적이 낮다.
 ㉥ 맹아의 자람이 빠르고 양료의 요구도가 높다.
 ㉦ 지력의 소모가 심하다.

20 우량한 묘목을 생산하기 위해 묘포를 선정할 때 주의해야 할 사항에 대한 설명 중 가장 옳지 않은 것은?

① 묘포는 남북으로 길게 설치하여 묘상이 남쪽을 향하도록 한다.

② 묘포의 토질은 사양토 지역이 좋으며, 2~5° 경사지고 땅힘이 좋아야 한다.

③ 묘포는 조림지의 기후와 비슷한 환경을 가진 곳을 선택한다.

④ 묘포는 교통이 편리하고 작업할 때 노동력 공급이 원활한 곳이 좋다.

ANSWER 20.①

20 ① 우량한 묘목을 생산하기 위해서는 묘포를 동서로 길게 설치하여 묘상이 남쪽을 향하도록 하는 것이 좋다.

1 묘목의 나이에 대한 설명으로 옳지 않은 것은?

① 2-1묘 : 파종상에서 2년 키운 후에 이식하여 1년을 더 키운 3년생 실생묘

② 2-2-2묘 : 파종상에서 2년, 이식하여 2년, 두 번째 이식해서 2년을 키운 6년생 실생묘

③ 1/1묘 : 파종한 지 1년이 경과되어 지상부와 지하부가 모두 1년생인 삽목묘

④ 1/2묘 : 뿌리의 나이가 2년, 줄기의 나이가 1년인 삽목묘

2 천연갱신에 대한 설명으로 옳지 않은 것은? (단, 개벌작업법은 제외한다)

① 수종선정의 오류로 인한 조림 실패 가능성이 적다.

② 수종이 혼효하기 때문에 지력 유지에 불리하다.

③ 인공단순림보다 각종 위해에 대한 저항성이 크다.

④ 치수는 모수의 보호를 받아 안정된 생육환경에 놓인다.

ANSWER 1.③ 2.②

1 ③ 1/1묘 : 삽수를 꽂아서 1년생의 뿌리와 줄기를 가진 삽목묘를 의미한다.

2 천연갱신 … 천연하종, 맹아 등의 임목 자체의 재생능력을 이용하여 후계림을 성립시키는 것

㉠ 수종, 품종이 적어도 수백 년 이상 그 지방에서 생육하여 조림지의 기후, 토양에 적응한 것이므로 수종이나 품종의 선정을 잘못하여 조림에 실패할 염려가 없다.

㉡ 임관이 다소 복잡하며 대개 혼효림이 되므로 저항력이 강하다.

㉢ 적지에 적수를 생육하고, 완만하지만 건전한 발육을 한다.

㉣ 적당한 수종이 발생하여 혼효하므로 지력의 유지에 적합하다.

㉤ 임지가 나출되는 일이 드물다.

㉥ 경비가 거의 들지 않는다.

㉦ 수광생상을 이용할 수 있다.

3 도태간벌을 하기 위한 대상지로 적합하지 않은 것은?

① 간벌 실행 전에 제벌 등의 무육작업을 실시한 임분

② 우세목의 평균 수고가 10m 이상인 임분

③ 지위가 '중' 이상으로 임목의 생육상태가 양호한 임분

④ 장벌기에 임목생장이 양호한 소경재 생산이 가능한 임분

4 채종원에 대한 설명으로 옳은 것은?

① 풍매차대로 조성된 것을 영양계채종원이라 한다.

② 동일 클론은 관리가 쉽도록 인접하게 배치한다.

③ 1세대 채종원을 유전간벌하면 1.5세대 채종원이 된다.

④ 채종원의 세대가 진전되면 개량 효과가 낮아진다.

ANSWER 3.④ 4.③

3 도태간벌의 대상
㉠ 미래목의 집약적 관리를 통해 우량대경재 이상을 목표생산재로 하는 산림
㉡ 우세목의 평균 수고가 10m 이상인 임분으로서 15년생 이상인 산림
㉢ 지위가 '중' 이상으로, 지력이 좋고 임목의 생육상태가 양호한 산림
㉣ 어린나무가꾸기 등 숲가꾸기를 실행한 산림
㉤ 조림수종 외에 다른 수종이 혼효되어 정량간벌·열식간벌이 어려운 산림

4 ① 차대를 채종원에서 얻은 씨앗으로 만들면 실생품종에 해당된다.
② 부근에서 꽃가루가 공급되지 않도록 같은 클론은 이웃되지 않아야 하며 같은 클론간의 교배 기회는 되도록 적게 하여야 한다.
④ 채종원은 우수한 개체를 선택해 교배하여 유전형질이 향상된 종자를 생산될 수 있도록 하는 것이므로 세대가 진전되면 개량 효과가 높아진다.

5 다음은 갱신벌의 종류에 따른 일사량, 근계경합, 종자공급력의 관계를 나타낸 것이다. ㈎~㈃에 들어갈 내용을 바르게 연결한 것은?

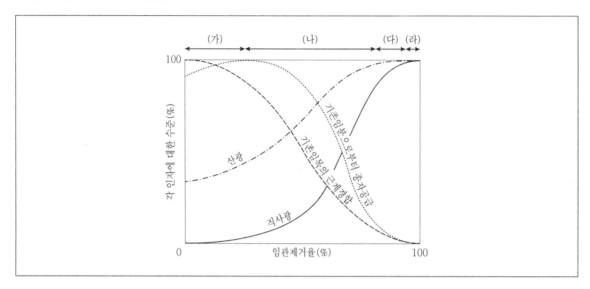

	㈎	㈏	㈐	㈑
①	산벌작업	모수림작업	개벌작업	택벌작업
②	택벌작업	산벌작업	모수림작업	개벌작업
③	모수림작업	개벌작업	택벌작업	산벌작업
④	개벌작업	택벌작업	산벌작업	모수림작업

......

ANSWER 5.②

5 ㈎에서 ㈑로 갈수록 임목이 적어진다.
　㈎ **택벌작업** : 모든 수령의 임목이 각 영급별로 비교적 동일한 면적을 차지하여 자라고 있는 숲을 대상으로, 임관을 영구히 유지해 나가면서 소수의 성숙목을 베어내고 동시에 불량한 유목도 제거해서 숲의 건전한 생장을 유지시키는 산림작업법이다. 숲땅이 노출되는 일이 없어서 지력의 쇠퇴가 적다.
　㈏ **산벌작업** : 넓은 면적의 성숙된 숲에서 예비벌을 해서 모림의 결실을 촉진하는 동시에 임지상태를 종자발아에 적합하도록 하고, 그 뒤 결실년에 하종벌을 해서 치묘의 발생을 돕고 모수의 보호가 불필요하게 될 때 후벌을 해서 갱신을 끝내는 작업방법을 말한다.
　㈐ **모수림작업** : 성숙한 임목의 대부분을 한꺼번에 벌채하고 1ha에 약 30~50본의 모수를 남겨 천연하종으로써 후계림을 조성하고자 하는 작업방법이다.
　㈑ **개벌작업** : 인공림 조성을 계획할 때 실시하는 임목벌채의 한 방법으로, 엄격한 의미에서의 개벌은 우량목·불량목·대재목(大材木)·소재목의 구별 없이 일시에 임목 전부를 벌채하는 것을 말하지만 실제 개벌작업에서는 이용가치가 없는 공동목(空洞木)·소재복 등은 그대로 남겨 두는 편이다.

6 대기 오염물질 중 활엽수 잎 뒷면에 은회색의 광택이 나면서 나중에 청동색으로 변하게 하는 것은?

① NO_x

② O_3

③ PAN

④ SO_2

7 산불이 동해안 지역의 숲 생태계 변화에 미치는 영향에 대한 설명으로 옳지 않은 것은?

① 산불 피해 직후에는 토사 유출이 극심하고, 수년이 지나면 안정화되는 경향이 있다.

② 산불 피해 지역은 수분침투성이 증가하여 산불이 나지 않은 지역보다 저수능력이 증가한다.

③ 산불 후 신갈나무, 굴참나무 등 참나무류의 맹아 발생이 늘어나는 경향을 보인다.

④ 지표화의 경우 산림토양의 표면을 태우기 때문에 대경목의 뿌리는 피해가 적다.

8 화학적 덩굴제거에 대한 설명으로 옳지 않은 것은?

① 화학적 덩굴제거 작업은 대상지 내 덩굴의 종류와 양을 고려하여 연 5 ~ 6회 실시한다.

② 화학 약제 처리 후 24시간 이내에 강우가 예상되면 약제 처리 작업을 중지한다.

③ 디캄바액제는 고온(30 ℃ 이상)에서 증발하므로 주변 식물에 약해를 일으킬 수 있다.

④ 약제 도포기 사용시 칡의 주두부에서 10cm 이내 줄기에 도포하되 줄기 $\frac{2}{3}$ 둘레까지 도포한다.

ANSWER 6.③ 7.② 8.①

6 ① NO_x(질소산화물) : 잎의 가장자리와 엽맥 사이 조직 괴사, 회녹색 반점이 흩어진 모양으로 나타남

② O_3(오존) : 책상조직이 먼저 붕괴됨, 잎 표면에 주근깨 같은 반점 형성 후 반점이 합쳐져서 표면이 백색화

③ PAN(질산 과산화아세틸) : 입 뒷면에 광택이 나면서 후에 청동색으로 변함, 고농도에서 잎 표면에 피해

④ SO_2(아황산가스) : 잎의 끝부분과 엽맥 사이 조직의 괴사, 물에 젖은 모양

7 ② 산불 피해 지역은 수분침투성이 감소하고 저수능력이 감소한다. 물의 투수성이 감소하므로 호우 시 홍수를 초래한다.

8 ① 입목이나 임지 야생동식물 및 산림이용객, 수자원 등에 피해가 없는 지역이며, 작업 횟수는 작업 대상지 덩굴의 종류와 양을 고려하여 2~3회 실시한다.

9 우리나라로 도입된 외래수종과 원산지가 옳게 짝 지은 것은?

① *Alnus firma* – 일본

② *Larix kaempferi* – 호주

③ *Picea abies* – 미국

④ *Pinus rigida* – 유럽

10 수목에 대한 가해 형태가 다른 산림해충으로만 묶은 것은?

① 오리나무잎벌레, 솔나방

② 소나무좀, 박쥐나방

③ 잣나무넓적잎벌, 미국흰불나방

④ 집시나방, 솔수염하늘소

11 우량묘목의 조건으로 옳지 않은 것은?

① 이력이 확실한 채종원에서 생산된 종자로 육성하여 우량한 유전적 품질을 지닌 것

② 전체적으로 양호한 발달 상태와 왕성한 수세를 지니면서 조직이 단단하고 충실할 것

③ 주지가 세력이 강하고 곧게 자라면서 측아가 정아보다 우세한 것

④ 지상부와 지하부가 상호 균형을 이루어 T/R율이 정상 범위에 있는 것

....

ANSWER 9.① 10.④ 11.③

9 ① *Alnus firma*(사방오리나무) – 일본

② *Larix kaempferi*(일본잎갈나무/낙엽송) – 일본

③ *Picea abies*(독일가문비나무) – 유럽

④ *Pinus rigida*(리기다소나무) – 미국

10 • 식엽성 해충 … 오리나무잎벌레, 솔나방, 잣나무넓적잎벌, 미국흰불나방, 집시나방

• 천공성 해충 … 소나무좀, 박쥐나방, 솔수염하늘소

11 좋은 묘목이 갖추어야 하는 조건

㉠ 잎의 빛깔이 선명하고 충실한 조직을 가져야 한다.

㉡ 원줄기가 곧고 가지가 사방으로 잘 뻗으며 끝눈이 굵어야 한다.

㉢ 지상부와 지하부의 발달이 균형을 이루어야 한다.

㉣ 건조하지 않고 병충해를 받지 않아야 한다.

㉤ 뿌리의 발달이 왕성하고 곁뿌리나 잔뿌리가 곧은 뿌리보다 잘 발달한 것이어야 한다.

㉥ 웃자라지 않아야 한다.

㉦ 유실수의 품종이 확실해야 한다.

12 오리나무류에 공생하는 질소고정 미생물은?

① *Azotobacter*

② *Clostridium*

③ *Frankia*

④ *Rhizobium*

13 독립목으로 성숙했을 때 수형이 원추형으로 발달하는 수종은?

① *Celtis sinensis*

② *Cryptomeria japonica*

③ *Platanus occidentalis*

④ *Ulmus davidiana var. japonica*

ANSWER 12.③ 13.②

12 ① *Azotobacter* – 호기성(공기 또는 산소가 존재하는 조건)
② *Clostridium* – 혐기성(산소가 없는 조건)
③ *Frankia* – 공생(오리나무류)
④ *Rhizobium* – 공생(콩과식물)

13 수형이 원추형으로 발달 → 침엽수
① *Celtis sinensis*(팽나무) – 느릅나무과
② *Cryptomeria japonica*(삼나무) – 침엽수종
③ *Platanus occidentalis*(양버즘나무) – 버즘나무과
④ *Ulmus davidiana var. japonica*(느릅나무) – 느릅나무과

14 다음 묘목식재 방법을 바르게 연결한 것은?

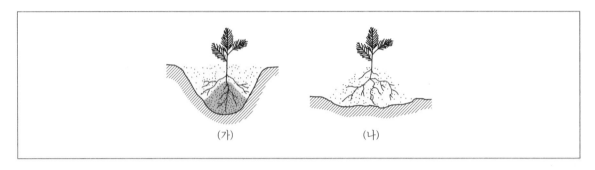

	(가)	(나)
①	봉우리식재	일반치식
②	일반치식	봉우리식재
③	천식	심식
④	심식	천식

15 상체작업에 대한 설명으로 옳지 않은 것은?

① 소나무류, 낙엽송류는 3년생 이상에서 상체하는 것이 좋다.

② 봄이 상체시기로 알맞으며 가을상체는 한해 또는 건조 피해를 입기 쉽다.

③ 주로 직근만 발달하는 수종은 측근이 발달한 후에 상체하는 것이 좋다.

④ 묘목은 클수록, 땅이 비옥할수록 소식한다.

ANSWER 14.① 15.①

14 • 봉우리식재 : 천근성이며, 직근이 빈약하고 측근이 잘 발달된 수종의 식재시 활용, 식재 구덩이 내에 고운 흙을 봉우리 형태로 쌓아놓고 묘목의 뿌리를 이 봉우리 위에 놓고 뿌리가 자연스럽게 사방으로 고루 퍼지게 함
• 일반치식 : 배수가 불량한 습지 또는 자갈 등이 많아 구덩이를 파기 어려운 지역에서 활용, 주변에 적당한 흙을 모아 식재할 자리에 둔덕을 쌓은 후 둔덕에 구덩이를 파서 식재
• 천식 : 식물의 종자 · 종묘 등의 심는 깊이를 가리키는 뜻으로 얕게 심는 방법
• 심식 : 식물의 종자 · 종묘 등의 심는 깊이를 가리키는 뜻으로 깊게 심는 방법

15 ① 소나무류, 낙엽송류는 1년생에서 상체하는 것이 좋다.

16 적지적수를 위한 토양 조건과 수종을 옳게 짝 지은 것은?

① 성숙사양토 – 오리나무류, 싸리나무

② 깊은 토심 – 황철나무, 아까시나무

③ 완경사지 – 전나무, 가문비나무

④ 염기성토양 – 회양목, 측백나무

17 다른 속(genus)에 속하는 수종은?

① 구상나무

② 분비나무

③ 전나무

④ 종비나무

---

16 ① • 성숙사양토–밤나무, 삼나무, 일본잎갈나무, 오동나무, 잣나무, 편백
  • 미숙토–오리나무류, 싸리나무

② • 깊은 토심– 곰솔, 느티나무, 밤나무, 상수리나무, 삼나무, 소나무, 전나무
  • 얕은 토심–황철나무, 아까시나무

③ • 완경사지–삼나무, 오동나무, 포플러류
  • 급경사지–전나무, 가문비나무

④ • 염기성토양–느릅나무, 단풍나무, 포플러, 측백나무, 회양목
  • 산성토양–소나무, 버드나무, 가문비나무

17 ①②③ → 전나무
  ④ 종비나무 → 가문비나무

18 작업종에 대한 설명으로 옳은 것만을 모두 고르면?

> ㉠ 산벌작업은 윤벌기가 끝나기 전에 갱신이 시작되므로 윤벌 기간을 단축시킬 수 있다.
> ㉡ 모수림작업에서 모수로 남기는 임목은 평균보다 생장이 좋은 나무를 남기도록 한다.
> ㉢ 왜림작업 할 때 맹아가 많이 발생 되도록 하기 위해 그루터기의 높이를 30 cm 정도로 높게 한다.
> ㉣ 모수림작업은 음수성 수종의 갱신에 적합한 방법이다.

① ㉠, ㉡　　　　　　　　　　　② ㉡, ㉢
③ ㉢, ㉣　　　　　　　　　　　④ ㉠, ㉣

19 낙엽활엽수에서의 탄수화물 이동과 저장에 대한 설명으로 옳은 것은?

① 단풍나무와 자작나무의 사부 수액에는 과당이 다량으로 존재한다.
② 목부수액은 과실이나 눈에 탄수화물과 무기양분을 공급하는 중요한 수단이다.
③ 사부조직을 통해 운반되는 탄수화물은 근원적으로 비환원당이다.
④ 전분은 잎의 경우 광합성에 의해 세포질에 직접 축적된다.

20 수목의 종자에 대한 설명으로 옳지 않은 것은?

① 사이토키닌(cytokinin)은 배유발달에 필요한 생장조절물질 중 하나이다.
② 아브시스산(abscisic acid)은 종자 휴면을 유도하는 역할을 한다.
③ 물푸레나무 종자는 미숙배 형태를 가진다.
④ 침엽수는 수정이 이루어질 때 배와 배유가 동시에 형성된다.

ANSWER 18.① 19.③ 20.④

18 ㉢ 왜림작업을 할 때 맹아가 지하부·지표 근처에 발생하도록 그루터기의 높이를 지상 10cm 정도로 한다.
㉣ 모수림작업은 양수성 수종의 갱신에 적합한 방법이다.

19 ① 단풍나무와 자작나무의 사부 수액에 다량으로 존재하는 것은 sucrose다.
② 사부수액은 과실이나 눈에 탄수화물과 무기양분을 공급하는 중요한 수단이다.
④ 전분은 잎의 경우 광합성에 의해 엽록체에 직접 축적된다.

20 ④ 수종에 따라 차이가 있지만 배유가 먼저 형성되고, 배는 배유로부터 영양분 공급을 받으며 차후에 형성된다.

1 수목의 성숙한 세근구조를 횡단면 상에서 바깥에서부터 안쪽으로 순서대로 나열한 것은?

① 표피 → 내초 → 내피 → 피층
② 표피 → 피층 → 내피 → 내초
③ 표피 → 내피 → 내초 → 피층
④ 표피 → 내피 → 피층 → 내초

2 시설을 이용한 용기묘에 대한 설명으로 옳지 않은 것은?

① 묘목 생산시기나 조림지 식재시기를 봄부터 가을까지 융통성 있게 조절할 수 있다.
② 종자사용의 효율성을 높이고 묘목의 형질을 일정한 수준으로 유지할 수 있다.
③ 용기의 세로방향으로 개구선을 만들어 배수기능을 하여 주근의 발달을 촉진시킨다.
④ 일정기간 노지에서 경화처리를 통한 순화과정을 거치면 활착률과 생장이 뛰어나다.

ANSWER 1.② 2.③

1 피층이 표피보다 안쪽에 있음
수목의 세근구조(안쪽부터) … 내초 → 내피 → 피층 → 표피

2 ③ 용기의 개구선은 세근 발달을 촉진한다.

3 동령림의 숲가꾸기에서 생육단계별 작업목적과 방법을 묶은 것으로 옳지 않은 것은?

	생육단계	작업목적	작업방법
①	치수림	숲만들기	인공갱신 · 천연갱신
②	유령림	경쟁조정	어린나무가꾸기
③	장령림	형질조정	미래목가꾸기
④	성숙림	경쟁조정	불량목제거

4 한 모수가 다른 여러 개체와 교잡하여 자손을 만들 경우 그 자손이 나타내는 형질량의 평균치를 나타내는 용어는?

① 일반조합능력
② 특수유전능력
③ 일반유전능력
④ 특수조합능력

ANSWER 3.④ 4.①

3 ④ 성숙림은 수확갱신을 위해 수확 및 차세대 갱신 준비를 한다.

단계	특징	목적	방법
치수림	임분의 시작~임분 울폐 직전	숲만들기	인공갱신 · 천연갱신
유령림	흉고직경 6cm인 우세목이 임분의 50% 이상, 고사지발생, 임관층 분화	경쟁조정	어린나무가꾸기
장령림	흉고직경 10cm인 우세목이 임분의 50% 이상	형질조정	미래목가꾸기 · 솎아베기
성숙림	흉고직경 18cm인 우세목이 임분의 50% 이상	경쟁조정	수확, 차세대 갱신

4 **일반조합능력** … 특정한 유전자의 계통을 다른 개체와 교배했을 때 특정유전자형의 평균치를 나타낸다. 이때 나온 자손이 평균적으로 좋다면 모수의 일반조합능력이 좋은 것이다.

5 교잡육종에 대한 설명으로 옳지 않은 것은?

① 교잡에 의한 잡종이 양친의 평균이나 어느 한쪽보다 우수한 형질을 보일 때 잡종강세라 한다.

② 나자식물은 중복수정이 일어나서 웅핵과 극핵이 결합하여 각각의 배와 배유를 형성한다.

③ 타가수분 식물이 자가수정을 반복하여 그 후손이 생활력 감퇴, 종자결실 불량 등을 나타내는 현상을 자식약세라 한다.

④ 잡종은 F로 표시하며, 1대 잡종 F_1을 양친의 어느 한쪽과 교배시키는 것을 여교잡이라 한다.

6 수목의 병·해충에 대한 설명으로 옳은 것은?

① 밤나무줄기마름병균, 호두나무탄저병균은 토양 중에서 스스로 활동 범위를 확산하여 전반하는 병원체이다.

② 솔나방은 솔잎 사이에서 유충으로 월동하며, 유충보다 성충의 피해가 더 큰 흡즙성 해충이다.

③ 오동나무빗자루병, 대추나무빗자루병은 파이토플라즈마에 의한 병으로 매개충에 의해 전반된다.

④ 소나무재선충병의 잠복기간은 재선충이 감염된 후 병징이 나타나기까지 10년 이상 걸린다.

....

ANSWER 5.② 6.③

5 ② 중복수정이 일어나는 것은 피자식물(속씨식물)이다. 나자식물(겉씨식물)은 단일수정을 한다.

6 ① 토양 중에서 스스로 활동 범위를 확산하는 병원체는 모잘록병, 뿌리썩이선충, 부리혹선충, 리지나뿌리썩음병이다.
② 솔나방은 지피물이나 나무껍질에서 유충(송충이)으로 월동하며, 유충이 잎을 먹으면서 심한 피해를 준다.
④ 소나무재선충이 나무 조직 내부로 침입하면 빠르게 증식하여 나무를 시들어 말라죽게 한다.

7 가지치기에 대한 설명으로 옳은 것만을 모두 고르면?

> ㉠ 상장생장을 촉진하고 무절재를 생산할 수 있다.
> ㉡ 가지치기를 하면 수간하부의 연륜폭이 넓어진다.
> ㉢ 소나무류는 온난다습한 남쪽이 한랭건조한 북쪽에 비해 고사지의 탈락이 빠르다.
> ㉣ 생절은 가지의 연륜과 연결되어 있어 제재했을 때 잘 빠져나가지 않는다.
> ㉤ 임분생장에 따른 최초의 가지치기는 간벌 이후이다.
> ㉥ 가지 상면 상구직경(2 ~ 4 cm)의 유합속도는 삼나무가 종가시나무보다 빠르다.

① ㉠, ㉡, ㉤
② ㉢, ㉣, ㉤
③ ㉠, ㉢, ㉣, ㉥
④ ㉠, ㉢, ㉣, ㉤, ㉥

8 내화력이 강한 상록활엽수종으로만 묶은 것은?

① *Camellia japonica*, *Illicium anisatum*

② *Castanopsis sieboldii*, *Cedrela sinensis*

③ *Chamaecyparis obtusa*, *Firmiana simplex*

④ *Phellodendron amurense*, *Ulmus laciniata*

ANSWER 7.③ 8.①

7 ㉡ 수간 하부의 연륜폭은 좁아지고, 수간 상부의 연륜폭은 넓어진다.
　㉤ 침엽수는 10~15년 사이, 간벌 이전에 한번 하는 것이 좋다.
　㉥ 삼나무의 상구직경(4cm)의 유합속도(1년)는 종가시나무의 상구직경(2cm) 유합속도(7년)보다 빠르다.

8

구분		수종
내화력이 강한 수종	침엽수	가문비나무, 낙엽송, 전나무, 분비나무, 화백
	상록활엽수	아왜나무, 굴거리나무, 사철나무, 동백나무, 붓순나무, 황벽나무
	낙엽활엽수	피나무, 고로쇠나무, 마가목, 굴참나무, 음나무, 난티나무
내화력이 약한 수종	침엽수	소나무, 해송, 삼나무, 편백
	상록활엽수	녹나무, 구실잣밤나무, 조릿대
	낙엽활엽수	아카시아, 벚나무, 벽오동, 참죽나무

- *Camellia japonica*(동백나무), *Illicium anisatum*(붓순나무)
- *Castanopsis sieboldii*(구실잣밤나무), *Cedrela sinensis*(참죽나무)
- *Chamaecyparis obtusa*(편백), *Firmiana simplex*(벽오동)
- *Phellodendron amurense*(황벽나무), *Ulmus laciniata*(난티나무)

9 대기오염이 산림에 미치는 설명으로 옳은 것은?

① 오존과 PAN(peroxyacetyl nitrate)은 화석연료의 연소에 의한 1차 대기오염물질로 식물에 피해를 일으킨다.

② 잎, 줄기 등 지상부의 생장은 줄어들지만 뿌리는 영향을 받지 않는다.

③ 지속적인 산성비는 수목에 필요한 질소(N), 황(S)을 공급하는 역할을 하기 때문에 생장을 촉진한다.

④ 수목의 잎표면 왁스를 침식시켜 조직용탈을 유도하며 필수원소 중 가장 많이 용탈되는 것은 칼륨(K)이다.

10 산림토양의 양분변화에 대한 설명으로 옳지 않은 것은?

① 칼슘(Ca)은 대부분 유기형태로 존재하고, 건조지역보다 습한 지역의 토양에서 농도가 높다.

② 칼륨(K)은 지하수위가 높은 사토나 강수량이 많은 지역에서 용탈에 의하여 결핍이 일어나기 쉽다.

③ 유기물은 인(P)의 주요 공급원이며, 토양미생물에 의해 다시 식물이 흡수할 수 있는 유효태 인으로 변한다.

④ 부식함량이 많은 표토층은 양분의 용탈이나 뿌리의 양이온 흡수과정에서 수소이온이 증가한다.

ANSWER 9.④ 10.①

9 ④ 수목의 잎표면 왁스를 침식시켜 조직용탈을 유도하며 필수원소 중 가장 많이 용탈되는 것은 칼륨(K)이며, 그 다음으로 칼슘(Ca), 마그네슘(Mg), 망간(Mn)이 용탈된다.
　① 오존과 PAN(peroxyacetyl nitrate)은 2차 오염물질이다.
　② 잎, 줄기, 뿌리 모두 영향을 받아 생장이 둔화된다.
　③ 지속적인 산성비는 토양의 산성화로 인한 생장장애를 유발한다.

10 ① 칼슘은 토양 내에서 무기태로 존재하며, 습한 지역의 토양보다 강우가 적은 지역의 토양에서 농도가 높다.

11 솎아베기 작업과 관련된 수관(수형)급에 대한 설명으로 옳지 않은 것은?

① Hawley의 수관급은 우세목, 준우세목, 중간목, 피압목으로 구분된다.
② 데라사끼(寺崎)의 수형급은 1급목, 2급목, 3급목, 4급목, 5급목으로 구분된다.
③ 활엽수에 대한 덴마크의 수형급은 주목, 유해부목, 유요부목, 중립목으로 구분된다.
④ 가와다(河田)의 침엽수 수형급은 A, B, C, D로 구분된다.

12 숲가꾸기에 대한 설명으로 옳지 않은 것은?

① 미래목은 ha당 400본을 초과하지 않도록 한다.
② 지위지수가 높은 임분은 낮은 임분보다 간벌 주기가 짧다.
③ 미래목으로는 생장이 좋은 임연부의 임목을 선정한다.
④ 제탄, 펄프 등 소경재를 생산할 경우 가지치기를 생략할 수 있다.

13 산림작업종에 대한 설명으로 옳지 않은 것은?

① 보잔목작업은 모수림작업의 본수보다 적은 모수를 남기고 소경재 생산을 목표로 한다.
② 택벌작업이 실시된 임분은 임지의 유기물이 항상 습윤한 상태로 있어서 산불의 발생 가능성이 낮다.
③ 개벌작업은 성숙한 임분에서 다른 수종으로 바꾸고자 할 때 가장 간단한 방법이다.
④ 이단림작업은 상층목에서 천연하종갱신이 가능하나 상층목에 대한 벌채량 조절이 어렵다.

ANSWER 11.④ 12.③ 13.①

11 가와다의 활엽수 수형급
- A－우세목
- B－우세목이지만 형질에 결점
- C－열세목
- D－초두가 고사하고 수형이 불량
- E－병목, 도목, 고목

12 ③ 미래목은 ha당 400본을 초과하지 않으며, 거리는 최소 5m 이상으로 임분 전체에 고루 배치되는 것이 이상적이다.

13 보잔목작업은 본수보다 많은 모수를 남기고, 모수의 왕성한 생장을 다음 윤벌기가 올 때까지 계속시켜 형질을 향상시키고 갱신을 천연적으로 진행하여 후계림을 조성한다. 보잔목작업의 잔존 본수는 모수림작업의 잔존 본수보다 2~3배 많다.

14 접목법에 대한 설명으로 옳지 않은 것은?

① 복접은 대목의 줄기에 비스듬히 삭면을 만들고 이에 알맞게 접수를 삽입하는 방법이다.

② 박접은 줄기가 상처를 받았을 때 상처부위를 건너서 적당한 가지로 접목하는 방법이다.

③ 설접은 접수와 대목의 굵기가 비슷하며 뿌리를 대목으로 하고 가지를 접수로 할 수 있다.

④ 유대접은 참나무류, 밤나무와 같은 대립종자에서 자엽병 사이에 접수를 꽂는 방법이다.

15 임목의 종자와 꽃의 구조에 대한 설명으로 옳은 것은?

① 동일한 나무의 종자는 유전적으로 같은 특성을 지니게 되고, 그 집단은 단순한 유전변이를 가지게 된다.

② 겉씨식물인 활엽수는 양성화이며 대표적인 2가화로는 은행나무, 소나무류, 전나무, 낙엽송, 편백 등이 있다.

③ 종자의 성숙기는 위도와 고도의 영향을 받지 않으며, 나무의 유전성과 자라는 곳의 입지환경의 영향을 받는다.

④ 종자는 배와 배유 등의 양분저장조직, 종피 등을 포함하는 종자외곽 보호조직으로 구분할 수 있다.

ANSWER 14.② 15.④

14 ② 박접은 접수를 절접에서 모양으로 마련한 다음 박피가 쉽게 되는 초봄에 한줄 또는 두줄로 칼자국을 낸 후 박피된 부분에 접수를 넣어 접목하는 방법이다.
  ※ 줄기가 상처를 받았을 때 상처부위를 건너서 적당한 가지로 접목하는 방법은 교접이다.

15 ① 통한 동일한 나무의 종자는 유전적으로 각기 다른 특성을 지니게 되고, 그 집단은 다양한 유전변이를 지닌 개체로 구성된다.
  ② 겉씨식물(나자식물)인 침엽수는 양성화다. 은행나무는 대표적인 2가화이며, 소나무류, 낙엽송, 전나무, 편백은 1가화에 속한다. 활엽수는 속씨식물이다.
  ③ 종자의 성숙기는 위도와 고도 등 환경의 영향을 받는다.

16 우리나라 소나무에 대한 설명으로 옳지 않은 것은?

① 법령에 의해 지정된 특산식물로, 단일수종으로 가장 넓은 면적을 차지한다.

② 화강암과 화강편마암을 모암으로 하여 생성된 모래질이 많은 갈색 산림토양에 주로 분포한다.

③ 소나무림은 활엽수류와 경쟁, 산불, 대기오염 등에 취약하며 면적이 감소하고 있다.

④ 소나무림은 다른 수종에 비해서 병충해가 비교적 많이 발생하고 순림에서 더 피해를 받는다.

17 척박한 토양에서 임지를 비옥하게 만들기 위한 질소고정 수목은?

① *Cedrus deodara*

② *Lespedeza bicolor*

③ *Liriodendron tulipifera*

④ *Rhus chinensis*

18 숲의 종류에 대한 설명으로 옳지 않은 것은?

① 원시림은 오랜 세월 동안 자연력 또는 사람의 간섭에 의해서 피해를 받은 일 없이 유지되어 온 숲이다.

② 순림은 단일 수종의 숲으로, 다른 수종이 일부 섞이더라도 순림으로 간주할 수도 있다.

③ 이령림은 동령림보다 공간적 구조가 더 복잡하며 생태적측면에서 더 안정적이다.

④ 왜림은 나무의 성립이 일반적으로 종자로부터 시작된 숲이다.

ANSWER 16.① 17.② 18.④

16 ① 소나무는 법령에 의해 지정된 특산식물이 아니지만 단일 수종으로 가장 넓은 면적에 걸쳐 있는 숲은 소나무림이다.

17 콩과식물의 뿌리혹박테리아는 공기 중의 질소를 고정시켜 땅힘을 길러주며 종류로는 아카시아, 싸리나무, 자귀나무, 오리나무, 소귀나무가 있다.

- *Cedrus deodara* – 개잎갈나무
- *Lespedeza bicolor* – 싸리나무
- *Liriodendron tulipifera* – 백합나무(튤립나무)
- *Rhus chinensis* – 붉나무

18 왜림

㉠ 임목이 주로 맹아에 의해 성립된 것으로 맹아림이라고도 한다.

㉡ 비교적 단벌기로 이용되면 수고가 낮다.

㉢ 연료생산에 주로 이용되었기 때문에 연료림이라고도 한다.

19 벌채방법에 대한 설명으로 옳은 것만을 모두 고르면?

> ㉠ 산벌작업은 윤벌기간이 길고, 동령교림 조성이 어렵다.
> ㉡ 택벌작업은 병충해 저항력이 높으나 양수 갱신에는 적합하지 않다.
> ㉢ 이단림은 상층목의 생장에 유리하나, 하층목의 발생과 생장은 억제된다.
> ㉣ 모수림작업은 수종제한이 없고, 임지양분의 효율적 이용으로 임지보호 효과가 크다.
> ㉤ 왜림작업은 윤벌기가 짧고, 모수의 유전형질을 유지하는 데 적합한 방법이다.
> ㉥ 중림작업은 벌채로 인한 나무피해가 적지만 하층목 맹아발생이 억제된다.

① ㉠, ㉡   ② ㉠, ㉢
③ ㉢, ㉣, ㉤   ④ ㉡, ㉢, ㉤, ㉥

20 조직배양에 대한 설명으로 옳지 않은 것은?

① 노지 양묘에 비해 유전적으로 동일한 개체를 대량으로 생산하는 장점이 있으나 비용이 많이 드는 단점
이 있다.
② 아(芽)배양은 눈이 붙은 줄기를 기내에서 배양하는 것으로, 기내발근을 위해 일반적으로 지베렐린 처리
를 한다.
③ 체세포배양은 접목, 삽목 등 무성번식이 어려운 침엽수종에서 주로 미숙배를 배양하여 묘목을 유도한다.
④ 체세포배 유도 묘목은 자연 상태로 나가기 위해서는 순화 과정을 거쳐야 한다.

....

ANSWER 19.④ 20.②

19 ㉠ 산벌작업은 윤벌기가 끝나기 전에 갱신이 되어 윤벌기간을 단축시킬 수 있으며, 갱신된 숲은 동령림으로 취급한다.
㉣ 모수림작업은 종자가 가벼워 멀리 날아갈 수 있는 수종에만 적용이 가능하며, 임지가 노출되므로 환경이 급변하여 대부분
수종의 종자발아와 치묘발육에 불리해진다.

20 ② 아(芽)배양은 액아 또는 정아를 배양하여 식물을 클론으로 증식하는 방법으로, 보통 액아에 줄기원기가 포함되어 있는 식물
의 증식에 쓰인다. 세포배양, 캘러스 배양 등에 비하여 유전적으로 안정하여 체세포변이가 일어날 확률이 적다. 보통 이
방법은 치상, 줄기유도, 발근 유도의 3단계로 구성되며 각 단계별로 다른 생장조절물질을 배지를 첨가하는데, 치상, 줄기유
도 단계에는 사이토키닌을, 발근 유도 단계에는 옥신을 처리한다.

1 모수의 유전형질을 유지시키는 데 가장 적합한 갱신방법은?

① 산벌작업법   ② 모수작업법

③ 보잔모수법   ④ 개벌왜림작업법

2 숲(임분)의 종류에 대한 설명으로 옳지 않은 것은?

① 동령림은 일반적으로 나이의 범위가 평균 나이의 20% 이내로 이루어진 숲이다.

② 혼효림은 주 수종이 임목수, 재적 등에서 80% 이상을 점유하여 이루어진 숲이다.

③ 교림은 종자에서 발생한 치수가 기원이 되어 이루어진 숲이다.

④ 천연림은 인간이 적극적으로 경영관리를 하지 않은 숲이다.

3 종자 산포 기작과 수종을 옳게 짝 지은 것은?

① 중력 - 개암나무, 물푸레나무

② 바람 - 낙엽송, 자작나무

③ 동물 - 향나무, 소나무

④ 강물 - 버드나무류, 칠엽수

ANSWER 1.④ 2.② 3.②

1 ④ 개벌왜림작업은 작업이 간단하고 갱신이 확실하며 단벌기경영에 적합하다. 모수의 유전형질을 그대로 유지시키는데 가장 좋은 방법이다.

2 ② 혼효림은 침엽수 또는 활엽수가 25% 초과 75% 미만 점유하고 있는 임분이다.

3 ① 중력 - 개암나무, 바람 - 물푸레나무
③ 동물 - 향나무, 바람 - 소나무
④ 바람 - 버드나무류, 중력 - 칠엽수

4 수형목과 채종원에 대한 설명으로 옳지 않은 것은?

① 수형목은 먼저 표현형을 보고 선발한 후 차대검정을 거친다.

② 채종원 조성 시에는 수형목 차대의 근친교배가 이루어지지 않게 하여야 한다.

③ 채종원은 통풍이 잘 되어 한해(寒害)가 없는 곳이어야 한다.

④ 수형목은 줄기가 곧고 가지가 굵으며 지하고가 낮아야 한다.

5 산림보호에 대한 설명으로 옳지 않은 것은?

① 자연복원은 복원기간이 비교적 길지만, 생태림 조성에 유리하다.

② 임관이 울폐되면 하층식생의 종다양성이 증대된다.

③ 산림 병해충 예방을 위해 과밀임분과 생장이 둔화된 임분은 솎아베기를 한다.

④ 방크스소나무와 같은 폐쇄성 구과는 산불이 오히려 종자산포에 도움이 된다.

6 삽목묘 양성에 대한 설명으로 옳지 않은 것은?

① 삽수의 저장은 일반적으로 20~25℃로 저장하는 것이 좋다.

② 좋은 삽목상은 무균적이고 보수력과 통기성이 좋아야 한다.

③ 어린 나무에서 채취한 삽수는 성숙목에서 얻은 삽수보다 발근이 잘된다.

④ 휴면지삽수는 겨울이나 이른 봄 휴면상태에 있는 가지를 잘라서 보관하거나 바로 삽목한다.

ANSWER 4.④ 5.② 6.①

4 ④ 수형목은 수간이 굽지 않고 통직하고, 측지가 가늘고 짧아야 하며, 지하고가 높아야 한다.

5 ② 임관이 울폐되면 하층식생의 발달이 빈약해지기 때문에 종다양성이 증대되지 못한다.

6 ① 삽수의 저장은 일반적으로 0~5℃로 저장하는 것이 좋다.

7 수목의 생리기작으로 에너지를 소모하는 과정만을 모두 고르면?

> ⊙ 기공의 개폐
> ⓒ 뿌리의 무기염 흡수
> ⓛ 옥신의 운반
> ② 뿌리에서 잎까지의 수분 이동

① ⓒ, ②
② ⊙, ⓛ, ⓒ
③ ⊙, ⓛ, ②
④ ⊙, ⓛ, ⓒ, ②

8 수목의 꽃눈(화아) 형성에 대한 설명으로 옳은 것은?

① 대부분의 수종에서 꽃눈의 형성 시기는 꽃이 피기 전년도의 늦은 가을이다.
② 일반적으로 꽃눈 원기 형성 시기는 수꽃이 암꽃보다 빠르다.
③ 소나무류 화아원기가 발달하는 모양을 보면, 수꽃은 정단조직이 암꽃보다 크고 둥글다.
④ 꽃눈의 원기는 식물호르몬의 농도에 영향을 받고 외적 환경요인의 영향은 받지 않는다.

9 임목종자에 대한 설명으로 옳은 것은?

① 옻나무와 같은 열매를 정미기에 넣어 외피를 깎아 탈종시키는 방법을 유궤법이라 한다.
② 밤나무, 호두나무와 같은 대립종자를 한알 한알 눈으로 보고 선별하는 방법을 입선법이라 한다.
③ 전나무, 느티나무, 느릅나무, 편백은 발아시험에 소요되는 기간이 42일(6주)이다.
④ 종자저장에는 광선이 필요하므로 대부분의 종자는 밝은 곳에 저장하는 것이 바람직하다.

ANSWER 7.② 8.② 9.②

7 ② 물은 수분 퍼텐셜이 높은 쪽에서 낮은 쪽으로 별도의 에너지 소모 없이 이동한다. 일반적으로 토양에서 뿌리, 줄기, 잎으로 갈수록 수분 퍼텐셜이 낮아지고, 그에 따라 물은 뿌리에서 줄기를 거쳐 잎에 도달한 후 기공을 통해 대기 중으로 확산된다.

8 ③ 소나무류 화아원기가 발달하는 모양을 보면, 수꽃은 정단조직이 암꽃보다 작고 뾰족하다.
④ 꽃눈의 원기는 식물호르몬의 농도에 영향을 받고 외적 환경요인의 영향도 받는다.

9 ① 옻나무와 같은 열매를 정미기에 넣어 외피를 깎아 탈종시키는 방법을 도정법이라 한다.
③ 발아시험에 소요되는 기간은 전나무, 느티나무는 42일(6주), 느릅나무는 14일, 편백은 21일이다.
④ 종자저장에는 광선이 필요하지 않으므로 대부분의 종자는 어두운 곳에 저장하는 것이 바람직하다.

10 임목의 결실을 촉진시키는 방법으로 옳지 않은 것은?

① 간벌을 통해 결실량을 증가시킬 수 있으며, 그 효과는 대체로 2~3년째부터 나타난다.

② 접목을 하여 광합성 생성물인 탄수화물의 지하부 이동이 억제되어 결실 촉진이 유도된다.

③ 질소시비의 경우, 질산태(NO_3^-) 보다는 암모늄태(NH_4^+) 질소가 결실량 증가에 더 효과적이다.

④ 인위적으로 화아분화기에 관수를 억제하거나 저온자극처리를 가해 개화 결실을 촉진할 수 있다.

11 묘목의 식재에 대한 설명으로 옳은 것은?

① 소경재 생산을 목표로 한다면 작업을 생력화하기 위해 소식한다.

② 봄 가식을 할 때는 가지의 끝부분이 남쪽으로 향하게 한 후 뿌리를 잘 펴서 묻어준다.

③ 일반적으로 소나무와 같은 양수는 밀식하고, 전나무 같은 음수는 소식한다.

④ 봉우리 식재법은 천근성이고, 측근이 발달하고 직근성이 아닌 묘목 식재에 적합하다.

ANSWER 10.③ 11.④

10 개화 결실의 촉진 방법

㉠ **인공의 의한 화분살포** : 선발목의 화분을 모수로부터 채취하여 인공으로 살포하여 수분을 유도함으로써 결실을 초래하게 한다.

㉡ **기계적 방법** : 수체 내의 C/N율을 높여줌으로써 개화를 촉진시키는 방법으로 환상박피와 둘러베기, 전지, 수피를 역위로 붙이는 일, 단근처리, 접목 등이 있다.

㉢ **화학적 방법** : 지베렐린을 비롯한 호르몬제의 처리로 개화를 촉진시킬 수 있다.

㉣ **수관의 소개** : 수관이 많은 광선을 쪼이게 해서 탄수화물의 생산을 돕게 한다.

11 ① 소경재 생산을 목표로 한다면 작업을 생력화하기 위해 밀식한다.

② 봄 가식을 할 때는 가지의 끝부분이 남쪽으로 향하게 한 후 단기간 가식할 때에는 다발째로, 장기간 가실할 때는 다발을 풀어서 가식한다.

③ 일반적으로 소나무와 같은 양수는 소식하고, 전나무 같은 음수는 밀식한다.

12 모수작업법에서 모수의 조건으로 옳은 것만을 모두 고르면?

> ㉠ 소나무와 같은 양수가 적합하다.
> ㉡ 천근성 보다는 심근성 수종이 적합하다.
> ㉢ 맹아 발생력이 우수한 수종이어야 한다.
> ㉣ 이가화(자웅이주) 수종은 모수가 될 수 없다.

① ㉠, ㉡
② ㉠, ㉣
③ ㉠, ㉡, ㉢
④ ㉡, ㉢, ㉣

13 실생묘 양성에 있어 단근작업에 대한 설명으로 옳지 않은 것은?

① 일반적으로 측근이 잘 발달하는 1년생 산출묘는 단근작업이 필요 없다.
② 일부 수종에서는 가을 늦게 도장하는 것을 막아주는 효과를 기대할 수 있다.
③ 산지에 재식하였을 때 활착률을 높이기 위하여 실시한다.
④ 단근작업은 1년에 1~2회 실시하나, 보통 생장휴지기인 12월에 한 번 실시한다.

ANSWER 12.① 13.④

12 모수의 선발조건
㉠ 양수
㉡ 심근성
㉢ 두꺼운 수피
㉣ 평균 이상의 생장 조건
㉤ 생육입지 요구도가 낮은 수종
㉥ 은행나무와 사시나무류처럼 나무가 암수의 구별이 있는 것은 암수를 함께 남겨야 한다.

13 ④ 단근작업은 1년에 1~2회 실시하나, 보통 중·하순에 한 번 실시한다.

14 ㉠ ~ ㉢에 들어갈 내용을 바르게 연결한 것은?

> 어린나무가꾸기는 (㉠)이 끝난 후, 수관경쟁이 시작되고 조림목의 생육이 방해를 받는 숲을 대상으로 실시한다. 맹아력이 왕성한 수종은 절단 높이를 (㉡) 하여 맹아의 발생 및 생장을 약화시킨다. 일반적으로 작업시기는 (㉢)에 실시하면 작업효과를 높일 수 있다.

	㉠	㉡	㉢
①	풀베기작업	1m 이상으로	여름철
②	풀베기작업	1m 이상으로	이른 봄
③	가지치기작업	1m 미만으로	겨울철
④	가지치기작업	1m 미만으로	가을철

ANSWER 14.①

14 ① 어린나무가꾸기란 나무를 심은 조림지에 풀베기 작업이 끝난 이후 조림목의 수관 경쟁이 시작되고 조림목의 생육이 저하되는 단계로 5~10년 동안 조림목의 성장에 지장을 주는 나무 등을 벌채하는 것을 말한다. 맹아력이 왕성한 수종은 절단 높이를 1m 이상으로 하여 맹아의 발생 및 생장을 약화시킨다. 일반적으로 작업시기는 여름철에 실시하면 작업효과를 높일 수 있다.

15 다음의 묘목 식재본수 계산공식에 해당하는 식재망으로 옳은 것은? (단, w_1은 묘간거리, w_2는 열간거리, A는 식재지 총면적, a는 묘목 1본의 점유면적, N은 묘목 총본수이다)

묘목 1본당 면적	묘목본수
$a = \dfrac{1}{2}w_1 w_2$	$N = \dfrac{2A}{w_1 w_2}$

①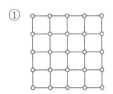

②

③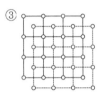

④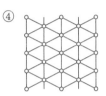

16 자연전지(自然剪枝)에 대한 설명으로 옳지 않은 것은?

① 지상부에 가까이 있는 수간의 하부 가지로부터 시작되어 위로 진전된다.

② 아랫가지의 고사속도는 주로 임분의 초기밀도와 관련이 깊다.

③ 고사한 가지는 부후균과 곤충에 의해 추가로 부패하면서 바람과 적설에 부러지게 된다.

④ 잔지의 매입 속도는 잔지의 굵기에 반비례한다.

15 ③ 보기는 이중 정방형 공식이다.

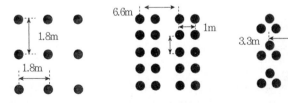 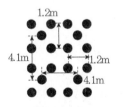

정방형식재방법(ha당 3,000본) 　부분일식방법(ha당 3,000본) 　3본군상식재방법(ha당 3,000본) 　5본군상식재방법(ha당 3,000본)

16 ④ 잔지의 매입 속도는 잔지의 굵기와 상관이 적다.

17 다음은 소나무재선충병에 대한 설명이다. ㉠~㉢에 들어갈 내용을 바르게 연결한 것은?

우리나라에서는 1988년 (㉠)에서 최초로 소나무재선충 감염목이 발견되었으며, 그 후 여러 지역으로 확산하여 소나무류에 큰 피해를 주고 있다. 소나무재선충의 매개충은 (㉡)가 있으며, 매개충의 몸속에서 나온 소나무재선충(㉢)이 침입기에 해당한다.

	㉠	㉡	㉢
①	부산	솔수염하늘소	제2기 유충
②	인천	알락하늘소	제2기 유충
③	부산	솔수염하늘소	제4기 유충
④	인천	북방수염하늘소	제4기 유충

18 택벌림 조성을 위한 조건에 대한 설명으로 옳지 않은 것은?

① 음수와 반음수 수종을 위주로 하여 다층으로 구성해야 한다.
② 크고 작은 나무들이 혼재되어 있어 보속적 수확이 가능하다.
③ 이상적인 택벌림의 소경급 : 중경급 : 대경급 본수비율은 2 : 3 : 5이다.
④ 이령림 특유의 지수감소형 분포(역 J자형 분포)를 유지해야 한다.

ANSWER 17.③ 18.③

17 우리나라에는 소나무재선충병 피해가 1988년 부산에서 처음 보고된 이후 피해 발생지역이 전국으로 확대되고 있다. 일본, 한국뿐만 아니라 중국 등 인접국가로 피해가 확산되고 있으며, 유럽 지역의 포르투갈 등 세계 각지로 피해 발생이 확산되고 있다. 소나무재선충병의 원인인 소나무재선충은 그 자체로는 이동성이 거의 없기 때문에 새로운 지역에서 발생되는 소나무재선충병은 소나무재선충의 매개충에 의해 확산된다. 솔수염하늘소가 소나무재선충을 옮기는 매개충으로 알려져 있다. 매개충의 몸속에서 나온 소나무재선충 제4기 유충이 침입기에 해당한다.

18 ③ 이상적인 택벌림의 소경급 : 중경급 : 대경급 본수비율은 7 : 2 : 1이다.

19 일가화(자웅동주)에 해당하는 수종들로만 묶은 것은?

① *Ginkgo biloba*, *Taxus cuspidata*, *Abies koreana*

② *Larix kaempferi*, *Alnus japonica*, *Ailanthus altissima*

③ *Picea jezoensis*, *Castanea crenata*, *Salix caprea*

④ *Pinus densiflora*, *Betula costata*, *Quercus mongolica*

20 수관급에 대한 설명으로 옳지 않은 것은?

① 수관급은 질적 솎아베기(간벌)의 대상이 되는 나무를 선정하는 기준으로 이용된다.

② Hawley는 측방광선을 받는 양이 비교적 적고 수관의 크기는 평균에 가까운 것을 중간목으로 정의했다.

③ 데라사끼(寺崎)의 수형급은 우세목을 1, 2급목으로, 열세목은 3, 4, 5급목으로 정의했다.

④ 가와다(河田)와 덴마크 수형급은 활엽수림에 적용한다.

---

1 고밀도 임분에서 나타나는 임목 형질이 아닌 것은?

① 좁은 연륜폭

② 낮은 지하고

③ 완만한 수간형

④ 작은 단목평균간재적

2 보식에 대한 설명으로 옳지 않은 것은?

① 국부적으로 묘목이 모두 고사했을 때 실시하고, 산점적(散點的)으로 고사한 경우에는 실시하지 않는다.

② 초기의 식재밀도가 높으면 고사율이 높아도 보식할 필요성이 거의 없다.

③ 일반적으로 낙엽송, 소나무와 같은 양수는 고사가 흔해서 보식용 묘목을 미리 준비한다.

④ 보식용 묘목은 신식(新植) 때 심은 것보다 묘령이 1~2년 더 많은 것이 좋다.

ANSWER 1.② 2.③

1 ② 지하고는 고밀도일수록 높아진다.
   ※ 고밀도 임분
   　㉠ 줄기의 평균흉고직경은 밀도가 높을수록 작다.
   　㉡ 수간은 고밀도일수록 완만하게 된다.
   　㉢ 지하고는 고밀도일수록 높아진다.
   　㉣ 고밀도일수록 연륜폭이 좁아진다.
   　㉤ 단목의 평균간재적은 고밀도일수록 작아진다.
   　㉥ 단위 면적당 간재적은 밀도가 높아질수록 커진다.

2 ③ 낙엽송, 소나무, 해송, 느티나무 등의 양수는 10% 이상 고사하는 경우가 흔치않으므로 보식할 일이 거의 없다.

3 수익성이 있는 우세목을 간벌해서 그 아래에 있는 나무의 생장을 촉진시키는 Hawley의 간벌방법은?

① 수관간벌

② 택벌식 간벌

③ 하층간벌

④ 기계적 간벌

4 임목종자의 결실과정을 순서대로 바르게 나열한 것은?

① 화아원기형성 → 배우자형성 → 개화 → 수분 → 수정 → 결실

② 화아원기형성 → 배우자형성 → 수분 → 수정 → 개화 → 결실

③ 개화 → 수분 → 화아원기형성 → 배우자형성 → 수정 → 결실

④ 배우자형성 → 화아원기형성 → 개화 → 수분 → 수정 → 결실

ANSWER 3.② 4.①

3 Hawley의 간벌방법
  ⊙ 하층간벌 : 피압된 가장 낮은 수관층의 나무를 먼저 벌채하고 점차 높은 나무를 벌채해 가는 방법, 강도 높은 하층간벌이 실시
    되고 나면 우세목과 준우세목이 남아 있게 되는데, 이 방법은 침엽수 단순림에 적용하는 데 알맞다.
  ⓒ 수관간벌 : 상층을 소개해서 같은 층을 구성하는 우량개체의 생육을 촉진하는 데 목적이 있다. 주로 준우세목이 벌채되며,
    우량목에 지장을 주는 중간목과 우세목도 일부 벌채된다.
  ⓒ 택벌식 간벌 : 우세목을 벌채하여 그 아래에 자라는 나무의 생육을 촉진하는 간벌형식, 수익성이 없는 나무는 벌채하지 않는다.
  ⓔ 기계적 간벌 : 수형급구분에 의하지 않고 임목간 거리를 대상으로한 간벌형식

4 ① 화아원기가 형성된 후에 암배우자와 수배우자가 형성되고, 개화 후 수분, 수정의 과정을 거쳐 결실이 이루어진다.

5 다음 (개) ~ (래)에 들어갈 용어를 바르게 연결한 것은?

(개) 이란 수분의 흡착력 기준으로 보았을 때 물로 가득 차 있는 토양에서 (내) 가 빠져나가고 (대) 로 포화된 상태의 토양수분량을 말하며, (래) 는 수목이 사용하지 못한다.

	(개)	(내)	(대)	(래)
①	포장용수량	모세관수	중력수	결합수
②	최대용수량	모세관수	결합수	중력수
③	최대용수량	중력수	모세관수	결합수
④	포장용수량	중력수	모세관수	결합수

6 *Pinus koraiensis*에 대한 설명으로 옳은 것만을 모두 고르면?

㉠ 심재는 홍색을 띠며 재질이 연하다.
㉡ 잎의 관속이 2개이다.
㉢ 종자는 날개가 없고 양면에 얇은 막이 있다.
㉣ 솔방울 끝이 두껍고 가시가 있다.
㉤ 춘추재의 전환이 점진적이다.

① ㉠, ㉡ ② ㉠, ㉢, ㉤
③ ㉡, ㉢, ㉣ ④ ㉡, ㉢, ㉣, ㉤

ANSWER 5.④ 6.②

5 ㉠ **포장용수량** : 중력수를 완전히 배제하고 남은 수분상태
㉡ **중력수** : 중력에 의하여 토양층 아래로 내려가는 수분
㉢ **모세관수** : 중력에 저항하여 토양입자와 물분자 간의 부착력에 의하여 모세관 사이에 남아 있는 물
㉣ **결합수** : 작물이 흡수할 수 없는 수분

6 Pinus koraiensis : 잣나무
㉡ 잎의 관속이 1개이다.
㉣ 솔방울 끝이 얇고 가시가 없다.

7 파종 방법과 이에 적합한 수종을 바르게 연결한 것은?

	흩어뿌림(산파)	줄뿌림(조파)	점뿌림(점파)
①	오리나무	물푸레나무	옻나무
②	자작나무	느티나무	밤나무
③	오리나무	낙엽송	호두나무
④	소나무	신갈나무	가래나무

8 묘목식재에 대한 설명으로 옳지 않은 것은?

① 상수리나무 1년생 묘목의 1속당 본수는 30본이다.
② 천근성이며 직근이 빈약하고 측근이 잘 발달하는 수종은 봉우리식재를 한다.
③ 느티나무와 해송은 밀식하는 것이 좋다.
④ 상록수종은 가을 식재를 피하는 것이 좋다.

9 수목의 생장에 영향을 미치는 대기오염물질에 대한 설명으로 옳지 않은 것은?

① 아황산가스에 노출된 활엽수 잎은 가장자리와 엽맥사이의 조직이 먼저 괴사된다.
② 오존에 의한 일반적인 피해는 잎에 주근깨 같은 반점이 생기는 것이다.
③ 광화학산화물 중 독성이 매우 큰 PAN에 잎이 노출되면 뒷면이 광택화된다.
④ 기체상 오염물질 중 가장 독성이 강한 질소산화물은 체내에 축적되며 식물에 미치는 직접적 영향이 가장 크다.

ANSWER 7.② 8.① 9.④

7 씨앗을 뿌리는 방법
  ㉠ **흩어뿌림(산파)** : 불규칙적으로 흩어서 파종하는 방법이다. 소나무, 삼나무, 편백, 낙엽송, 가문비나무, 오리나무, 자작나무 등
  ㉡ **줄뿌림(조파)** : 두둑에 일자로 골을 판 뒤 씨앗을 1~3cm 정도 간격으로 뿌린 다음 흙을 덮는 방법이다. 상추, 시금치, 당근, 비트, 루콜라, 김장무, 순무, 래디시 등
  ㉢ **점뿌림(점파)** : 두둑에 작물을 키울 최종 간격에 맞춰 얕은 구덩이를 판 다음 씨앗을 2~3개 정도 넣고 흙을 덮는 방법이다. 완두, 호박, 양배추, 브로콜리, 바질, 오이, 땅콩, 감자, 생강 등

8 ① 상수리나무 1년생 묘목의 1속당 본수는 20본이다.

9 ④ 기체상 오염물질 중 가장 독성이 강한 것은 불소이다.

10 생가지치기로 생긴 상처의 부후 위험성이 가장 큰 수종은?

① *Picea jezoensis*
② *Pinus thunbergii*
③ *Cryptomeria japonica*
④ *Chamaecyparis obtusa*

11 조림지 준비작업(정지작업)에 대한 설명으로 옳지 않은 것은?

① 식재 전에 묘목의 활착이나 생육에 방해되는 장애요인을 제거하는 작업이다.
② 줄베기 중 토양침식 방지효과가 있는 것은 수평식 작업이다.
③ 낫 등의 소도구나 트랙터 등 중장비를 이용하는 기계적 방법과 제초제를 사용하는 화학적 방법 등이 있다.
④ 작업방법이 간편하고 인력과 비용이 적게 드는 화입법은 우리나라에서 많이 사용하는 방법이다.

12 갱신방법에 대한 설명으로 옳은 것만을 고르면?

> ㉠ 천연갱신은 인공조림에 비해 숲을 조성하는 데 실패할 확률이 낮다.
> ㉡ 개벌작업은 동령림을 형성할 수 있으며, 음수 수종의 갱신에 유리하다.
> ㉢ 산벌작업은 모수림작업에 비하여 갱신이 안전하고 확실하다.
> ㉣ 모수림작업에서 종자 비산력이 낮은 수종은 모수를 ha당 30본 남긴다.

① ㉠, ㉡
② ㉠, ㉢
③ ㉡, ㉣
④ ㉢, ㉣

---

10 ① 가문비나무 ② 해송 ③ 삼나무 ④ 편백
※ 가지치기 대상 수종
 ㉠ 생가지치기로 가장 위험성이 높은 수종 : 단풍나무류, 느릅나무류, 벚나무류, 물푸레나무 등
 ㉡ 생가지치기로 부후의 위험이 있어 원칙적으로 고지치기만을 하는 실시하는 수종 : 자작나무류, 너도밤나무, 가문비나무류, 버드나무류, 사시나무 등
 ㉢ 굵은 생가지를 끊지 않는 한 위험성이 거의 없는 수종 : 소나무류, 낙엽송, 포플러류, 삼나무, 편백 등

11 ④ 화입법은 산불의 위험성이 매우 높아서 현재 우리나라에서는 거의 사용하지 않는다.

12 ㉡ 개벌작업은 동령림을 형성할 수 있으며, 양수 수종의 갱신에 유리하다.
 ㉣ 모수림작업에서 종자 비산력이 낮은 수종은 모수를 ha당 50본 남긴다.

13 수목의 형질과 육종에 대한 설명으로 옳지 않은 것은?

① 수관이 좁고 줄기가 곧게 자라는 금강송은 소나무의 변종이다.

② 참나무류는 종간잡종을 만들기 쉽다.

③ 근친교배가 되면 생활력이 감퇴되고 결실량이 저하된다.

④ 수형목을 선발할 때 고립목이나 임연목(林緣木)은 제외한다.

14 다음 (개와 (내에 들어갈 용어를 바르게 연결한 것은?

어떤 식물종에 의해 다른 식물종의 생존자체가 저지당하는 <u>(개)</u> 의 대표적인 예는 어떤 수목이 하층식생의 생장을 억제하는 물질을 분비하는 <u>(내)</u> 이다.

	(개)	(내)
①	경쟁배제	맞교환
②	포식	피식
③	기생	생물적방제
④	편해작용	타감작용

ANSWER 13.① 14.④

13 ① 금강송은 줄기가 곧고 가늘며 수관이 아름답다.

14 (개) 편해작용 : 한 미생물 집단이 경쟁관계에 있는 다른 집단에게 유독한 물질을 생성할 수 있을 때 집단 사이의 관계를 편해라 한다. 이때 저해물질을 생성하는 집단은 이 물질에 의해 아무런 영향을 받지 않거나 또는 다른 집단이 저해되기 때문에 반사 이득을 얻는다.

(내) 타감작용 : 대사물질의 분비에 의한 식물 상호 간 또는 식물과 토양미생물 간의 생화학적 억제작용을 말한다. 하나의 생물 특히 식물이 떨어져서 생활하고 있는 다른 종의 생물에게 영향을 주는 현상으로 주로 어떤 식물에서 생성되는 화학물질이 다른 식물의 종자 발아나 생육에 영향을 미치는 현상을 말한다. 잘 익은 사과 열매의 에틸렌 생산에 의해 종자의 발아를 저해하거나 덜 익은 열매를 익도록 촉진하는 작용이나, 샐비어속, 쑥 속의 식물이 테르펜류를 내어서 밑에 살고 있는 식물의 생육을 저해하는 작용이 그 예로, 식생천이의 한 요인이라고 생각되고 있다. 나무에서는 흑호도의 경우가 보고되어 있다. 고등식물에 함유되어 있는 테르펜류를 주체로 하는 휘발성분, 즉 피톤치드가 미생물이나 원생동물에게 저해적 작용을 하는 것도 같은 예에 속한다. 임업에서는 산림욕에 활용한다.

15 수목의 가지에서 수피와 형성층을 고사시키며 곰팡이가 주요 병원체인 수목병은?

① 궤양병

② 목질부후병

③ 목질청변

④ 녹병

16 숲가꾸기에 대한 설명으로 옳지 않은 것은?

① 덩굴식물 제거 시기는 뿌리 속의 저장 양분을 소모한 7월 경이 좋다.

② 성숙림은 흉고직경 10cm 이상인 우세목이 임분 내 50% 이상일 때의 임분이다.

③ 어린나무가꾸기는 간벌 전에 실시하며 시기는 6~9월에 하는 것이 원칙이다.

④ 풀베기는 일반적으로 5~7월에 실시한다.

17 도태간벌에 대한 설명으로 옳은 것은?

① 우량대경재 생산을 목적으로 형질이 우수한 나무를 선발목으로 지정하여, 주변의 생장방해목들은 우량목이든 불량목이든 모두 제거하는 방법이다.

② 후보목은 인접목보다 우수하지만, 후일 다시 평가하여 최종수확목으로 남기거나 벌채되는 나무이다.

③ 상층임관의 소개(疏開)로 지피식생과 중·하층목이 발달되어, 임분의 복층구조 유도가 쉽고 간벌재 이용에 유리하다.

④ 미래목은 유령림단계에서 차후에 후보목으로 선택될 가능성이 있는 우량한 나무로서, 보육작업 시 선발하여 특별히 보호한다.

ANSWER 15.① 16.② 17.③

15 ② 목질부가 썩는 것을 말한다.

③ 목질부가 푸르게 변하는 것을 말한다.

④ 녹병에 감염된 수목의 잎에서는 황색, 적색, 주황색, 흰색 등의 반점과 줄무늬 같은 병징이 나타난다.

16 ② 성숙림은 흉고직경 18cm 이상인 우세목이 임분 내 50% 이상일 때의 임분이다.

17 ① 간벌에 있어서 부근품종 또는 개체를 제압하고 형질이 우량하다고 생각되는 나무를 남기는 간벌방법이다.

② 후보목은 임목형질과 생장의 유열이 확실히 분화되지 않는 유령림단계의 임분에서 차루 선발목이 선택될 가능성이 있는 우령한 나무로써 보육작업시 선발은 하지 않지만 특별히 보호 장려된다.

④ 미래목은 수목사회적 위치, 건전성, 형질 등이 가장 우수한 나무로 선발된 최종수확목으로 남겨지는 나무이다.

18 수목의 저온 스트레스에 대한 설명으로 옳은 것은?

① 한대수종은 과냉각에 의한 동결현상으로 동해피해를 줄인다.

② 온대지방 수목의 냉해피해는 주로 영양생장의 저해로 나타난다.

③ 만상피해는 주로 눈과 줄기의 끝부분에서 나타난다.

④ 상렬피해는 활엽수보다 침엽수에서 더 자주 나타난다.

19 다음과 같은 형태적 특징을 가진 단풍나무속 수종을 바르게 연결한 것은?

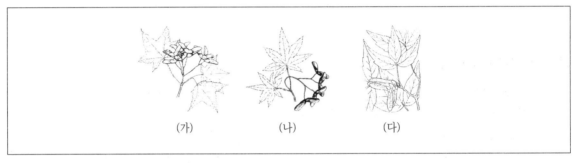

㈎	㈏	㈐
① 고로쇠나무	단풍나무	복자기
② 청시닥나무	부게꽃나무	산겨릅나무
③ 중국단풍	신나무	시닥나무
④ 당단풍	은단풍	복장나무

....

ANSWER 18.③ 19.①

18 ① 한대수종은 과냉각에 의한 동결현상이 나타나지 않는다.
② 온대지방 수목의 냉해피해는 주로 생식 생장의 저해로 나타난다.
④ 상렬피해는 비교적 재질이 단단하고 수선이 발달한 활엽수 거목에서 자주 발생한다.

19 ㈎ 고로쇠나무는 잎이 다섯 갈래로 갈라지는데, 갈라지기 정도는 단풍나무와 섬단풍의 중간 정도이다.
㈏ 단풍나무는 잎이 다섯 갈래 이상으로 깊이 갈라진다.
㈐ 복자기나무는 3개의 잎이 마치 한 잎처럼 뭉쳐서 난다.

20 봄철 상체작업을 가장 먼저 해야 하는 수종은?

① 편백   ② 삼나무

③ 전나무   ④ 낙엽송

ANSWER 20.③

20 ③ 지상부의 자람이 빨리 시작되는 수종을 먼저 작업해야 한다. 소나무류, 전나무류가 이에 해당하며, 낙엽송, 편백, 삼나무 등의 순서로 상체를 한다.

1 진균에 의한 수목병으로 가장 옳지 않은 것은?

① 뿌리혹병

② 참나무시들음병

③ 모잘록병

④ 향나무녹병

2 식물의 광수용체에 대한 설명으로 가장 옳지 않은 것은?

① 피토크롬은 종자 발아에서부터 개화까지 식물 생장의 전 과정에 관여하며, 적생광과 원적색광에 반응을 보인다.

② 피토크롬은 햇빛을 받은 식물체 내에 가장 많은 양이 들어 있으며, 암흑 속에서 합성이 일부 금지되거나 파괴된다.

③ 포토트로핀은 청색광에 반응을 보이는 광수용체이다.

④ 크립토크롬은 포토트로핀과 함께 청색광과 자외선을 흡수하여 굴광성에 관여하는 광수용체이다.

ANSWER 1.① 2.②

1 ① 뿌리혹병균은 세균에 의한 것으로 지표면 부위에 발생하지만 원가지에 나타나기도 하며 모래땅에서는 잔뿌리에서도 증상이 나타난다.

2 ② 피토크롬은 암흑 속에서 기른 식물체 내에 가장 많은 양이 들어 있으며, 햇빛을 받으면 합성이 일부 금지되거나 파괴된다.

3 솎아베기작업에 대한 설명으로 가장 옳지 않은 것은?

① 수형급 구분에 의하지 않고 임목 간 거리를 대상으로 한 솎아베기를 정성간벌이라 한다.

② 가장 잘 자란 우세목을 대상으로 하는 솎아베기는 택벌식 간벌이라 한다.

③ 불량품종이나 개체를 제거하고 형질이 우량한 나무를 미래목으로 남기는 수광생장간벌을 도태간벌이라 한다.

④ 솎아베기의 실행기준을 간벌량에 두고 임목밀도를 조절해 나가는 방법을 정량간벌이라 한다.

4 파종상 관리에 대한 설명으로 가장 옳은 것은?

① 시비는 파종 이전에 밭갈이 작업과 함께 뿌려주는 덧거름과 종자 발아 후 또는 묘목 이식 후 주게 되는 밑거름으로 구분된다.

② 판갈이 작업은 서리의 피해가 없는 한 이른 봄 아직 눈이 트지 않은 시기에 실시하는 것이 좋다.

③ 단근을 하면 측근 발달이 억제되고 직근이나 세근이 촉진되어 산에 조림하였을 때 활착률을 높일 수 있다.

④ 제초작업은 양묘사업에서 노동력과 비용이 가장 많이 소요되지만 수종이나 묘목의 규격에 상관없이 일괄적으로 작업을 할 수 있다.

5 간벌의 효과에 대한 설명으로 가장 옳지 않은 것은?

① 직경생장이 촉진됨으로써 재적생장이 크게 증가하게 된다.

② 수간 하부와 상부 직경의 차이를 나타내는 초살도를 감소시킨다.

③ 하층식생의 발달을 촉진시켜 생물다양성 증진효과가 있다.

④ 산불위험도를 감소시키는 효과가 있다.

ANSWER 3.① 4.② 5.②

3 ① 정성간벌이란 줄기의 형태와 수관의 특성으로 구분되는 수관급을 바탕으로 해서 정해진 간벌형식에 따라 간벌 대상목을 선정하는 것이다.

4 ① 시비는 파종 이전에 밭갈이 작업과 함께 뿌려주는 밑거름과 종자 발아 후 또는 묘목 이식 후 주게 되는 덧거름으로 구분된다.

③ 단근은 건강한 묘를 생산하기 위해 묘목의 직근과 굵은 측근을 끊어 발달을 촉진시키는 작업으로, 묘목의 생장 조절과 굴취에 용이하다.

④ 제초작업은 수종이나 묘목의 규격에 따라 달라진다.

5 ② 간벌을 하면 수간 하부의 직경 생장이 증가되어 초살도가 커진다.

6 종자의 탈각과 정선법으로 음건풍선법을 사용하는 수종은?

① Celtis sinensis

② Cercidiphyllum japonicum

③ Lespedeza bicolor

④ Acer pictum subsp. mono

7 고전생장을 하는 수종에 속하지 않는 것은?

① Pinus densiflora

② Pinus koraiensis

③ Larix kaempferi

④ Abies holophylla

8 개화 당년에 종자가 성숙하는 수종이 아닌 것은?

① Quercus aliena

② Quercus serrata

③ Quercus mongolica

④ Quercus variabilis

ANSWER 6.④ 7.③ 8.④

6 음건풍선법은 수집된 종자를 그늘에 말려서 탈각하는 방법으로 고로쇠나무는 음건풍선법을 사용한다.
① 팽나무, 양건사선 ② 계수나무, 양건사선 ③ 싸리, 양건사선

7 ③ 일본잎갈나무는 자유생장을 한다.
① 소나무속 ② 잣나무 ④ 전나무

8 ④ 굴참나무는 개화 이듬해 가을에 종자가 성숙한다.
① 갈참나무 ② 졸참나무 ③ 신갈나무

9 〈보기〉에서 숲가꾸기에 영향을 주는 입지의 종류와 그 내용에 대한 설명으로 옳은 것을 모두 고른 것은?

> ⊙ 자연적 입지 – 지형 · 기후 · 모암 · 토양형 · 토양 습도 등
> ⓒ 경제적 입지 – 임업인–산주 또는 산림공무원이 한 장소의 산림을 계속 관리하고 경영하는 기간
> ⓒ 정책적 입지 – 산림법 및 관련 법규
> ⓔ 기술적 입지 – 개인별 숙련상태, 작업장비 배치

① ⊙, ⓒ   ② ⊙, ⓔ

③ ⓒ, ⓒ   ④ ⓒ, ⓔ

10 폐과에 속하며 시과(samara)의 과실을 가지는 수종으로 옳게 짝지은 것은?

① 오리나무류, 밤나무, 자작나무류   ② 물푸레나무, 느릅나무, 가죽나무

③ 동백나무, 버드나무류, 오동나무   ④ 복숭아나무, 살구나무, 벚나무

11 주로 소경재(小經材) 생산을 목적으로 실시하며 맹아발생력이 강한 수종에 적합한 갱신방법으로 가장 옳은 것은?

① 택벌작업법   ② 중림작업법

③ 왜림작업법   ④ 개벌작업법

ANSWER 9.② 10.② 11.③

9 ⓒ 경제적 입지 – 산주, 산림경영자의 재정적 사정
　ⓒ 정책적 입지 – 사회적 의무

10 ② samara(시과) : 날개가 달린 건폐과 ex) 물푸레나무, 단풍나무, 느릅나무

11 ③ 큰 나무를 잘라내고 움을 키워서 새로운 숲을 만드는 작업법으로 왜림작업은 대개 모두베기를 한다. 왜림작업은 농용자재 생산이나 연료림작업에 한하여 적용하는 것이 보통이다.
　① 모든 수령의 임목이 각 영급별로 비교적 동일한 면적을 차지하여 자라고 있는 숲을 대상으로 숲의 모습을 영구히 유지해 나가면서 소수의 성숙목을 베어내고 동시에 불량한 유목도 제거해서 숲의 건전한 생장을 유지시키는 산림작업법을 말한다.
　② 상층의 임분과 하층의 임분을 동일한 임지에 동시에 가꾸어 나가는 방법이다.
　④ 임분의 전 임목을 일시에 개벌한 후 갱신하는 방법이다.

12 수목의 종자에 대한 설명으로 가장 옳지 않은 것은?

① 삼나무, 편백, 들메나무는 종자의 결실주기가 2~3년이다.

② 종자의 정선법에는 입선법, 수선법, 풍선법, 사선법이 있다.

③ 종자의 보습저장법에는 노천매장법, 보호저장법, 밀봉저장법이 있다.

④ 종자의 발아력 조사에는 테트라졸륨을 이용한 환원법과 X선 검사에 의한 방법이 있다.

13 수목의 생장에 반드시 필요한 무기양분에 대한 설명으로 가장 옳은 것은?

① 수목에 반드시 필요한 무기양분 중에서 건중량의 1% 이상 함유된 원소를 대량원소라 한다.

② 무기양분의 대량원소는 철, 칼륨, 칼슘 등이 있고, 미량원소에는 마그네슘, 아연, 구리 등이 있다.

③ 칼슘은 삼투압과 막의 투과성을 조절한다.

④ 뿌리의 세포막은 필요한 무기염(無機鹽)만을 흡수하는 선택적 흡수를 하고, 수목 내 무기염의 이동 속도는 증산속도에 비례한다.

14 삽목발근이 어려운 수종으로 옳게 짝지은 것은?

① 가시나무 – 오리나무 – 자작나무

② 은행나무 – 소나무 – 삼나무

③ 무궁화 – 사철나무 – 버드나무

④ 주목 – 향나무 – 비자나무

ANSWER 12.③ 13.④ 14.①

12 ③ 종자의 보습저장법에는 노천매장법, 보호저장법, 습적법이 있다.

13 ① 수목에 반드시 필요한 무기양분 중에서 건중량의 1% 이상 함유된 원소를 미량원소라 한다.
② 다량원소에는 탄소, 수소, 산소, 질소, 황, 칼륨, 인, 칼슘, 마그네슘이 있고 미량원소에는 철, 망간, 아연, 구리, 몰리브덴, 붕소, 염소가 있다.
③ 삼투압을 조절하는 것은 K, Na이며, 막의 투과성을 조절하는 것은 Ca이다.

14 ① 삽목발근은 어미나무의 가지를 잘라 토양에 옮긴 후, 옮긴 가지에서 근원기가 분화되는 것으로 가시나무, 오리나무, 자작나무는 삽목발근이 어려운 수종이다.

15 일반적으로 실생묘를 양성할 때 파종상에서 거치(振置)를 하지 않는 수종은?

① 낙엽송

② 전나무

③ 잣나무

④ 가문비나무

16 질소고정 미생물인 Frankia가 공생하는 수종이 아닌 것은?

① Elaeagnus umbellata

② Myrica rubra

③ Alnus japonica

④ Maackia amurensis

ANSWER 15.① 16.④

15 ① 생장이 늦은 잣나무, 전나무, 가문비나무 등을 파종상에서 1년 거치하여 3년째에 이식하거나 산출한다.

16 ④ frankia는 오리나무류와 공생하면서 질소를 고정하는 미생물이다.
　① 보리수나무
　② 소귀나무
　③ 오리나무

17 〈보기〉에서 설명하는 취목법을 가장 옳게 짝지은 것은?

> ㈎ 취목 대상수목 전체 또는 줄기 대부분을 고랑에 수평으로 눕혀서 흙으로 덮은 다음에 그 위에 발생하는 새 가지의 밑부분에 뿌리를 발생시킨 후 늦가을이나 이듬해 초봄에 모식물체로부터 분리시키는 방법이다.
>
> ㈏ 지상에 존재하는 가지의 일부에 상처를 내고 상처부위를 축축한 물이끼나 도탄 등의 보습제로 채운 후에 비닐로 싸서 발근을 유도한 후 충분한 발근이 이루어지면 모식물체로부터 분리시키는 방법이다.

	㈎	㈏
①	매간취목	공중취목
②	단부취목	파상취목
③	단순취목	맹아지취목
④	파상취목	맹아지취목

18 균근에 대한 설명으로 가장 옳지 않은 것은?

① 외생균근은 수목 뿌리에 균투와 하티그망을 형성한다.
② 균근은 토양 중에 있는 무기염이 흡수를 촉진한다.
③ 일반적으로 균근의 형성률과 감염률은 토양의 비옥도가 높을수록 낮다.
④ 내생균근은 외생균근과 달리 뿌리 한복판의 통도조직 안으로 침투하여 자란다.

ANSWER 17.① 18.④

17 ㉠ 매간취목 : 나무의 전체를 평면으로 묻어 새가지를 나오게 하고, 그 가지 밑에서 뿌리가 나오면 절단하여 새 개체를 만든다.
　 ㉡ 공중취목 : 가지나 줄기의 일부에 상처를 주고 그 자리에 수태 또는 황토로 싸서 건조하지 않게 비닐로 싸고 가끔 물을 주어 적당한 습도를 유지시키면 발근한다. 환상박피의 길이는 보통 1~2cm 정도이며 고무나무와 목련의 번식법으로 이용된다.
　 ㉢ 단부취목 : 가지를 굽혀 땅속에 묻어 지상으로 굴곡한 후 성장시켜 분주한다. 나무딸기의 번식에 이용
　 ㉣ 파상취목 : 가지를 여러번 파상적으로 굽혀 굴곡시켜 번식하는 방법으로 포도나무, 덩굴장미, 미선나무의 번식에 이용된다.
　 ㉤ 단순취목 : 가지를 굽혀서 땅 속에 묻고 가지의 선단을 지상으로 나오게 한다. 석류나무, 조팝나무, 철쭉, 목련류의 번식에 이용된다.
　 ㉥ 맹아지 취목 : 나무의 줄기를 지면 부근에서 절단하고 성토하여 그곳에서 새로운 가지 밑부분에서 뿌리를 나오게 하여 새 개체를 만든다.

18 ④ 외생균근과 내생균근의 공통점은 뿌리 한복판의 통도조직을 침범하지 않는 것이다.

19 우리나라의 아한대림에 분포하는 수목 중에서 구과가 아래로 달리며, 소지에 잎이 달렸던 흔적이 남아 있는 수종은?

① 가문비나무
② 전나무
③ 분비나무
④ 구상나무

20 〈보기〉에서 설명하는 실생묘와 삽목묘의 나이를 옳게 표시하여 짝지은 것은?

> (개) 파종상에서 2년간 키운 후에 이식하여 3년을 더 키운 후 다시 이식하여 2년을 더 키운 7년생 실생묘
> (내) 삽목 2년 후 지상부 줄기를 잘라 지하부 2년생 근계만 존재하는 삽목묘를 다시 2년간 키운 삽목묘

	(개)	(내)
①	2 - 2 - 2	2/2
②	2 - 5 - 7	2/4
③	2 - 3 - 5	1/2
④	2 - 3 - 2	2/4

....

ANSWER 19.① 20.④

19 ① 가문비나무는 5~6월에 꽃이 피고 수꽃은 원통형이며 화서의 길이 1.5cm로서 황갈색이고 암꽃의 화서는 타원형으로 길이 1.5cm이며 연한 자주색이다. 9~10월에 열매가 성숙되며 구과는 황록색이며 원통형 또는 원통상 타원형으로 윗가장자리에 불규칙한 톱니가 있으며 포는 작고 침형으로 뾰족하며 종자는 난형 또는 원형이고 길이 2.4~3cm로서 흑갈색이 돌고 날개는 긴 타원형으로 길이 7mm 정도이다.

20 ㉠ 실생묘 표시법
 • 1-0묘 : 판갈이를 하지 않은 1년이 경과한 실생묘
 • 1-1묘 : 파종상1년, 판갈이 1년, 만 2년된 실생묘
 • 2-1-1묘 : 파종상2년, 판갈이 1년, 다시 판갈이 1년지낸 4년생 실생묘
 • S1P-2P-1묘 : 봄에 씨를 뿌려 1년 지낸 후 뿌리끊기 작업 후 판갈이하여 2년 지난 후 뿌리끊기 작업과 판갈이를 하여 1년이 지난 만 4년된 실생묘
 • F2P-1 : 가을에 씨를 뿌려 2년 지낸 후 뿌리끊기 작업을 하고 판갈이를 하여 1년이 지난 만 3년된 실생묘
㉡ 삽목묘 표시법
 • 0/0묘 : 뿌리도 줄기도 없는 삽수자체=실생묘의 씨앗
 • 0/1묘 : 뿌리묘=근주묘. 삽수를 꽂아 줄기와 뿌리가 1년 된 것을 줄기를 자르고 뿌리만 남은 삽목묘
 • 1/1묘 : 1년생 뿌리와 1년생 줄기의 삽목묘
 • 1/2묘 : 대절묘(지상부의 나이가 지하부의 나이보다 적은묘). 뿌리2년, 줄기 1년된 삽목묘

1 종자 검사기준에 대한 설명으로 옳지 않은 것은?

① 상수리나무와 동백나무 종자는 순량률 측정을 대체로 하지 않는다.

② 효율은 종자의 발아율과 순량률의 합을 백분율로 나타낸 것이다.

③ 발아력은 공시종자수에 대한 발아립수를 백분율로 나타낸 것이다.

④ 용적중은 1리터에 대한 무게를 그램단위로 나타낸 것이다.

2 지존작업에 대한 설명으로 옳은 것은?

① 제초제를 이용한 화학적 방법은 대면적 임지를 대상으로 하며 인력과 비용이 많이 소요된다.

② 화입법은 지력향상에 도움이 되기 때문에 우리나라에서 주로 이용한다.

③ 식재에 방해되는 경쟁식생과 벌채 잔해물 제거를 포함한다.

④ 낫 등의 소도구는 사용하고 트랙터 등의 중장비는 사용하지 않는다.

3 묘목의 나이에 대한 설명으로 옳지 않은 것은?

① 1/1묘는 뿌리의 나이가 1년, 줄기의 나이가 1년인 삽목묘이다.

② 1/2묘는 뿌리의 나이가 2년, 줄기의 나이가 1년인 삽목묘이다.

③ 1-1묘는 파종상에서 1년, 그 뒤 한 번 상체되어 1년을 지낸 2년생 실생묘이다.

④ 2-1-1묘는 파종상에서 1년, 그 후 두 번 상체된 일이 있고, 각 상체상에서 1년을 경과한 4년생 실생묘이다.

ANSWER 1.② 2.③ 3.④

1 ② 종자효율＝순량률×발아율

2 ① 인력과 비용을 절감할 수 있다.
② 화입법은 산불의 위험성이 매우 높아서 현재 우리나라에서는 거의 사용하지 않는다.
④ 지존작업, 사방 및 임도에 이용되는 기계 : 착암기, 쇄석기, 콘트리트혼합기, 케이블크레인, 트랙터

3 ④ 2-1-1묘는 파종상에서 2년, 판갈이 후 1년, 한 번 더 판갈이하여 1년이 지난 4년생 묘목이다.

4 하디-바인베르크(Hardy-Weinberg) 평형집단의 조건이 아닌 것은?

① 소규모 집단

② 돌연변이가 없는 집단

③ 임의교배가 이루어지는 집단

④ 도태가 없는 집단

5 우리나라 소나무의 생육 특성으로 옳지 않은 것은?

① 광량이 부족한 지역에서는 생육이 어렵지만 내공해성 수종이므로 가로수로서 적합하다.

② 대부분 갈색 산림토양군의 산도가 높은 사질 토양에 나타난다.

③ 척박하고 건조한 지역부터 비옥한 지역까지 분포 범위가 넓다.

④ 식생천이 과정에서 참나무류를 비롯한 활엽수와의 경쟁에서 뒤지고 있다.

6 다음에 해당하는 수종은?

• 상록침엽교목

• 음수

• 종의가 종자를 완전히 둘러쌈

---

① *Taxus cuspidata*   ② *Cephalotaxus harringtonia*

③ *Torreya nucifera*   ④ *Thuja koraiensis*

ANSWER 4.① 5.① 6.③

4 하디-바인베르크(Hardy-Weinberg) 평형집단의 조건
㉠ 무작위 교배가 이루어져야 한다.
㉡ 집단이 매우 커야 한다.
㉢ 돌연변이나 이주가 없다.

5 ① 소나무는 양성의 나무로 건조하거나 지력이 낮은 곳에서 견디는 힘이 강한데 어릴 때에는 일사량이 충분해야 한다. 이와 같이 소나무는 좋지 못한 환경에서는 낙엽활엽수종과의 생존경쟁에서 이겨낼 수 있으나, 지력이 좋고 토양습도가 알맞은 곳에서는 그 자리를 낙엽활엽수종에게 양보하고 만다.

6 ① 주목 ② 큰개비자나무 ③ 비자나무 ④ 눈측백

7 수목 내 지질에 대한 설명으로 옳지 않은 것은?

① 지질은 세포막의 주요 구성성분이다.

② 종자의 경우 지질은 미토콘드리아에 저장된다.

③ 영양조직의 지질함량은 보통 건중량의 1% 미만이다.

④ 수피의 지질함량은 목부의 지질함량보다 높다.

8 소나무의 유성생식에 대한 설명으로 옳지 않은 것은?

① 배유가 형성되지 않고 웅성배우체가 그 기능을 대신한다.

② 1개의 배주 안에 1개 이상의 장란기가 형성된다.

③ 수관 상부에 주로 암꽃이 달리고 수관 하부에 수꽃이 달린다.

④ 수꽃이 암꽃보다 먼저 형성된다.

9 삽목에 대한 설명으로 옳지 않은 것은?

① 삽수의 C/N율이 높을 때 발근이 더 잘되는 경향이 있다.

② 생식지보다 영양지에서 채취한 삽수의 발근이 더 잘된다.

③ 늙은 나무보다 어린 나무에서 채취한 삽수의 발근이 더 잘된다.

④ 리기다소나무 등 자람이 왕성한 주지는 측지보다 발근율이 일반적으로 높다.

ANSWER 7.② 8.① 9.④

7 ② 종자의 경우 oleosome에 저장된다.

8 ① 유성생식은 종자식물에서 씨를 만들어 번식하는 방법으로 꽃의 수술에서 만들어진 꽃가루와 암술에서 만들어진 난세포가 결합하면 씨가 만들어진다. 소나무는 단성화로 암술과 수술이 각각 다른 꽃에 있다.

9 ④ 전나무와 리기다소나무에 대해서 주지와 측지를 삽목한 성적에 의하면, 측지가 더 양호한 발근율을 보였다.

10 조직배양에 대한 설명으로 옳은 것만을 모두 고르면?

> ㉠ IBA(Indole-butyric acid)는 기내 발근에 효과가 없다.
> ㉡ 기내에서 만들어진 체세포배 식물체는 외부에 식재하기 전에 순화과정이 필요하다.
> ㉢ 배배양은 미성숙된 배를 배양하여 식물체를 만드는 방법이다.
> ㉣ 약배양은 생식기관을 이용하는 증식 방법이다.

① ㉠, ㉡   ② ㉡, ㉢
③ ㉠, ㉢, ㉣   ④ ㉡, ㉢, ㉣

11 (가) ~ (다)에 해당하는 풀베기 방법을 바르게 연결한 것은?

> (가) 햇빛을 다량 요구하는 양수 수종의 조림지에 일반적으로 적용한다.
> (나) 현장에서 가장 일반적으로 실시하는 방법으로 한해, 풍해 등이 예상되는 지역에 적용한다.
> (다) 군상식재지 등 조림목의 특별한 보호가 필요한 경우 적용한다.

	(가)	(나)	(다)
①	줄베기	모두베기	둘레베기
②	모두베기	줄베기	둘레베기
③	둘레베기	줄베기	모두베기
④	모두베기	둘레베기	줄베기

....

ANSWER 10.④ 11.②

10 ① IBA를 혼용처리하면 증식은 물론 차후의 발근에 가장 좋은 것으로 나타났다.

11 (가) 조림지 전면의 잡초목을 베어내는 방법으로 임지가 비옥하거나 식재목이 광선을 많이 요구하는 소나무, 낙엽송, 강송, 삼나무, 편백 등의 조림지 또는 갱신지에 적용한다.
(나) 조림목의 식재열을 따라 약 90~100cm 폭으로 잘라내므로 모두베기에 비해 비용과 노력이 절약된다. 한해-풍해 등이 예상되는 지역에 실시한다.
(다) 조림목 주변을 반경 50cm 내외의 정방형 또는 원형으로 잘라내는 방법으로 강한 음수이거나 군상식재지 등 바람과 한해에 대해 특별한 보호가 필요한 경우 적용한다.

12 (가) ~ (다)에서 설명하는 우리나라 천연림 숲가꾸기에서 적용하고 있는 수관급을 바르게 연결한 것은?

> (가) 미래목과 함께 선발되지는 않았으나, 미래목과 충분한 거리로 떨어져 있어 미래목에 영향을 주지 않으며, 임분구성에 필요한 예비목이다.
>
> (나) 형질불량목, 피해목이지만 임분구성상 남겨 두는 나무이며 차후 간벌대상이 된다.
>
> (다) 하층임관을 이루고 있는 유용한 임목으로 미래목 생육에 지장을 주지 않고 수간 하부 가지의 발달을 억제하는 나무이다.

	(가)	(나)	(다)
①	중립목	무관목	주목
②	중용목	방해목	중립목
③	중용목	무관목	보호목
④	중립목	유해부목	무관목

13 헥타르(ha)당 재적이 350 m³인 택벌림이 이상적인 경급별 재적비율을 가질 때, ha당 대경목의 재적[m³]은?

① 70

② 105

③ 175

④ 235

ANSWER 12.③ 13.③

12 수관급

㉠ 미래목 : 최종수확목

㉡ 중용목 : 미래목에 영향을 주지 않으며, 임분 구성에 필요한 예비목

㉢ 보호목 : 하층임관 이룸, 임지보호목적

㉣ 방해목 : 미래목과 중용목 생장에 방해되는 나무

㉤ 무관목 : 차후 간벌 대상

13 소경급, 중경급, 대경급의 재적비율은 2:3:5가 택벌림의 이상적 구조이다.

$$350 \times \frac{5}{10} = 175 (m^3)$$

14 산림묘포와 실생묘 양성에 대한 설명으로 옳지 <u>않은</u> 것은?

① 파종묘포는 종자를 뿌려 실생묘 양성을 주목적으로 하는 묘포이다.

② 물푸레나무는 조파하고 가문비나무는 산파한다.

③ 파종상에서 빈번하게 발생하는 입고병은 주로 Rhizoctonia와 Fusarium 속에 의해 발생한다.

④ 불량한 묘목의 최초 솎음작업은 발아된 유묘의 자엽이 출현할 때 시행한다.

15 다음의 특징을 가진 산림해충은?

> • 유충과 성충이 모두 나뭇잎을 식해한다.
> • 월동한 성충은 4월 하순부터 어린잎을 식해한다.
> • 유충은 엽육만 먹기 때문에 잎이 붉게 변한다.
> • 성충은 체장이 7mm 내외이고 체색은 남색이다.

① 오리나무잎벌레

② 잣나무넓적잎벌

③ 대벌레

④ 매미나방

---

14 솎음 작업 : 묘목이 웃자라거나 통풍이 되지 않아 연약해지는 것을 방지하기 위한 작업으로 7월 하순까지 3회 정도 실시하여 완료한다.

㉠ 제1회 솎음작업 : 첫번째 솎음은 종자가 발아된 후 유모가 3㎝정도 자랐을 때 과밀하게 생립된 부분 등을 전 솎음예정 본수의 40%를 제거하되 인접묘에 피해가 없도록 8~10번선 철사로 핀셋트를 만들어 사용하는 것이 좋다.

㉡ 제2회 솎음작업 : 묘의 측지가 2~3본 발생하여 묘목주위가 중복될 때 실시하되 5월 하순~6월 상순에 1회 솎음작업시 제거되지 않은 불량묘(병충해 피해묘, 기형묘 등)나 중복된 묘를 전 솎음예정 본수의 30%를 솎는다.

㉢ 제3회 솎음작업 : 7월 상순에서 하순사이에 생장이 느리거나 도장된 것을 전부 뽑아내되 추기 수확기까지 잔존시킬 묘목만 묘상에 고르게 서도록 하고 나머지는 전부 제거하여 솎음작업을 완료 할 것이며 건조시에는 제초나 솎음직후에 표토가 부동하여 잔존목의 피해가 많으므로 반드시 관수를 실시하여 상면의 표토가 진압되도록 한다.

15 ① 밤나무, 박달나무, 버드나무류, 벚나무류, 오리나무 등이 피해 수목이다. 성충과 유충이 주로 잎살만 갉아 먹어 잎이 그물모양으로 되면서 적갈색으로 변한다. 주로 수관 하부부터 피해가 시작되어 점차 위로 올라간다.

16 데라사키의 B종 간벌 방법은?

① 4급목과 5급목을 제거하고 2급목의 소수를 벌채하는 방법

② 상층수관을 강하게 벌채하고 3급목을 남겨서 수간과 임상이 직사광선을 받지 않도록 하는 간벌 방법

③ 최하층의 4, 5급목 전부와 3급목의 일부, 그리고 2급목의 상당수를 벌채하는 방법

④ 우세목을 벌채하여 그 아래에 자라는 나무의 생육을 촉진하는 간벌 방법

17 가지치기에 대한 설명으로 옳지 않은 것은?

① 침엽수는 절단면이 줄기와 평행하도록 가지를 절단한다.

② 활엽수는 지융부가 상하지 않도록 가지를 제거한다.

③ 가문비나무와 자작나무는 부후위험성이 있으므로 죽은 가지와 쇠약한 가지를 잘라 준다.

④ 느티나무와 가시나무는 가지 기부에 잔지를 남기지 않고 생가지를 자른다.

18 수분부족에 대한 수목의 반응과 내건성에 대한 설명으로 옳지 않은 것은?

① 은행나무와 상수리나무는 진정내건성 수종이 아니다.

② 건조 회피를 위해 수목은 수분을 절약하거나 수분 흡수를 높이는 전략을 혼용한다.

③ 건조탈출형 식물은 뿌리/지상부 비율이 크다.

④ 체내 단백질 합성이 감소하고 ABA(Abscisic acid) 합성이 증가한다.

....

ANSWER 16.③ 17.④ 18.①

16 데라사키 간벌 종류
　㉠ 하층 간벌 : A종 , B종, C종 간벌
　㉡ 상층 간벌 : D종, E종 간벌
　㉢ 택벌식 간벌
　㉣ 기계식 간벌

17 ④ 느티나무, 가시나무 등과 같은 활엽수 가지치기의 경우 굵은가지를 절단함으로써 줄기에 상처가 날 위험이 있는 경우에는 가지 기부에 3~4cm 또는 10~12cm의 잔지(殘枝)를 남겨 생가지 부위를 절단하는 것이 바람직하다.

18 ① 내건성 수종은 주로 소나무, 은행나무, 상수리나무 등이 있다.

19 산림토양에 대한 설명으로 옳지 않은 것은?

① 불포화상태의 토양에서 토양수 이동은 주로 기질퍼텐셜에 의해 일어난다.

② 우리나라의 토양 구성 목 중 Entisols의 비율이 가장 높다.

③ 토양의 공극률은 입자밀도와 용적밀도를 파악하여 구할 수 있다.

④ 오리나무와 공생하는 토양 내 Frankia 질소고정균은 소귀나무와도 공생한다.

20 산불의 진화방법에 대한 설명으로 옳지 않은 것은?

① 맞불은 간접진화 방법이다.

② 산소를 순간적으로 제거하는 것은 직접진화 방법이다.

③ 산불의 규모가 큰 경우 화두에서부터 신속히 진화를 시작한다.

④ 불이 난 임지의 뒷불정리는 광물질 토양이 노출되도록 한다.

ANSWER 19.② 20.③

19 ② 한반도 중·남부에 분포하는 7개의 목 중 가장 넓은 면적을 차지하는 토양은 토층의 분화가 뚜렷하지 않은 인셉티솔 (Inceptisol)이다.

20 ③ 산불이 소규모로 연소진행할 때 진화장비 및 도구로 화두를 강력히 진화한다.

1 내화력이 약한 수종으로만 묶은 것은?

① 소나무, 아왜나무

② 벚나무, 삼나무

③ 황벽나무, 고로쇠나무

④ 녹나무, 굴참나무

2 식재밀도에 대한 설명으로 옳지 않은 것은?

① 임분밀도가 높아지면 수간의 초살도가 낮아진다.

② 밀도가 높아지면 총생산량이 증가하고 총생산량 중 가지의 비율이 높아진다.

③ 활엽수는 밀식을 통해 수간이 굽는 것을 예방할 수 있다.

④ 토양이 비옥하면 임목 간 간격을 넓혀 식재한다.

ANSWER 1.② 2.②

1 내화력이 약한 수종
　ⓐ 상록활엽수 : 녹나무, 구실잣밤나무, 유칼리
　ⓑ 낙엽활엽수 : 아까시나무, 벚나무, 능수버들, 벽오동, 참죽나무, 조릿대
　ⓒ 침엽수 : 소나무, 해송, 삼나무, 편백

2 ② 밀도가 높을수록 총생산량 중 가지가 차지하는 비율이 낮고 간재적의 점유 비율이 높다.

3 수목의 부위를 표시한 그림이다. ㈎~㈐에 들어갈 명칭을 바르게 연결한 것은?

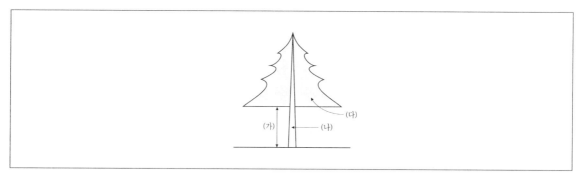

	㈎	㈏	㈐
①	지하고	수간	수관
②	수간	지하고	수관
③	지하고	수관	수간
④	수간	수관	지하고

3 수목의 부위

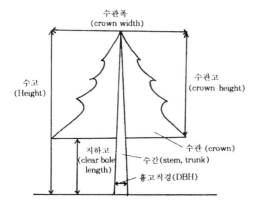

4 식재 방법에 대한 설명으로 옳지 않은 것은?

① 봉우리식재는 심근성으로 직근이 발달하는 참나무류에 적용한다.

② 치식은 배수가 불량한 습지나 자갈이 많아 구덩이를 파기 어려운 장소에 적용한다.

③ 용기묘 식재 시 뿌리 주변의 배양토가 파손되지 않도록 한다.

④ 대묘를 식재할 때에는 굴취 과정에서 흙덩이가 파손되지 않도록 해야 한다.

5 대기오염물질에 따른 활엽수의 피해 병징으로 옳은 것은?

① 질소산화물 : 잎 뒷면에 광택이 나며 청동색으로 변색

② 아황산가스 : 잎의 끝부분과 엽맥 사이의 조직이 괴사

③ 불소 : 주근깨 같은 반점이 나타나며 책상조직이 붕괴

④ 중금속 : 잎끝이 고사하고, 고사 부위와 건강한 부위의 경계선이 뚜렷함

6 생활환경보전림의 조성 및 관리에 대한 설명으로 옳지 않은 것은?

① 미세먼지 저감을 위해서는 증발산이 높고 오염물질의 흡착기능이 뛰어난 단순침엽수림으로 조성한다.

② 경관형 산림은 향토수종을 중심으로 미관적 가치가 큰 수종을 선정한다.

③ 방음형 산림은 임분밀도를 높게 하고 임목의 밑쪽에도 가지가 달려있게 하여 방음 효과를 높인다.

④ 공원형 산림에서는 기계적 솎아베기를 실시하지 않는다.

ANSWER 4.① 5.② 6.①

4 ① 봉우리식재법은 측근이 발달하는 천근성 수종의 식재에 효과적인 방법이다.

5 ① 질소산화물 : 흩어진 회녹색 반점, 잎의 가장자리 괴사, 엽맥 사이 조직 괴사
③ 불소 : 잎끝의 황화, 잎 가장자리로 확대, 황사조직의 고사
④ 중금속 : 엽맥 사이 조직의 황화 현상, 조기 낙엽, 입의 왜성화, 유엽에서 먼저 발생

6 ① 미세먼지 저감 기능(흡수, 흡착, 침강)을 최대한 발휘할 수 있는 다층 혼효림으로 조성한다.

7 가지치기에 대한 설명으로 옳지 않은 것은?

① 생가지치기는 수액 이동이 없는 생장휴지기에 실시한다.

② 침엽수는 가지의 절단면이 줄기와 평행이 되도록 한다.

③ 수간 상부의 연륜폭이 넓어져 수간의 완만도가 향상된다.

④ 임령이 높아질수록 효과가 크므로 성숙림에 도달하면 실시한다.

8 대면적 개벌 천연하종갱신에 대한 설명으로 옳은 것만을 모두 고르면?

> ㉠ 동령일제림이 형성되기 어려우므로 보육작업이 쉽지 않다.
> ㉡ 개벌로 지피식생이 파괴되고 지력이 약화될 수 있다.
> ㉢ 벌채작업이 집중되기 때문에 비용이 절감된다.
> ㉣ 음수수종 또는 중력종자수종의 갱신은 적당하지 않다.

① ㉠, ㉢

② ㉡, ㉣

③ ㉠, ㉢, ㉣

④ ㉡, ㉢, ㉣

....

ANSWER 7.④ 8.④

7 ④ 가지치기 작업은 가지치기 높이가 높아질수록 작업에 많은 인력과 경비가 소요될 뿐만 아니라 임령이 높아지면 그 효과가 적어지므로 가능하면 어린 나무에서 강도 가지치기를 실시하는 것이 효과적이다.

8 ① 동령일제림이 형성되기 때문에 각종 보육작업을 편리하게 할 수 있다.

9 산림 관리와 관련된 생태계 변화의 모식도이다. (가)~(라)에 들어갈 용어를 바르게 연결한 것은?

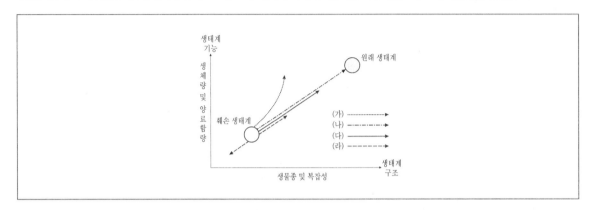

	(가)	(나)	(다)	(라)
①	복구	복원	대체	방치
②	복원	복구	방치	대체
③	대체	복원	복구	방치
④	방치	대체	복구	복원

ANSWER 9.③

9 생태계 변화의 모식도

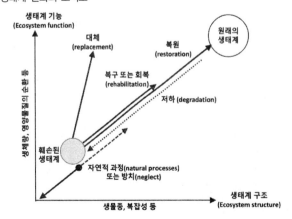

10 복층림에 대한 설명으로 옳지 않은 것은?

① 임분의 단위면적당 생산량이 많다.

② 풍치 유지와 수원 함양 증진에 유리하다.

③ 입지가 양호하고 집약적 관리가 가능한 V영급 이상의 임분은 단목 택벌에 의해 장기 복층림으로 조성이 가능하다.

④ 신갈나무림 하층에는 소나무를 식재하여 생태적 천이를 유도한다.

11 산림생태계에서 종간 상호작용에 대한 설명으로 옳지 않은 것은?

① 두 생물종 간에 상호작용이 일어나면 양쪽 모두에게 이롭지만, 작용이 중단되면 서로 무관한 관계를 가지게 되는 것을 원시협동이라 한다.

② 균근균은 수목과 상리공생하며 수목의 세근에 균근을 형성한다.

③ 한 식물체가 합성한 화학물질을 주변에 배출하여 자신은 아무런 영향을 받지 않은 채 다른 식물에 해를 끼치는 관계는 편리공생이다.

④ 풀베기, 덩굴치기, 제벌은 조림목과 기타 식생 사이에서 일어나는 경쟁을 완화하는 방법이다.

ANSWER 10.④ 11.③

10 복층림의 장점
ㄱ 단위면적당 생산량과 축적량의 증대
ㄴ 고가치재 생산
ㄷ 경영의 안정
ㄹ 조림작업의 생력화, 노동력의 탄력적 배분이 가능
ㅁ 재해에 대한 저항성 증대
ㅂ 지력 유지 효과
ㅅ 수원함양기능의 향상
ㅇ 풍치 유지

11 ③ 편해작용에 대한 설명이다. 편리공생은 두 가지 다른 생물종 사이에서 한 가지 생물종은 이로움을 제공받지만 다른 생물종, 즉 기주는 무관할 때의 상호작용관계이다.

12 임목의 생장에 대한 설명으로 옳지 않은 것은?

① 소나무, 잣나무, 전나무는 고정생장을 한다.

② 은행나무, 버드나무, 느티나무는 자유생장을 한다.

③ 추운 지역의 소나무과 수목들은 눈이 적게 쌓이도록 적응하여 진화하면서 원추형의 수관을 보인다.

④ 정아가 식물호르몬을 생산하여 측아 생장을 억제하면 구형의 수관이 형성된다.

13 무한화서에 해당하지 않는 것은?

① 원추화서   ② 미상화서
③ 단정화서   ④ 총상화서

14 임목의 접목 방법에 대한 설명으로 옳지 않은 것은?

① 복접은 대목의 측면부에 비스듬히 삭면을 만들어 쐐기모양의 접수를 삽입하는 방법이다.

② 박접은 주로 유실수에 적용하며, 대목의 목질부 내부로 접수를 삽입하는 방법이다.

③ 할접은 대목의 절단면의 중심부를 가로지르는 틈을 내어 접수를 삽입하는 방법이다.

④ 교접은 상처난 줄기의 상부와 하부를 연결하여 통도기능을 회복시키는 방법이다.

ANSWER 12.④ 13.③ 14.②

12   ④ 정아가 측아의 생장을 억제하는 현상을 정아우세(apical dominance)라 하며, 원추형의 수관을 이룬다.

13   ㉠ 유한화서 : 단정화서, 취산화서, 배상화서
         ㉡ 무한화서 : 원추화서, 미상화서, 소수화서, 수상화서, 총상화서, 산방화서, 산형화서, 두상화서

14   ② 박접은 껍질이 잘 벗겨지는 초봄에 대목에 한두 줄로 칼자국을 낸 후 껍질을 벗기고, 안쪽 목질부에 부름켜가 밀착되도록 깎은 접수를 끼워 넣어 새로운 개체로 키우는 접목 방법이다.

15 낙엽활엽수 가지 눈의 생리적 휴면단계별 대사활동 및 성분 변화를 표시한 것이다. ㈎~㈔에 들어갈 용어를 바르게 연결한 것은?

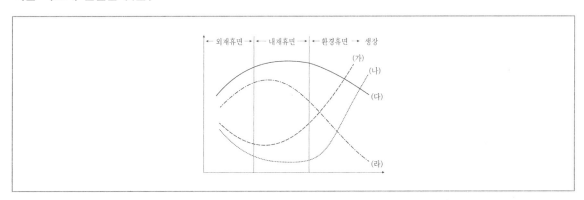

	㈎	㈏	㈐	㈑
①	옥신	ABA	수분	탄수화물
②	ABA	탄수화물	옥신	수분
③	옥신	수분	탄수화물	ABA
④	수분	옥신	ABA	탄수화물

16 우리나라 온대 중북부 지방의 천연림에 자생하는 교목 수종으로 옳지 않은 것은?

① *Betula schmidtii*

② *Cinnamomum camphora*

③ *Juglans mandshurica*

④ *Ulmus laciniata*

ANSWER 15.③ 16.②

15 ㈎ 생장촉진물질인 옥신은 생장할 때 높다.
㈐ 휴면이 시작되는 시기에는 줄기내의 탄수화물 농도가 증가되어 휴면기간 중 최대치를 나타내다가 휴면 완료 시점부터는 서서히 감소하게 된다.
㈑ 생장억제물질인 ABA는 휴면할 때 휴면할 때 높고, 휴면이 타파되어 생장할 때 낮다.

16 ② 녹나무는 난대림으로 연평균 기온 14℃ 이상에서 자란다.
① 박달나무 ② 녹나무 ③ 가래나무 ④ 난티나무

17 봄이나 여름에 종자가 성숙하며 채종 직후 바로 파종하는 수종으로만 묶은 것은?

① 다릅나무, 호두나무

② 느릅나무, 회양목

③ 사시나무, 황벽나무

④ 난티나무, 이팝나무

18 제초제의 특성에 대한 설명으로 옳은 것은?

① 헥사지논 : 비선택성이고 비호르몬형의 접촉성 제초제이다.

② 시마진 : 냄새가 없는 액체로 경엽에 살포하며 휘발성이 강하고 사람에게 아주 유독하다.

③ 메틸브로마이드 : 토양에서의 효력 기간이 2개월 이상이며, 토양수분에 서서히 용해되면서 흡수된다.

④ 근사미 : 토양에 살포한 즉시 불활성화되기 때문에 약제 처리 후에 발생하는 잡초의 억제 효과는 기대할 수 없다.

19 우리나라 산림해충 중 가해 형태가 다른 것은?

① 솔나방

② 잣나무넓적잎벌

③ 대벌레

④ 버들바구미

ANSWER 17.② 18.④ 19.④

17 ② 느릅나무 6월 하순경. 회양목은 7월 중순~8월 상순경에 취파한다.

18 ① 헥사지논 : 선택성 제초제로서 입제가 시판되고 있다. 소나무, 전나무, 해송에는 약효가 없으나, 낙엽송, 잣나무, 편백, 화백에는 약해가 있다.
② 메틸브로마이드에 대한 설명이다.
③ 사마진에 대한 설명이다.

19 ④ 천공성 해충 : 식물체에 구멍을 뚫고 들어가 생육하는 해충
①②③ 식엽성 해충 : 저작구를 가지고 잎을 가해하는 해충

20 도태간벌에 대한 설명으로 옳지 않은 것은?

① 임령 10년 이상의 임분에 적용하는 방법으로 정량간벌에 해당한다.

② 우량대경재 생산을 목적으로 하는 상층간벌 양식이다.

③ 생육 상태와 형질이 나빠지면 선발목을 벌채할 수 있다.

④ 중·하층목을 잔존시켜 미래목의 수관 맹아를 억제하고 임분의 복층구조 유도를 쉽게 한다.

ANSWER 20.①

20 ① 도태간벌은 임령 15년 이상의 임분에 적용하는 방법으로 정성간벌에 해당한다.

1 다음 글에서 설명하는 갱신작업법은?

• 벌채 경비가 절약된다.
• 풍도의 해가 우려된다.
• 갱신수종의 조절이 자유롭다.
• 과숙 임분에는 적용하기 어렵다.

---

① 산벌작업
② 왜림작업
③ 모수작업
④ 택벌작업

ANSWER 1.③

1 모수작업의 장·단점
  ㉠ 장점
  • 벌채 경비가 절약된다.
  • 임지 정비를 통해 노출된 임지의 갱신이 이루어질 수 있다.
  • 갱신수종의 조절이 자유롭다.
  • 넓은 면적을 일시에 벌채할 수 있다.
  ㉡ 단점
  • 풍도의 해가 우려된다.
  • 토양침식 및 유실 우려가 있다.
  • 과숙 임분에는 적용하기 어렵다.
  • 전임지가 노출되므로 종자발아와 치묘발육에 불리하다.

2 화산 폭발 등에 의해 불모지로 변한 섬에서 예상되는 숲의 발달과 천이에 대한 설명으로 옳지 않은 것은?

① 여러해살이풀보다 한해살이풀이 먼저 나타난다.
② 관목이 들어온 다음 양수성의 교목이 들어온다.
③ 내음성이 강한 교목이 우점하게 된 산림을 극상림이라고 한다.
④ 숲의 발달과정에서 교란이 없이 진행되면 이차천이라고 할 수 있다.

3 접목법에 대한 설명으로 옳은 것만을 모두 고르면?

> ㉠ 할접에 이용되는 대목은 가늘고 접수는 굵다.
> ㉡ 설접은 접수와 대목의 굵기가 비슷하며 조직이 유연하고 굵지 않을 때 알맞다.
> ㉢ 박접은 대목의 줄기에 비스듬히 칼을 넣어 삭면을 만든다.
> ㉣ 교접은 귀중한 나무의 줄기가 상처를 입었을 때 상처 부위 상하부를 연결해 주는 방법이다.

① ㉠, ㉡
② ㉠, ㉢
③ ㉡, ㉣
④ ㉢, ㉣

....

ANSWER 2.④ 3.③

2 ④ 땅에 새로 노출된 바위, 물에 출현한 새로운 섬, 화산의 분화, 대규모 붕괴지, 새롭게 생긴 호수나 늪, 모래언덕 등 지금까지 생물이 존재한 적이 없는 기질에 새롭게 생물이 침입해서 일어나는 천이는 일차천이에 해당한다.

3 ㉠ 할접에 이용되는 대목은 접수보다 굵은 것이 좋다.
㉢ 박접은 접수를 절접에서 모양으로 마련한 다음 수피에 한 줄 또는 두 줄로 칼자국을 낸 후 박피된 부분에 접수를 넣어 접목하는 방법이다.

4 묘목의 식재밀도에 대한 설명으로 옳은 것만을 모두 고르면?

> ⊙ 느티나무는 소식하는 것이 바람직하다.
> ⓒ 비옥한 임지에서는 밀식하는 것이 유리하다.
> ⓒ 고급재 생산을 위해서는 밀식하는 것이 좋다.
> ⓔ 임분밀도는 수고생장보다 직경생장에 더 크게 영향을 미친다.

① ⊙, ⓒ   ② ⊙, ⓒ
③ ⓒ, ⓔ   ④ ⓒ, ⓔ

5 생물다양성 중 종다양성에 대한 설명으로 옳은 것은?

① 여러 지역에 존재하는 다양한 생물의 종류를 의미한다.
② 노루귀의 꽃 색깔이 푸른 보라색, 붉은 보라색, 흰색 등으로 다양하게 나타난다.
③ 유전정보의 총칭으로 지구상에 생존하는 생물 개체의 세포 속에 들어 있는 유전자를 모두 포함한다.
④ 에너지와 물질의 순환, 그리고 시스템의 재생력 등 생태계의 평형 유지 기능을 하나의 통합된 개념으로 본다.

ANSWER 4.④ 5.①

4 ⊙ 소식할 때 느티나무처럼 굵은 가지를 내고 줄기가 굽는 경향이 있는 활엽수종은 밀식하는 것이 좋다.
ⓒ 땅이 비옥하면 성장속도가 빠르므로 소식하고 지력이 좋지 못한 곳에서는 밀식하여 지력을 돕는 것이 좋다.

5 생물다양성은 유전자, 생물종, 생태계라는 세 가지 단계에서의 다양성을 종합한 개념이다.
① 생물종 다양성에 대한 설명이다.
②③ 유전자 다양성에 대한 설명이다.
④ 생태계 다양성에 대한 설명이다.

6 임목의 유전적 특성에 대한 설명으로 옳지 않은 것은?

① 상이한 유전자형 사이에 생존력과 생식력의 차이가 존재하면 임목집단의 유전적 구조는 변화한다.

② 임목집단의 유전적 조성은 집단을 구성하는 개체들이 생산되는 교배양식에 의해 기본적으로 결정된다.

③ 꽃가루의 비산능력이 우수한 수종에서는 지역이나 집단 사이의 유전자 이입이 활발한 것으로 알려져 있다.

④ 돌연변이의 대부분은 열성이고 곧 도태되기 때문에 임목집단의 유전적 조성에 미치는 영향이 매우 크다.

7 묘포 적지 선정에 대한 설명으로 옳지 않은 것은?

① 지하수위가 높은 곳은 적지가 아니다.

② 토심이 깊고 부식질이 많은 비옥한 사양토가 좋다.

③ 일반적으로 관수와 배수를 고려하여 평탄지보다는 5° 이하의 완경사지가 좋다.

④ 사방이 높은 산으로 막힌 산간지역의 좁은 계곡부는 묘표장으로 최적지이다.

8 수목의 특성에 대한 설명으로 옳지 않은 것은?

① *Pinus densiflora*, *Betula pendula*는 내음성이 낮은 수종이다.

② *Ligustrum japonicum*, *Mallotus japonicus*는 상록성 수종이다.

③ *Alnus firma*, *Robinia pseudoacacia*는 사방조림에 적합한 수종이다.

④ *Cinnamomum camphora*, *Eurya japonica*는 난대림 기후대에 자생하는 수종이다.

ANSWER 6.④ 7.④ 8.②

6 ④ 돌연변이의 대부분은 열성이고 곧 도태되기 때문에 입목집단의 유전적 조성에 미치는 영향이 매우 작다.

7 ④ 사방이 높은 산으로 막힌 산간지역의 좁은 계곡부는 기류가 정체되어 서리 피해가 클 수 있으므로 피하는 것이 좋다.

8 ② *Ligustrum japonicum*(광나무), *Mallotus japonicus*(예덕나무) : 예덕나무는 침엽성 수종이다.
　① *Pinus densiflora*(소나무), *Betula pendula*(자작나무)
　③ *Alnus firma*(사방오리나무), *Robinia pseudoacacia*(아까시나무)
　④ *Cinnamomum camphora*(녹나무), *Eurya japonica*(사스레피나무)

9 삽목방법에 대한 설명으로 옳은 것은?

① 휴면지삽목은 봄에 1차 생장을 한 후 초여름 장마기에 삽수를 채취하여 삽목 한다.

② 근삽은 늦겨울이나 초봄에 저장양분이 많고 휴면상태인 뿌리를 절취하여 삽목 한다.

③ 반숙지삽목은 신초의 생장이 활발히 진행되는 초봄에 유연한 가지를 채취하여 삽목 한다.

④ 녹지삽목(미숙지삽목)은 전년도에 자란 가지를 겨울이나 이른 봄에 채취하여 보관하거나 바로 삽목 한다.

10 종자저장법에 대한 설명으로 옳지 않은 것은?

① 주목, 느티나무는 파종 1개월 전에 노천매장을 하는 수종이다.

② 자귀나무, 아까시나무, 족제비싸리는 실온 저장이 가능한 수종이다.

③ 소나무, 일본잎갈나무와 같은 침엽수의 소립종자는 냉건상태로 저장한다.

④ 종자의 장기적 저온저장 시 실리카겔과 황화칼륨은 각각 종자 중량의 10% 정도 넣으면 적당하다.

11 산림토양에 대한 설명으로 옳지 않은 것은?

① 침엽수종이 자라는 토양은 활엽수종이 자라는 토양보다 pH가 낮다.

② 산림토양의 공극률은 비슷한 토성의 경작지 토양보다 낮은 것이 일반적이다.

③ 산림토양의 입단형성이 비교적 잘 되는 이유는 매년 낙엽·낙지가 토양으로 환원되기 때문이다.

④ 토양의 점토함량이 많을수록 포장용수량이 증가하는데, 이는 소공극이 많아지고 공극률이 커지기 때문이다.

ANSWER 9.② 10.① 11.②

9 ① 휴면지삽목은 전년도에 자란 가지를 겨울이나 이른 봄에 채취하여 보관하거나 바로 삽목 한다.
③ 반숙지삽목은 봄에 1차 생장을 한 후 초여름 장마기에 삽수를 채취하여 삽목 한다.
④ 녹지삽목(미숙지삽목)은 신초의 생장이 활발히 진행되는 초봄에 유연한 가지를 채취하여 삽목 한다.

10 ① 주목, 느티나무는 종자 정선 후 즉시 노천매장을 하는 수종이다.

11 ② 산림토양의 공극률은 비슷한 토성의 경작지 토양보다 큰 것이 일반적이다.

12 왜림작업에 대한 설명으로 옳은 것만을 모두 고르면?

> ㉠ 산불 발생의 위험성이 낮다.
> ㉡ 단위면적당 임목의 생산량이 매우 높다.
> ㉢ 지력이 나쁘면 맹아의 생장과 형질이 불량해진다.
> ㉣ 환경보호 및 생태적 안정이라는 측면에서 유리하다.

① ㉠, ㉡

② ㉡, ㉢

③ ㉠, ㉢, ㉣

④ ㉡, ㉢, ㉣

13 산불에 대한 설명으로 옳지 않은 것은?

① 울폐된 가문비나무, 전나무 숲은 임내 습기가 많고 잎의 가연성이 낮아 산불 위험도가 낮다.

② 산불이 진행하는 전방에 방화선의 구축과 내화수림대 조성은 간접소화법에 속한다.

③ 산불 발생으로 낙엽층·부식층이 타면 지하저수능은 감퇴되나 토양의 이화학적 성질은 개선된다.

④ 폐쇄성 구과를 가지고 있는 방크스소나무는 산불 후 구과가 벌어지면서 종자가 산포되므로 갱신에 유리하다.

ANSWER 12.② 13.③

12 ㉠ 산불 발생의 위험성이 교림보다 높다.
㉣ 개별왜림작업은 임지가 나출되어 표토침식의 우려가 있으므로 환경보호 및 생태적 안정이라는 측면에서 불리하다.

13 ③ 산불 발생으로 낙엽층·부식층이 타면 지하저수능이 감퇴되고 토양의 이화학적 성질은 악화된다.

14 산벌작업에 대한 설명으로 옳은 것만을 모두 고르면?

> ㉠ 윤벌기간을 단축시킬 수 있다.
> ㉡ 성숙목이 많은 불규칙한 숲에 적용할 수 있다.
> ㉢ 갱신되는 임분의 유전형질은 개량되지 않는다.
> ㉣ 음수를 제외한 대부분의 수종 갱신에 유리하다.

① ㉠, ㉡   ② ㉠, ㉣
③ ㉠, ㉡, ㉣   ④ ㉡, ㉢, ㉣

15 풀베기에 대한 설명으로 옳지 않은 것은?

① 풀베기작업으로 병해충 발생을 방지할 수 있다.
② 일본잎갈나무와 소나무에는 둘레베기를 적용한다.
③ 일반적으로 9월 이후의 풀베기는 피하는 것이 좋다.
④ 조림목의 자람에 지장을 주는 잡초 및 쓸모없는 수목을 제거하는 작업이다.

16 어린나무가꾸기에 대한 설명으로 옳지 않은 것은?

① 폭목의 벌채 후 빈 자리가 크면 보식을 한다.
② 보육 대상목의 생장에 지장이 되는 피해목과 덩굴류는 제거한다.
③ 조림목이 침엽수일 경우 형질 우량목은 가지치기를 하지 않는다.
④ 조림목 생장이 불량하면 천연적으로 발생한 우량목을 보육 대상목으로 선정한다.

ANSWER 14.① 15.② 16.③

14 ㉢ 우량한 임목을 남김으로써 갱신되는 임분의 유전형질을 개량할 수 있다.
ㅤ㉣ 음수 수종 갱신에 유리하며, 극단의 양수를 제외한 대부분의 수종 갱신에 적용할 수 있다.

15 ② 모두베기는 임지가 비옥하거나 식재목이 광선을 많이 요구하는 소나무, 낙엽송(일본잎갈나무), 강송, 삼나무, 편백 등의 조림 또는 갱신지에 적용한다.

16 ③ 조림목이 침엽수일 경우 형질 우량목을 중점적으로 가지치기를 시행한다.

17 (가)~(다)에 해당하는 직파조림 수종을 바르게 연결한 것은?

> (가) 성과가 용이한 수종
> (나) 성과가 중간 정도인 수종
> (다) 성과가 부진한 수종

	(가)	(나)	(다)
①	굴참나무	잣나무	벚나무
②	물푸레나무	소나무	구상나무
③	분비나무	고로쇠나무	느티나무
④	가래나무	박달나무	전나무

18 도태간벌에 대한 설명으로 옳은 것만을 모두 고르면?

> ㉠ 지위가 중 이상인 임분에 적용한다.
> ㉡ 미래목 사이의 거리는 최소 5m 이상으로 임지 내에 고르게 분포하도록 한다.
> ㉢ 우세목의 평균 수고가 10m 이상이고 임령이 15년생 미만인 임분에 적용한다.
> ㉣ 미래목의 생장에 방해가 되지 않는 중·하층목의 대부분을 벌채한다.

① ㉠, ㉡

② ㉠, ㉢

③ ㉠, ㉡, ㉣

④ ㉡, ㉢, ㉣

ANSWER 17.④ 18.①

17 (가) 성과가 용이한 수종 : 굴참나무, 벚나무, 물푸레나무, 소나무, 가래나무
(나) 성과가 중간 정도인 수종 : 잣나무, 고로쇠나무, 느티나무, 박달나무
(다) 성과가 부진한 수종 : 분비나무, 전나무

18 ㉢ 우세목의 평균 수고가 10m 이상이고 임령이 15년생 이상인 임분에 적용한다.
㉣ 도태간벌의 제거 대상목은 미래목의 생장을 억압하는 나무를 대상으로 한다. 따라서 미래목의 생장에 방해가 되지 않는 중·하층목의 대부분은 존치된다.

19 산림 야생동물 서식지에 대한 설명으로 옳지 않은 것은?

① 은신처(cover)에는 피난처, 둥지, 잠자리 등이 있다.

② 대부분의 동물은 몸의 수분 보충을 위해 지표수를 이용한다.

③ 육식동물이 먹이를 구하는 과정은 탐색, 추격, 포획, 죽임 등으로 구분된다.

④ 야생동물의 세력권은 다른 개체와 서식공간을 공유할 수 있지만, 행동권은 상호 배타적이다.

20 병에 걸린 수목의 병징이 아닌 것은?

① 감염된 조직부에 형성된 혹

② 균류와 바이러스에 감염된 잎의 황화

③ 파이토플라스마에 감염된 잎의 총생

④ 균류에 감염된 뿌리 또는 인접 줄기의 균사조직

....

ANSWER 19.④ 20.④

19 ④ 야생동물의 행동권은 다른 개체와 서식공간을 공유할 수 있지만, 세력권은 상호 배타적이다.

20 ④ 표징에 해당한다.

　※ 병징과 표징

　　㉠ 병징(symptom)

　　　• 비정상적인 색깔과 형태로 외부에 나타난 증상

　　　• 잎의 변색, 시듦, 괴사, 가지마름, 해충피해 등

　　㉡ 표징(sign)

　　　• 병원체의 일부가 직접 노출되어 있는 상태

　　　• 포자, 자실체, 균사조직

1 수목의 조직과 그 기능이 바르게 짝 지어진 것은?

① 목부 – 탄수화물의 이동 및 지탱

② 후벽조직 – 표피조직을 대신하여 보호, 수분 증발 억제

③ 유조직 – 세포분열 및 탄소동화작용

④ 분비조직 – 코르크형성층의 기원

2 삽목에 대한 설명으로 옳은 것은?

① 휴면지삽목은 삽수가 휴면 중인 초봄에 실시하는 것이 좋다.

② 어린 나무에서 채취한 삽수보다 성숙목에서 얻은 삽수가 발근이 잘 된다.

③ 삽목상은 대기습도를 일반적으로 낮게 유지하여야 한다.

④ 2, 4-D는 고농도에서 발근 촉진 효과를 보이지만 저농도에서 강력한 제초 효과가 있다.

ANSWER 1.③ 2.①

1 ① 탄수화물의 이동 및 지탱은 사부조직의 기능이다.
　　② 표피조직을 대신하여 보호, 수분 증발을 억제하는 것은 코르크조직의 기능이다.
　　④ 코르크형성층의 기원은 사부조직이다.

2 ② 성숙목에서 얻은 삽수보다 어린 나무에서 채취한 삽수가 발근이 잘 된다.
　　③ 삽목상은 대기습도를 일반적으로 높게 유지하여야 한다.
　　④ 2, 4-D는 고농도에서 강력한 제초 효과를, 저농도에서 발근 촉진 효과를 보인다.

3 교잡육종으로 개발된 현사시나무의 모수와 화분수로 옳은 것은?

① *Populus alba* × *Populus glandulosa*

② *Populus alba* × *Populus grandidentata*

③ *Populus nigra* × *Populus koreana*

④ *Populus nigra* × *Populus tremula*

4 그림과 같은 접목 방법에 해당하는 것은?

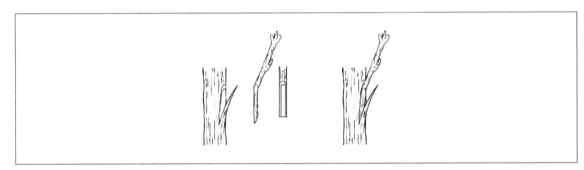

① 박접   ② 절접

③ 복접   ④ 할접

5 노지양묘 및 종자 특성에 대한 설명으로 옳지 않은 것은?

① 전나무, 낙엽송은 발아 과정에서 짚걷기를 하고 해가림을 하면 생장에 도움이 된다.

② 용적중은 1리터의 종자 무게를 그램단위로 표시한다.

③ 소나무 종자의 크기는 전나무 종자에 비하여 작다.

④ 버드나무류처럼 종자수명이 짧은 것은 상파(床播)한다.

6 산림작업종에 대한 설명으로 옳은 것만을 모두 고른 것은?

> ㉠ 개벌작업은 동령일제림이 형성되어 각종 보육작업이 편리하다.
>
> ㉡ 산벌작업으로 천연갱신을 유도하면 갱신기간이 단축된다.
>
> ㉢ 예비벌을 할 때 작업에 방해가 되는 불량목을 함께 제거한다.
>
> ㉣ 종자 발아력이 오래 유지되는 수종은 개벌 후 천연하종갱신에 적합하다.
>
> ㉤ 모수림작업에서 모수로 남겨야 할 임목은 전임목에 대하여 본수는 2~3%, 재적은 약 10%이다.

① ㉠, ㉡

② ㉡, ㉢, ㉣

③ ㉡, ㉢, ㉤

④ ㉠, ㉢, ㉣, ㉤

7 한반도에서 기후대별로 분포하는 수종이 바르게 연결된 것은?

	난대림	온대림	한대림
①	*Quercus myrsinaefolia*	*Carpinus laxiflora*	*Picea jezoensis*
②	*Camellia japonica*	*Ilex rotunda*	*Cephalotaxus koreana*
③	*Betula costata*	*Quercus mongolica*	*Euonymus japonica*
④	*Picea koraiensis*	*Larix kaempferi*	*Abies koreana*

....

ANSWER 6.④ 7.①

6 ㉡ 천연갱신을 유도할 경우 비교적 긴 갱신기간이 필요하다.

7 ① *Quercus myrsinaefolia*(가시나무/난대림), *Carpinus laxiflora*(서어나무/온대림), *Picea jezoensis*(가문비나무/한대림)

② *Camellia japonica*(동백나무/난대림), *Ilex rotunda*(먼나무/난대림), *Cephalotaxus koreana*(개비자나무/온대림)

③ *Betula costata*(거제수나무/온대림), *Quercus mongolica*(신갈나무/온대림), *Euonymus japonica*(사철나무/난대림)

④ *Picea koraiensis*(종비나무/한대림), *Larix kaempferi*(일본잎갈나무/온대림), *Abies koreana*(구상나무/한대림)

8 종자저장과 관련된 설명으로 옳은 것은?

① 소나무, 해송, 리기다소나무, 낙엽송은 건조의 해를 막기 위해 습한 장소에 보관하여야 한다.

② 참나무류, 가시나무류, 가래나무의 종자는 건조로 생활력을 쉽게 상실하기 때문에 습도가 높은 조건에서 저장한다.

③ 밤, 도토리와 같은 함수량이 많은 전분종자는 부패하지 않도록 겨울 동안 동결하여 보관하여야 한다.

④ 층층나무, 피나무, 신나무, 물푸레나무, 삼나무는 종자를 정선한 후 곧바로 노천매장해야 한다.

9 수목병이 발생하는 생태적 환경에 대한 설명으로 옳지 않은 것은?

① 침엽수류에서 아밀라리아뿌리썩음병의 발생은 대기오염물질인 SO_2와 관계가 있다.

② 식물체로의 균류 침입은 높은 습도보다 낮은 습도 조건에서 용이하다.

③ 낙엽송 잎떨림병은 임목밀도가 높은 곳에서 발생하기 쉽다.

④ 파이토플라즈마에 의한 수목병은 고온 건조한 해에 잘 발생하는 경향이 있다.

10 모수림작업에 대한 설명으로 옳지 않은 것은?

① 종자의 결실량과 비산력이 있는 수종이어야 한다.

② 벌채목의 반출비용이 적게 든다.

③ 갱신수종의 조절이 자유롭다.

④ 하층의 어린나무 생장에 유리하다.

ANSWER 8.② 9.② 10.④

8 ① 소나무류, 낙엽송은 냉건한 장소에 보관해야 한다.
③ 밤, 도토리와 같은 함수량이 많은 전분종자는 보호저장하는데, 이때 종자가 동결되지 않도록 온도를 영상으로 유지시키는 것이 중요하다.
④ 층층나무, 피나무, 신나무, 물푸레나무는 11월 말까지 노천매장, 삼나무는 파종 1개월 전 노천매장하는 수종이다. 종자를 정선한 후 곧바로 노천매장하는 수종으로는 벚나무, 잣나무, 느티나무, 단풍나무, 은행나무, 주목 등이 있다.

9 ② 식물체로의 균류 침입은 낮은 습도보다 높은 습도에서 용이하다.

10 ④ 모수림작업은 전임지가 노출되므로 종자발아와 어린나무 생장에 불리하다.

11 질소고정균인 프랑키애(*Frankia*)의 기주식물로 옳지 않은 것은?

① 콩과식물

② 오리나무류

③ 보리수나무

④ 소귀나무속

12 채종림과 채종원에 대한 설명으로 옳은 것은?

① 채종림이란 유전적으로 우량한 종자를 생산하기 위한 자연림 또는 인공적으로 조성한 임분이다.

② 채종원 조성을 위해 선발된 우량한 형질의 수목을 미래목이라 한다.

③ 채종원은 외부 화분과의 수정을 잘 유도하기 위해 동종 임분과 가까운 거리에 위치해야 한다.

④ 채종원에서는 다른 클론 간에 교배기회를 차단할 수 있도록 무작위로 클론을 배치한다.

13 파종상에 대한 설명으로 옳지 않은 것은?

① 묘포가 장기간 건조할 때는 주기적으로 관수가 필요하다.

② 입고병이 문제가 되며, 탄저병이나 토양선충에 의한 피해도 발생한다.

③ 판갈이 작업은 일반적으로 눈이 트지 않은 늦은 가을에 실시한다.

④ 시비는 파종 이전에 하는 밑거름과 묘목 이식 후 주는 덧거름으로 구분된다.

ANSWER 11.① 12.① 13.③

11 질소고정균은 공기 중의 질소를 고정하는 미생물로서 단독질소고정균(Azotobacter, Clostridium)과 공생질소고정균 (Cyanobacteria : 지의류/소철에 외생공생, Rhizobium/Bradyrhizobium : 콩과식물과 내생공생)이 있다.
① frankia는 오리나무류, 보리수나무, 소귀나무속과 내생공생

12 ② 채종원 조성을 위해 선발된 우량한 형질의 수목을 수형목이라 한다.
③ 채종원은 외부 화분에 의한 수정을 막기 위해 동종 임분으로부터 500m 이상 떨어진 거리에 위치해야 한다.
④ 채종원에서는 같은 클론 간에 교배를 방지하기 위해 적어도 한 클론 주변의 2열은 다른 클론으로 둘러싸이도록 배치하는 것이 좋다.

13 ③ 판갈이 작업은 일반적으로 눈이 트지 않은 이른 봄에 실시한다.

14 그림과 같이 3개의 벌채단위에서 북쪽에서 남쪽으로 벌채가 진행되는 갱신방법은? (단, 그림은 높이를 확대한 것이며, 한 벌채단위의 각 측면도에는 계층이 없고 유선적임)

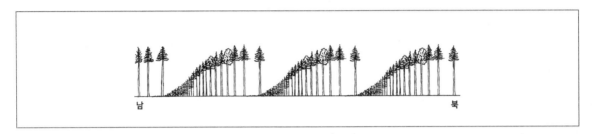

① 군상산벌

② 연조작업

③ 설형산벌

④ 대상초벌

15 산불에 대한 설명으로 옳지 않은 것은?

① 산불의 3요소는 임내가연물, 경사, 산소이다.

② 수관화는 입목 밀도가 높으면 서로 연결된 수관을 따라 불이 번지는 것이다.

③ 지중화는 산소 공급량이 적어서 천천히 타지만 오랜 시간에 걸쳐 화재 면적이 확대된다.

④ 산불 발생 후에는 토양 pH가 증가할 수 있다.

ANSWER 14.② 15.①

14 Wagner 대상산벌(대상택벌)천연하종 갱신
  ㉠ 대의 폭을 30m 이내로 대단히 좁게 해서(연조작업) 대상산벌을 실시
  ㉡ 갱신속도는 1년에 0.6~7.5m
  ㉢ 동령림은 동서로 길게, 이령림은 남북으로 실시
  ㉣ 택벌의 어려움과 대면적 산벌의 단점을 제거한 갱신법

15 ① 산불의 3요소는 임내 가연물(연료), 열, 산소이다.

16 다음 특징을 갖는 수종은?

> • 잎은 긴 타원상 피침형이며, 잎의 톱니는 침처럼 발달함
> • 잎 뒷면에 단모와 별 모양의 털이 발생하여 흰색으로 보임
> • 열매 컵의 포린은 길게 발달하고 열매 성숙에 2년 소요

① *Quercus aliena*

② *Quercus mongolica*

③ *Quercus serrata*

④ *Quercus variabilis*

17 용기묘에 대한 설명으로 옳지 않은 것은?

① 단기에 대량생산이 가능하고, 조림지 식재시기를 봄부터 가을까지 융통성 있게 조절할 수 있다.

② 제초작업의 인건비를 경감할 수 있으며, 병충해의 피해 발생도 대폭 줄일 수 있다.

③ 생산된 묘목의 현지 수송과 조림현장에서의 묘목운반이 나근묘보다 용이하다.

④ 일정 기간 노지에서 경화처리 과정을 거쳐서 조림지로 반출하는 것이 필요하다.

ANSWER 16.④ 17.③

16 굴참나무(Quercus variabilis)에 대한 설명이다.
① *Quercus aliena* 갈참나무
② *Quercus mongolica* 신갈나무
③ *Quercus serrata* 졸참나무

17 ③ 생산된 묘목의 현지 수종과 조림현장에서의 묘목운반이 나근묘보다 어렵다.

18 교란이 없는 경우, 산림생태계에서 유기물 분해에 대한 설명으로 옳은 것은?

① 분해속도가 빠른 경우에는 죽은 낙엽 같은 유기물 내에 양분이 대부분 포함되어 있다.

② 분해상수(k)는 죽은 유기물이 일정 비율만큼 분해되는 데 필요한 시간에 반비례한다.

③ 식생으로부터 낙엽에 의해 유입되는 유기물의 총량을 낙엽층의 유기물 총량으로 나눈 값을 체류기간이라 한다.

④ 일반적으로 위도가 낮은 열대지역 산림에서는 한대지역 산림보다 분해상수(k)가 낮다.

19 다음에서 설명하는 수목병은?

> • 자낭균류로, 이 병원균의 포자가 발아하기 위해서는 비교적 높은 지중온도가 필요하기 때문에 모닥불자리나 산불피해지역에 주로 발생한다.
> • 병원균의 균사가 뿌리를 침해하며, 처음에는 지제부에 가까운 잔뿌리가 흑갈색으로 썩고 점차 굵은 뿌리로 번지면서 나무가 고사하는 증상을 나타낸다.

① 아밀라리아뿌리썩음병

② 파이토프토라뿌리썩음병

③ 자줏빛날개무늬병

④ 리지나뿌리썩음병

18 ② 분해상수가 클수록 죽은 유기물이 분해되는 데 필요한 시간이 짧아진다.
  ① 죽은 낙엽 같은 유기물 내에 양분이 포함된 경우에는 분해속도가 느리다.
  ③ 낙엽층에 있는 죽은 유기물의 총량을 매년 유입되는 죽은 유기물의 총량으로 나눈 값을 유기물의 체류시간이라 한다. 이는 유입된 죽은 유기물이 완전히 분해되는 데 걸리는 시간을 의미한다.
  ④ 일반적으로 위도가 낮은 열대지역 산림에서는 한대지역 산림보다 분해상수가 크다. 분해상수는 열대우림>습지>활엽수림>혼효림>초지>관목지>침엽수림>툰드라 순으로 작아진다.

19 리지나뿌리썩음병에 대한 설명이다.
  ① 아밀라리아뿌리썩음병 : 병원균은 담자균문 주름버섯목에 속하는 Aemillaria속에 속하는 종이다.
  ② 파이토프토라뿌리썩음병 : 병원균은 난균류에 속하는 Phytophthora cactorum과 Phytophthora cinnamomi이다.
  ③ 자줏빛날개무늬병 : 병원균은 담자균류에 속하는 Helicobasidium mompa이다.

20 다음 그림은 산벌작업에 의해 작업되고 있는 동령임분의 특정 작업기간의 관계를 나타낸 것이다. (가), (나)에 해당하는 용어를 바르게 연결한 것은?

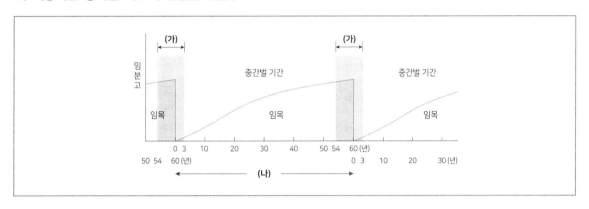

	(가)	(나)
①	윤벌기	인공갱신
②	보육벌	인공갱신
③	갱신기간	윤벌기
④	윤벌기	갱신기간

ANSWER 20.③

20

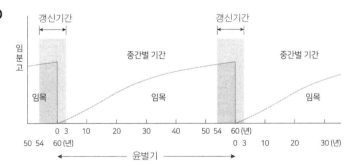

⑺ 갱신기간 : 새로운 임분이 들어서는 동시에 이미 존재하던 성숙목이 이용벌채되는 기간

⑷ 윤벌기 : 한 작업급에 속하는 전체산림을 벌채계획에 따라 차례대로 모두 벌채한 후 또다시 조성된 후계림을 벌채하기까지의 기간

1 채종원의 조성과 관리에 대한 설명으로 옳은 것은?

① 채종원 주위에 다른 수종으로 방풍림을 조성하는 것은 바람직하지 않다.

② 같은 클론을 이웃하여 식재하는 것은 바람직하지 않다.

③ 외부 화분과의 수정을 유도하기 위해 동종 임분과 가까운 거리에 위치해야 한다.

④ 채종원은 무성증식된 개체가 아닌 종자에 의한 실생묘로만 조성해야 한다.

2 나무가 병에 감염되었을 때 관찰되는 표징이 아닌 것은?

① 가지에 나타나는 마름 증상

② 잎에 형성된 자낭각

③ 가루 모양의 분생포자경

④ 흰색의 균사매트

ANSWER 1.② 2.①

1 ① 채종원 주위에 다른 수종으로 방풍림대를 만드는 것이 좋다.

③ 외부 화분과의 수정을 막기 위해 동종 임분으로부터 500m 이상 떨어져 있어야 한다.

④ 무성번식체에 의해 조성하는 방법도 있고, 무성증식이 안 되는 수종으로 조성하는 방법도 있다.

2 ① 병징에 해당한다. 병징은 병의 결과로서 식물체 내부와 외부에 나타나는 반응 또는 식물체의 변화를 말하며 표징은 기주식물위에 나타나는 병원체의 일부 또는 병원체의 산물을 의미한다.

3 (가)와 (나)에 들어갈 내용을 바르게 연결한 것은?

하나의 꽃에 암술과 수술이 함께 있는 꽃을 [(가)]라고 하며, 그 예로 [(나)]가 있다.

	(가)	(나)
①	단성화	소나무
②	단성화	벚나무
③	양성화	벚나무
④	양성화	소나무

4 다음에서 설명하는 수목병은?

- 병원균 : *Raffaelea quercus-mongolicae*
- 매개충 : 광릉긴나무좀
- 병징 : 매개충의 침입을 받은 나무줄기 하단부에서 관찰되는 나무 부스러기
- 방제법 : 고사목은 벌채 후 훈증 처리

① 참나무 시들음병   ② 모잘록병
③ 밤나무 줄기마름병   ④ 벚나무 빗자루병

ANSWER 3.③ 4.①

3 목본피자식물 꽃의 네 가지 기본 기관에 따른 종류

명칭	뜻	예
완전화	꽃받침, 꽃잎, 암술, 수술을 모두 가짐	벚나무, 자귀나무
불완전화	위의 네 가지 중 한 가지 이상 결여	버드나무류, 자작나무류
양성화	암술과 수술을 한 꽃에 가진다.	벚나무, 자귀나무
단성화	암술과 수술 중 한 가지만 가진다.	버드나무류, 자작나무류
잡성화	양성화와 단성화가 한 그루에 달린다.	물푸레나무, 단풍나무
1가화	암꽃과 수꽃이 한 그루에 달린다.	참나무류, 오리나무류
2가화	암꽃과 수꽃이 각각 다른 그루에 달린다	버드나무류, 포플러류

4 ② 종자를 썩혀 발아가 되지 않거나 발아 후 어린 묘에 잘록 증상과 시들음 혹은 마름 증상을 일으킨다.
③ 줄기나 가지에 심하게 발병하면 표피가 썩거나 궤양을 일으켜 나무전체를 말라죽게 한다.
④ 가지의 일부가 부풀어 오르고, 이곳에서 잔가지가 불규칙하게 무더기로 자라 마치 빗자루나 커다란 까치둥지 모양을 띤다.

5 다음 중 뿌리의 나이가 2년생인 묘목만을 모두 고르면?

㉠ C1/1묘   ㉡ 1−1묘

㉢ 0/2묘   ㉣ 2−2묘

㉤ 2/3묘

---

① ㉠, ㉡   ② ㉡, ㉢

③ ㉢, ㉣   ④ ㉣, ㉤

6 임목의 교잡육종에 대한 설명으로 옳은 것은?

① 현사시나무는 은백양과 수원사시나무의 교잡종이다.

② 리기테다소나무는 생장이 빠른 리기다소나무와 내한성이 강한 테다소나무의 교잡종이다.

③ 잡종강세의 유도는 교잡육종의 목표가 될 수 없다.

④ 종 간 교잡을 의미하고 품종 간의 교잡은 의미하지 않는다.

ANSWER 5.② 6.①

5 ㉠ 뿌리, 줄기 모두 1년된 삽목묘
㉣ 파종상에서 2년을 지낸 후 판갈이 하여 다시 2년이 지난 4년생 묘목
㉤ 뿌리 나이 3년, 줄기 나이 2년된 삽목묘

6 ② 리기테다소나무는 내한성이 강한 리기다소나무와 생장이 빠른 테다소나무의 교잡종이다.
③ 잡종강세의 유도도 교잡육종의 목표가 될 수 있다.
④ 교잡육종은 두 개체가 가지고 있는 장점을 교잡에 의해 결합시킨다.

7 다음 조건을 가진 소나무 파종상 1,000 m²당 파종량[kg]은?

- 단위면적당 잔존본수 : 800본/m²
- 1 g당 종자수 : 200개
- 발아율 : 80%
- 종자효율 : 80%
- 득묘율 : 50%

① 1.0
② 1.25
③ 10.0
④ 12.5

8 임목의 유전과 육종에 대한 설명으로 옳지 않은 것은?

① 수형목은 임목의 표현형이 아닌 유전형을 바탕으로 선발해야 한다.
② 차대검정은 선발한 양친수의 유전적 특성을 자손의 형질 조사로 검정하는 것이다.
③ 유전획득량은 유전력과 선발차의 곱으로 나타낼 수 있다.
④ 산지시험은 조림 대상 지역의 기후, 풍토 등에 적합한 산지를 선택할 목적으로 실시한다.

ANSWER 7.③ 8.①

7 $\dfrac{800 \times 1000}{200 \times 0.8 \times 0.5} = 10,000(\text{g}) = 10(\text{kg})$

8 ① 수형목은 임목의 표현형이 우수한 것을 선별해야 한다.

9 다음 중 파종 시 조파(줄뿌림)하는 수종만을 모두 고르면?

㉠ *Quercus acutissima* ㉡ *Alnus japonica*

㉢ *Zelkova serrata* ㉣ *Larix kaempferi*

㉤ *Fraxinus mandshurica*

---

① ㉠, ㉢ ② ㉡, ㉣

③ ㉢, ㉤ ④ ㉣, ㉤

10 산림유전자원의 보전 방법에 대한 설명으로 옳지 않은 것은?

① 자연보호구 지정은 현지 내 보전(*in situ* conservation)에 해당한다.

② 현지 외 보전(*ex situ* conservation)은 자연 생육지 이외의 장소에서 보전하는 방법이다.

③ 현지 내 보전 방법으로는 대규모의 종 내 다양성을 보전할 수 없다.

④ 유전자은행 운영은 현지 외 보전에 해당한다.

11 다음 중 삽목 발근이 상대적으로 어려운 수종만을 고르면?

① 향나무, 은행나무 ② 비자나무, 버드나무

③ 삼나무, 낙엽송 ④ 전나무, 자작나무

ANSWER 9.③ 10.③ 11.④

9 ㉠ 상수리나무 ㉡ 오리나무 ㉢ 느티나무 ㉣ 일본잎갈나무 ㉤ 들메나무
㉠ 점파
㉡ 산파
㉣ 산파

10 ③ 현지 내 보전 방법으로도 대규모의 종 내 다양성을 보전할 수 있다.

11 ㉠ 삽목이 잘되는 수종 : 사철나무, 석류나무, 무궁화, 배롱나무, 버드나무류, 포플러류, 영산홍, 철쭉류, 은행나무, 쥐똥나무, 광나무, 플라터너스, 개나리, 주목, 측백나무, 화백, 향나무, 비자나무, 노간주나무, 삼나무, 메타세쿼이아, 동백나무, 진달래, 회양목, 매자나무 등
㉡ 삽수의 발근이 어려운 수종 : 전나무류, 소나무류, 참나무류, 단풍나무류, 자작나무, 밤나무, 호두나무, 느티나무, 서어나무, 벚나무, 아카시아, 사시나무, 대나무, 옻나무, 붉나무, 팽나무, 오리나무 등

12 숲의 인위적 피해에 대한 설명으로 옳은 것은?

① 산불이 발생하면 토양의 투수성이 증가하여 토양 침식이 심해진다.

② 산성비는 pH 5.6 이하의 빗물을 말하며, 토양 미생물의 유기물 분해 활동이 촉진된다.

③ 대기오염에 의한 수목의 불가시적 피해로 생장과 결실의 불량이 초래된다.

④ 지구온난화가 산림생태에 미치는 영향은 특히 열대림에서 가장 심할 것으로 예측된다.

13 벌채작업에 대한 설명으로 옳지 않은 것은?

① 산벌작업은 종자가 커서 멀리 날아가지 못하는 수종에는 부적합하다.

② 왜림작업은 기상, 병해충 등 외부인자에 대한 저항력이 비교적 크다.

③ 중림작업의 하층임목은 소경재 생산을 목적으로 한다.

④ 택벌작업은 면적이 작은 숲에서 보속생산을 하는 데 적당하다.

14 간벌(솎아베기) 작업에 대한 설명으로 옳지 않은 것은?

① Hawley의 택벌식 간벌은 우세목을 벌채하여 그 아래에 자라는 나무의 생육을 촉진하는 간벌형식이다.

② 데라사끼(寺崎)의 간벌은 수관급 구분에 의하지 않고 임목 간 거리를 대상으로 한 간벌 방법이다.

③ 정성간벌은 줄기의 형태와 수관의 특성으로 구분되는 수관급 또는 수형급을 바탕으로 간벌목을 선정하는 방법이다.

④ 도태간벌은 조림수종 외에 다른 수종이 많이 혼효되어 정량간벌이나 열식간벌이 어려운 산림에도 적용할 수 있다.

ANSWER 12.③ 13.① 14.②

12 ① 산불이 발생하면 토양의 투수성이 감소된다.
② 산성비는 토양 속의 미생물을 죽여 토양의 유기물 분해를 방해한다.
④ 지구온난화가 산림생태에 미치는 영향은 특히 북방 침엽수림에서 가장 심할 것으로 예측된다.

13 ① 산벌은 종자가 커서 멀리 날아가지 못하는 수종이나 음수성 수종에 잘 사용된다.

14 ② 데라사끼(寺崎)의 간벌은 우세목을 1급과 2급목으로, 열세목은 3급목, 4급목, 5급목으로 구분한다.

15 다음 중 풀베기에 대한 설명으로 옳은 것만을 모두 고르면?

> ㉠ 모두베기는 주로 음수에 적용된다.
> ㉡ 둘레베기는 현장에서 가장 흔히 적용되는 방법이다.
> ㉢ 줄베기는 묘목을 한풍해(寒風害)로부터 보호할 수 있다.
> ㉣ 한해·풍해의 위험성이 있는 지역에서는 9월 이후 풀베기를 하지 않는 것이 좋다.

① ㉠, ㉡ 　　　　　　　　　　② ㉠, ㉣
③ ㉡, ㉢ 　　　　　　　　　　④ ㉢, ㉣

16 가지치기에 대한 설명으로 옳지 않은 것은?

① 산 가지의 제거는 생장휴지기인 11월 ~ 2월에 실시하는 것이 좋다.
② 소나무, 잣나무, 낙엽송, 편백 등의 목재생산 수종을 대상으로 실시한다.
③ 아랫부분부터 수관의 30 ~ 70 %까지 제거해도 수고생장에는 큰 영향이 미치지 않는다.
④ 생산력이 떨어지는 아랫가지가 줄기생장을 감소시키지 않는다면 가지치기를 생략하는 것이 좋다.

17 우리나라 기후대별 조림 수종으로 적합하지 않은 것은?

① 온대 북부 – *Abies holophylla*
② 온대 중부 – *Machilus thunbergii*
③ 온대 남부 – *Pinus densiflora*
④ 난대 – *Chamaecyparis obtusa*

ANSWER 15.④ 16.④ 17.②

15 ㉠ 모두베기는 주로 양수에 적용된다.
　　 ㉡ 줄베기는 현장에서 가장 흔히 적용되는 방법이다.

16 ④ 생산력이 떨어지는 아랫가지가 줄기생장을 감소시키지 않더라도 가지치기를 하는 것이 좋다.

17 ② 후박나무는 난대 식물이다.
　　 ① 전나무 ② 후박나무 ③ 소나무 ④ 편백나무

18 시설양묘와 용기묘에 대한 설명으로 옳은 것은?

① 용기묘의 현지 수송과 묘목 운반은 노지묘에 비해 비교적 용이하다.

② 용기묘는 순화과정을 생략하고 조림지로 바로 반출해야 한다.

③ 시설온실 내에서 용기묘를 월동시킬 경우에는 관수를 실시하지 않는다.

④ 시설양묘는 노지양묘에 비해 단기에 대량생산이 가능하고 묘목의 굴취가 생략된다.

19 수목의 구조와 직경생장에 대한 설명으로 옳지 않은 것은?

① 형성층은 세포분열을 통하여 바깥쪽으로 2차사부, 안쪽으로 2차목부를 생산한다.

② 사세포는 나자식물의 사부조직을 구성하는 기본세포로서 탄수화물을 운반하는 기능을 한다.

③ 생리적으로 체내 옥신 함량이 높고 지베렐린 농도가 낮으면 사부를 생산하는 것으로 알려져 있다.

④ 늦가을이 되면 제일 먼저 수간의 밑동에서부터 끝부분을 향해 형성층이 활동을 멈춘다.

20 다음 중 직파조림이 용이한 수종만을 모두 고르면?

⊙ 소나무	ⓛ 전나무
ⓒ 가래나무	ⓔ 분비나무
ⓜ 상수리나무	

① ⊙, ⓛ, ⓔ

② ⊙, ⓒ, ⓜ

③ ⓛ, ⓒ, ⓔ

④ ⓛ, ⓔ, ⓜ

ANSWER 18.④ 19.③ 20.②

18 ① 용기묘는 묘목운반에 어려움이 있다.
　　② 용기묘는 일정 기간 노지에서 순화과정을 거쳐 조림지로 반출해야 한다.
　　③ 시설 내에서 용기묘를 월동시킬 경우에는 반드시 관수를 실시하여야 한다.

19 ③ 생리적으로 체내 옥신 함량이 높고 지베렐린 농도가 낮으면 목부를 생산하는 것으로 알려져 있다.

20 ② 전나무, 분비나무는 직파조림이 어렵다.

1 엽속 내 침엽의 숫자가 가장 많은 종은?

① *Pinus densiflora* S. et Z.

② *Pinus koraiensis* S. et Z.

③ *Pinus rigida* Mill.

④ *Pinus thunbergii* Parl.

2 다음 설명에 해당하는 식재 방법은?

> 배수가 불량한 습지나 자갈 등이 많아 구덩이를 파기 어려워 구덩이를 파는 대신 주면 지표면 흙을 모아 심는 방법

① 보식

② 치식

③ 대묘식재

④ 봉우리식재

ANSWER 1.② 2.②

1 ① 소나무
② 잣나무
③ 리기다소나무
④ 곰솔

2 ① 과도한 답압이나 병해충으로 잔디가 고사한 지역에 새로운 잔디 펫장을 식재하는 작업이다.
③ 굴취된 뿌리 전체를 보호할 수 있게 뿌리에 흙을 붙여 이식한다.
④ 바닥 가운데에 흙을 모아 원추형의 봉우리를 만들어 묘목의 뿌리를 사방으로 펴게 해서 얹는 방식이다.

3 묘목식재 작업에 대한 설명으로 옳지 않은 것은?

① 굴취는 일반적으로 봄에 하지만, 가을에도 할 수 있다.

② 선묘는 굴취한 묘목을 묘목규격에 따라 나누는 것을 말한다.

③ 곤포는 굴취한 묘목을 선묘를 위해 다발로 묶는 것을 말한다.

④ 가식은 심기 전 일시적으로 도랑을 파서 뿌리를 묻는 작업을 말한다.

4 가지치기 후 남은 줄기와 가지의 부후위험성에 대한 설명으로 옳은 것은?

① 포플러류는 역지 아래 작은 생가지를 치더라도 부후위험성이 낮다.

② 느릅나무, 물푸레나무는 상처유합이 잘 되어 부후위험성이 낮은 수종이다.

③ 소나무류, 낙엽송, 편백은 생가지치기의 부후위험성이 매우 높은 수종이다.

④ 단풍나무류, 벚나무류는 굵은 생가지를 끊지 않는 한 부후위험성이 거의 없다.

5 다음 설명에 해당하는 간벌 방법은?

* 주로 준우세목을 벌채한다.
* 같은 층을 구성하는 우량개체의 생장을 촉진하는 데 목적을 둔다.
* 프랑스법(French method) 또는 덴마크법(Danish method)이라고도 한다.

① 도태간벌   ② 상층간벌

③ 하층간벌   ④ 기계적간벌

ANSWER 3.③ 4.① 5.②

3 ③ 다발로 묶은 후 뿌리의 길이를 규격에 따라 절단한다.

4 ②④ 단풍나무, 느릅나무, 벚나무, 물푸레나무 등은 상처 유합이 잘 안 되고 부후되기 쉬우므로 죽은 가지만 잘라주어야 한다.
③ 소나무류, 낙엽송, 편백은 일반적으로 상처 유합이 잘 된다.

5 ① 압박 목, 회초리 목, 마찰 목, 무해 못 준 불량목 제거한다.
③ 주로 하층 목을 벌채하며, 점차 강도를 높여 높은 층의 나무를 벌채한다.
④ 간벌 후 남겨질 수목 간 거리 산정, 수관의 위치와 모양에 상관없이 실시한다.

6 파종 후의 관리에 대한 설명으로 옳지 않은 것은?

① 시비 시 덧거름은 지효성 퇴비나 무기질 비료를 공급한다.

② 솎기는 본엽이 출현할 때 시작하며 불량한 묘목을 제거한다.

③ 측근이 잘 발달하는 1년생 산출묘는 단근작업을 하지 않아도 된다.

④ 파종상에서의 입고병은 주로 *Fusarium* 속, *Rhizoctonia* 속의 균에 의해 발생한다.

7 묘목 생산을 위한 상체작업에 대한 설명으로 옳은 것은?

① 시기는 가을이 가장 알맞고 봄은 한해 또는 건조의 해를 받기 쉽다.

② 상체한 직후에는 뿌리 부패를 막기 위해 관수를 하지 않는 것이 바람직하다.

③ 상체 시 묘목 근계가 일부 절단되나 상체상에서 세근이 많이 발생할 수 있다.

④ 소나무는 파종상에서 되도록 오래 두고 천천히 옮겨 심는 것이 측근 발달에 유리하다.

8 임분밀도에 대한 설명으로 옳지 않은 것은?

① 밀도가 높으면 지름은 가늘지만 완만재가 되고 밀도가 낮으면 초살형이 된다.

② 밀도는 수고생장에는 큰 영향을 끼치지 않고 직경생장에 더 큰 영향을 끼친다.

③ 밀도가 지나치게 높은 임분은 단목의 생활력이 약해지고 임분의 안정성이 감소한다.

④ 밀도 낮을수록 총생산량 중 가지가 차지하는 비율이 낮아지고 간재적의 점유 비율이 높아진다.

ANSWER 6.① 7.③ 8.④

6 ① 비료분이 유실되기 쉬운 사질토 또는 척박한 땅에서는 생육후기에 비료분이 부족되기 쉬우므로 칼리를 위주로 속효성 질소 비료의 덧거름이 필요한 때가 많다. 그러나 경핵기(6월 상·중)에 질소가 과다하면 낙과하기 쉽고 성숙기에 과다하면 숙기를 늦게 함과 동시에 품질을 저하시키므로 덧거름 시용시 질소비료는 특별한 경우가 아니면 생략하는 것이 좋다.

7 ① 봄이 상체시기로 알맞으며 가을상체는 한해 또는 건조 피해를 입기 쉽다.
② 가능하면 상체 직후에 관수하는 것이 바람직하다.

8 ④ 밀도가 높을수록 총생산량 중 가지가 차지하는 비율이 낮아지고 간재적의 점유 비율이 높아진다.

9 그림과 같은 중림작업에서 줄기에 가로선을 친 나무들에 적용하는 작업법은?

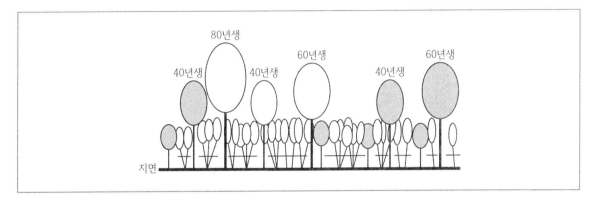

① 교림작업

② 산벌작업

③ 왜림작업

④ 택벌작업

10 숲가꾸기에 대한 설명으로 옳지 않은 것은?

① 솎아베기는 일반적으로 인공조림된 동령임분에 적용되는 조림기술이다.

② 정량간벌은 수관급이나 수형급을 바탕으로 간벌목을 선정하는 방법이다.

③ 한해, 풍해 등이 예상되는 조림지에서 풀베기를 할 경우 줄베기 방법을 적용한다.

④ 풀베기작업 중 모두베기는 소나무, 낙엽송, 편백 등 양수 수종의 조림지에 적용한다.

ANSWER 9.③ 10.②

9 ③ 큰 나무를 잘라내고 움을 키워서 새로운 숲을 만드는 작업법
① 나무를 심어 산림을 조성하는 일
② 임제림이 벌기에 달하였을 때 성숙목을 몇 회로 나누어 벌채하는 방법
④ 성숙하여 벌채 연령에 도달한 나무를 한 그루 혹은 몇 그루씩 계속하야 베어내는 방법

10 ② 간벌의 실행기준을 간벌량에 두고 임목밀도를 조절해 나가는 간벌 방법이다.

11 우리나라 주요 산림해충에 대한 설명으로 옳지 않은 것은?

① 소나무좀이 대발생할 때는 건전한 나무도 말라 죽게 한다.

② 솔껍질깍지벌레는 곰솔의 가지 인피부 즙액을 흡입한다.

③ 미국흰불나방의 피해는 산림보다 가로수나 정원수에서 심하다.

④ 솔잎혹파리의 유충은 소나무의 목질부에 천공을 형성한다.

12 산림병해충 방제 및 관리 방안에 대한 설명으로 옳지 않은 것은?

① 중간기주를 제거하거나 격리하여 병 발생을 막는다.

② 전염원을 제거하고 전염경로를 차단하여 병 발생을 막는다.

③ 저항력이 강한 내병성 수목 개체나 집단을 선발 육종하여 심는다.

④ 잡초와 잡목이 많고 임분이 과밀화되면 병해에 대한 저항성이 증가한다.

13 수목이 산불에 견디거나 적응할 수 있는 능력에 대한 설명으로 옳지 않은 것은?

① 벚나무와 아까시나무는 내화력이 강한 수종이다.

② 굴참나무는 코르크층이 두꺼운 수피를 가진 수종으로 불에 강하다.

③ 사시나무, 떡갈나무는 맹아력이 강하여 산불 후 새로운 임분을 만든다.

④ 리기다소나무는 폐쇄성 구과를 가지고 있어 산불로부터 종자를 보호한다.

ANSWER 11.④ 12.④ 13.①

11 ④ 솔잎혹파리의 유충은 솔잎밑부분에 벌레혹을 만들고 그 속에서 수액을 빨아먹어 기생당한 솔잎을 말라죽게 한다.

12 ④ 잡초와 잡목이 많고 임분이 과밀화되면 병해에 대한 저항성이 감소한다.

13 ① 벚나무와 아까시나무는 내화력이 약한 수종이다.

14 이상적인 택벌림에 대한 설명으로 옳지 않은 것은?

① 음수 성격을 지닌 수종이 포함되어야 한다.

② 직경분포는 지수감소형(역J자형)으로 나타난다.

③ 경급별 재적 비율은 소경급 : 중경급 : 대경급 = 1 : 2 : 7이다.

④ 어린나무부터 윤벌기에 이르는 모든 영급의 임목이 서 있게 된다.

15 모수작업에 대한 설명으로 옳은 것만을 모두 고르면?

⊙ 벌채가 집중되므로 경비가 절약된다.
ⓒ 모수가 풍도에 대한 해를 받기 쉽다.
ⓒ 토양침식이 적어 임지보호에 효과적이다.
ⓒ 양수 수종보다 음수 수종 갱신에 더 적합하다.

① ⊙, ⓒ   ② ⊙, ⓒ
③ ⓒ, ⓒ   ④ ⓒ, ⓒ

16 가지치기에 대한 설명으로 옳지 않은 것은?

① 활엽수는 가급적 밀식으로 자연낙지를 유도하고, 죽은 가지를 제거한다.

② 침엽수는 절단면이 줄기와 평행하게 제거하고, 활엽수는 지융부가 상하지 않도록 제거한다.

③ 솎아베기작업 대상목에 대한 가지치기는 최종수확 대상목의 50~60% 내외의 높이까지 실시한다.

④ 도태간벌에서는 미래목이 선정되기 전까지는 형질에 관계없이 모든 나무에 대하여 가지치기를 실시한다.

ANSWER 14.③ 15.① 16.④

14 ③ 경급별 재적 비율은 소경급 : 중경급 : 대경급 = 2 : 3 : 5이다.

15 ⓒ 토양침식과 유실이 발생할 가능성이 크다.
　　　ⓒ 소나무, 해송과 같은 양수에 더 적합하다.

16 ④ 미래목만 가지치기를 실행한다.

17 수목의 수고생장형에 대한 설명으로 옳은 것은?

① 겉씨식물 중 테다소나무와 낙엽송은 자유생장을 하는 수종이다.

② 고정생장을 하는 잣나무는 가을 늦게까지 수고생장이 이루어지는 것이 특징이다.

③ 자유생장을 하는 포플러는 봄에 일찍 줄기생장을 끝마쳐 수고생장량이 적고 느리다.

④ 참나무류는 춘엽과 하엽을 생산함으로써 형태가 다른 잎이 나는 이엽지를 만든다.

18 우량종자 생산을 목적으로 조성된 채종원에 대한 설명으로 옳은 것은?

① 풍매종자로 조성된 것은 영양계 채종원이라 한다.

② 차대검정을 하지 않은 수형목으로는 조성할 수 없다.

③ 1세대 채종원에서 유전간벌한 후의 것을 1.5세대 채종원이라 한다.

④ 종자결실 촉진을 위해 수형목의 선발 위치보다 높은 고도에 조성한다.

19 산림토양에 대한 설명으로 옳지 않은 것은?

① 식물생장에 가장 유효한 토양수는 모세관수이다.

② 냉한대 침엽수림대의 대표적인 토양은 포드졸 토양이다.

③ 균근의 형성률 또는 감염률은 토양의 비옥도가 낮을수록 높다.

④ 토양 pH7.0~8.0이 양분유효도와 생산력에 가장 적합한 범위이다.

ANSWER 17.① 18.③ 19.④

17 ② 고정생장을 하는 잣나무는 이른 봄 새 가지가 자라 올라온 후 여름 이후에는 키가 거의 자라지 않는다.

③ 자유생장을 하는 포플러는 봄 일찍 새 가지가 자라 올라온 후 여름, 가을까지 계속 자란다.

④ 자유생장을 하는 대표적인 수종은 은행나무, 낙엽송, 메타세퀴이아, 주목과 같은 침엽수, 포플러, 자작나무, 버즘나무, 버드나무, 아까시나무, 느티나무 등과 같이 빨리 자라는 활엽수들이다.

18 ① 종자생산을 목적으로 유전적 우수성이 인정된 개체 또는 가계로 구성된 숲을 채종원이라 한다.

④ 종자가 생산된 지역보다 따뜻하고 개방적인 곳에 채종원을 조성하면 종자의 결실이 촉진된다.

19 ④ 토양 pH 5.5~7.0이 양분유효도와 생산력에 가장 적합한 범위이다.

20 임목의 육종 방법에 대한 설명으로 옳지 않은 것은?

① 우리나라에서 개발한 현사시나무는 은백양과 수원사시나무의 교잡육종 사례이다.

② 유럽 원산인 백합나무는 우리나라에 대량으로 식재된 대표적 도입육종 사례이다.

③ 콜히친(colchicine) 처리에 의하여 만들어진 4배체 아까시나무는 돌연변이육종 사례이다.

④ 수형목 선발조건은 육종 목적에 따라 선발지역이나 숲의 종류 및 수종별로 달라질 수 있다.

ANSWER 20.②

20 ② 미국 동부 원산인 백합나무는 우리나라에 대량으로 식재된 대표적 도입육종 사례이다.

02

임업경영

1 산림평가의 가치평가 방법 중 어떤 재화로부터 장차 얻을 것으로 기대되는 수익을 일정한 이율로 할인하여 현재가를 구하는 방법은?

① 비율가법   ② 비용가법

③ 매매가법   ④ 기망가법

2 산림생장의 종류 중 연년생장량에 대한 설명으로 옳지 않은 것은?

① 수령 또는 임령이 1년 증가함에 따라 추가로 증가하는 수확량이다.

② 수학적으로 총생장량을 수령 또는 임령에 대하여 미분한 양을 의미한다.

③ 기하학적으로 총생장량곡선 상의 한 점에서의 접선의 기울기에 해당한다.

④ 주어진 기간 동안 평균적으로 증가한 양을 의미한다.

3 국유림 경영계획의 경영목표 중 주목표에 해당하지 않는 것은?

① 보호기능   ② 임산물 생산기능

③ 복지기능   ④ 고용기능

ANSWER 1.④ 2.④ 3.③

1 ② 비용가법: 평가대상 산림에 대하여 평가당시까지의 투입된 비용의 후가합계에서 그 동안 간벌 등에 의하여 얻은 수익의 후가합계를 공제하는 방법

③ 매매가법: 현재 평가하려는 산림과 흡사한 성질을 가진 다른 산림이 실제로 거래된 가격을 기준으로 가치를 결정하는 방법

2 ④ 평균생장량은 주어진 기간 동안 평균적으로 증가한 양을 의미한다.

※ 연년생장량 … 특정한 1년 기간 중에 수목 또는 임분이 자란 생장량

3 국유림 경영계획의 경영목표 중 주목표는 보호기능, 임산물 생산기능, 고용기능

4 「탄소흡수원 유지 및 증진에 관한 법률」상 탄소흡수원의 정의에 포함되지 않는 것은?

① 탄소를 흡수하고 저장하는 죽

② 탄소를 흡수하고 저장하는 소하천

③ 탄소를 흡수하고 저장하는 고사유기물

④ 탄소를 흡수하고 저장하는 목제품

5 국유림 산림경영계획을 수립하기 위한 지황 및 임황조사에 대한 설명으로 옳지 않은 것은?

① 미립목지는 입목도 30% 이하인 임분이다.

② 임분의 최저 수고 10m, 최고 수고 24m, 평균 수고 16m이면 $\frac{16}{10\sim24}$ 으로 표시한다.

③ Ⅲ영급은 수령이 31~40년생이고 입목의 수관점유비율이 50% 이상인 임분이다.

④ 토성 중 사질양토는 모래가 대략 $\frac{1}{3} \sim \frac{2}{3}$ 인 토양으로 점토 함유량은 20% 이하이다.

6 정적임분생장모델에 대한 설명으로 옳지 않은 것은?

① 대부분의 정적임분생장모델은 위치종속모델에 기반을 두고 있다.

② 동령·단순림 또는 동질성이 높은 산림에 적용성이 높다.

③ 평균임령, 평균수고, ha당 단면적 등과 같이 비교적 측정이 용이한 인자를 이용한다.

④ 정적임분생장모델의 가장 간단한 형태는 수확표이다.

ANSWER 4.② 5.③ 6.①

4 탄소흡수원이란 탄소를 흡수하고 저장하는 입목, 죽, 고사유기물, 토양, 목제품 및 산림바이오매스 에너지를 말한다〈탄소흡수원 유지 및 증진에 관한 법률 제2조〉.

5 ③ Ⅲ영급은 수령이 21~30년생이다.

6 ① 정적임분생장모델은 평균임령, 평균수고 등과 같이 측정이 용이한 인자를 통해 이용할 수 있다.
※ 단목생장모델은 위치종속생장모델에 속한다.

7 회귀년이 5년이고 윤벌기가 50년일 때 법정택벌률[%]은?

① 5
② 10
③ 15
④ 20

8 임분밀도의 척도에 대한 설명으로 옳지 않은 것은?

① 입목도는 이상적인 임분의 재적 또는 흉고단면적에 대한 실제 임분의 재적 또는 흉고단면적 비율을 의미한다.
② 임분밀도지수는 우세목의 수고에 대한 입목간 평균거리의 백분율을 의미한다.
③ 수관경쟁인자는 임목수관의 지상투영면적의 백분율을 나타낸다.
④ 상대밀도는 단위면적당 흉고단면적과 평방평균직경을 이용하여 계산한다.

9 산림경영계획기법 중 정수계획법이 갖는 특성이 아닌 것은?

① 비례성
② 분할성
③ 비부성
④ 선형성

....

ANSWER 7.④ 8.② 9.②

7 법정택벌률 $= \dfrac{200}{\text{윤벌기}} \times \text{회귀년}$

$= \dfrac{200}{50} \times 5 = 20\%$

8 ② 상대공간지수는 우세목의 수고에 대한 입목간 평균거리의 백분율을 의미한다.

9 정수계획법의 특성
㉠ 비례성
㉡ 정수제약조건
㉢ 비부성
㉣ 선형성

10 법정림 상태인 소나무 조림지의 작업급 면적이 100ha, 윤벌기가 50년, 임령별 ha당 재적이 다음 표와 같을 때 벌기수확에 의한 방법으로 계산한 법정축적[m³]은?

임령(년)	10	20	30	40	50
재적(m³/ha)	30	70	100	150	200

① 1,000

② 5,000

③ 10,000

④ 15,000

11 우리나라 제5차 산림기본계획의 5대 전략에 해당하지 않는 것은?

① 지속가능한 산림경영기반 구축

② 자원순환형 산림산업 육성 및 경쟁력 제고

③ 자원확보와 지구산림 보전을 위한 국제협력 확대

④ 삶의 질 제고를 위한 녹색공간 및 서비스 확충

ANSWER 10.③ 11.①

10 $법정축적 = \dfrac{윤벌기}{2} \times 윤벌기의\ 재적 \times \dfrac{산림면적}{윤벌기}$

$= \dfrac{50}{2} \times 200 \times \dfrac{100}{50} = 10,000 m^3$

11 제5차 산림기본계획의 5대 전략
㉠ 다기능 산림자원의 육성과 통합관리
㉡ 자원순환형 산림산업 육성 및 경쟁력 제고
㉢ 국토환경자원으로서 산림의 보전·관리
㉣ 삶의 질 제고를 위한 녹색공간 및 서비스 확충
㉤ 자원확보와 지구산림보전을 위한 국제협력 확대

12 2022년 현재 우리나라의 산림 관련 법률이 아닌 것은? [기출 변형]

① 「국유림의 경영 및 관리에 관한 법률」

② 「산림문화 · 휴양에 관한 법률」

③ 「임업 및 산촌 진흥촉진에 관한 법률」

④ 「경제림육성단지의 관리에 관한 법」

ANSWER 12.④

12 산림 관련 법률(2022년 7월 기준)

산림 산업 정책	• 산림기본법
	• 산림자원의 조성 및 관리에 관한 법률
	• 탄소흡수원 유지 및 증진에 관한 법률
	• 목재의 지속가능한 이용에 관한 법률
	• 산림조합법
	• 산림조합의 구조개선에 관한 법률
	• 임업 및 산촌 진흥촉진에 관한 법률
	• 국유림의 경영 및 관리에 관한 법률
	• 산림기술 진흥 및 관리에 관한 법률
	• 임업 · 산림 공익기능 증진을 위한 직접지불제도 운영에 관한 법률
산림 복지	• 산지관리법
	• 산림문화 · 휴양에 관한 법률
	• 민간인 통제선 이북지역의 산지관리 특별법
	• 산림교육의 활성화에 관한 법률
	• 산림복지 진흥에 관한 법률
	• 석재산업 진흥에 관한 법률
	• 도시숲 등의 조성 및 관리에 관한 법률
	• 2023 순천만국제정원박람회 지원 및 사후활용에 관한 특별법
산림 보호	• 백두대간 보호에 관한 법률
	• 수목원 · 정원의 조성 및 진흥에 관한 법률
	• 사방사업법
	• 소나무재선충병 방제특별법
	• 청원산림보호직원 배치에 관한 법률
	• 산림보호법

13 다음은 임분재적측정을 위한 표준목법에 대한 설명이다. 이에 해당하는 방법은?

> 조사임분에 대하여 전체 표준목의 수를 정한 후 각 직경급의 본수에 비례하여 표준목의 수를 직경급별로 배분한다.

① Urich법   ② 단급법

③ Draudt법   ④ Hartig법

14 제재소 설비를 위해 차용한 10,000천 원에 대하여 원금과 이자를 합하여 매년 말 균등 분할로 7년 동안 상환하고자 할 때, 상환금 계산식에 따른 매년 상환 금액은? (단, 이율은 5%, $1.05^7 = 1.4$로 적용한다)

① 1,750천 원

② 1,800천 원

③ 1,850천 원

④ 1,950천 원

ANSWER 13.③   14.①

13 드라우드법(Draudt)

ⓐ 임분을 구성하고 있는 지름계에 따라 표준목을 선정하여 재적을 산출한다.

ⓑ 장점

• 표준목이 각 지름계에 골고루 배분되어 있기 때문에 비교적 정확하다.

• 표준목의 선정도 간단하다.

ⓒ 매목조사로 각 임목의 가슴높이지름을 측정하여, 지름계의 임목 수에 따라 표준목을 구한다.

ⓓ 정해진 표준목을 각 지름계에 선정하여 재적을 구하고, 전림재적을 구한다.

ⓔ 각 지름계의 표준목 수는 전체 표준목 수를 전 임목 수로 나눈 값에 각 지름계의 임목 그루 수를 곱하여 산출한다.

14 상환금 계산 $= \dfrac{10000 \times 1.05^7 \times 0.05}{1.05^7 - 1} = 1,750(\text{천 원})$

15 우리나라 산림 현황에 대한 설명으로 옳지 않은 것은? (단, 2020년 산림기본통계(개정안, 2021.9.)를 기준으로 한다) [기출 변형]

① 2020년 기준 산림면적은 약 6,298천 ha로 전 국토면적의 약 63%를 차지한다.
② 2020년 기준 사유림의 면적은 국유림과 공유림 면적의 합보다 크다.
③ 2020년 기준 소유별 ha당 임목축적은 국유림이 가장 높다.
④ 2015년부터 2020년 사이 공유림과 사유림의 면적은 증가하였고, 국유림의 면적은 감소하였다.

16 어떤 소반에 산림경영계획을 수립하기 위해 반지름 11.3m의 원형표본점을 한 개 설치하고, 산림조사를 하여 다음 표와 같은 정보를 얻었다. 이때, ㉠표준지 면적[m²]과 ㉡소반의 ha당 입목 본수[본]와 ㉢소반의 총재적[m³]은? (단, π =3.14, 면적 계산결과의 소수점 이하는 버린다)소반면적(ha) 표준지 내 입목 본수(본) 표준지 내 재적 합(m³)

소반면적(ha)	표준지 내 입목 본수(본)	표준지 내 재적 합(m³)
2	20	2.54

	㉠	㉡	㉢		㉠	㉡	㉢
①	400	450	80.60	②	400	500	127.00
③	800	750	196.24	④	800	900	254.00

ANSWER 15.④ 16.②

15 연도별 산림면적 추이

(단위 : 천ha)

	2015	2020
국유림	1,618	1,652
공유림	467	483
사유림	4,250	4,162

16 ㉠ 표준지면적 = 반지름² ×3.14 ≒ 400m²
㉡ 소반면적의 입목 본수를 x라 하면,
표준지면적 : 표준지 내 입목 본수 = 소반면적 : x
400m² : 20본 = 20000m² : x,   ∴ x =1,000(본)
∴ 소반면적은 2ha이므로 1ha당 임목 본수는 500(본)
㉢ 소반의 총재적을 y라 하면,
표준지면적 : 표준지 내 재적 합 = 소반면적 : y
400m² : 2.54m³ = 20000m² : y,   ∴ y =127(m³)

17 임목의 평가방법에 대한 설명으로 옳지 않은 것은?

① 유령림의 임목평가는 임목비용가법을 채택하는 것이 일반적이다.
② 벌기 이상의 임목평가에 대해서는 시장가역산법을 적용할 수 있다.
③ 원가적 계산방법인 임목비용가는 임목가의 최고한도액을 나타낸다.
④ Glaser식은 이율을 사용하지 않아 주관성 개입의 여지가 상대적으로 적다.

18 지리정보체계(GIS)의 공간분석 기능에 대한 설명으로 옳지 않은 것은?

① 벡터자료를 이용하여 버퍼(buffer)기능을 실행한 결과는 점, 선, 면의 형태로 표현된다.
② 래스터자료를 이용한 중첩분석은 동일한 위치에 있는 셀들 사이에 연산을 수행할 수 있다.
③ 네트워크 분석은 교통망이나 하천망과 같은 관망의 경로와 연결성을 분석하는 데 유용하다.
④ 질의기능은 질의 및 검색을 통하여 어느 위치에 무엇이 있는지를 쉽게 파악할 수 있다.

19 「산림자원의 조성 및 관리에 관한 법률 시행규칙」상 수확벌채를 위한 일반기준벌기령에 대한 설명으로 옳은 것은?

① 기업경영림과 춘양목보호림단지를 제외한 공·사유림에서 일반기준벌기령이 가장 긴 수종은 잣나무이다.
② 공·사유림에서 일반기준벌기령이 가장 짧은 수종은 참나무류이다.
③ 기업경영림과 춘양목보호림단지를 제외하였을 때, 국유림에서의 모든 수종의 일반기준벌기령은 공·사유림에서보다 길다.
④ 생장이 빠른 삼나무의 일반기준벌기령은 30년으로 국유림과 공·사유림이 동일하다.

ANSWER 17.③ 18.① 19.①

17 ③ 임목비용가는 임목가의 최저한도액을 나타낸다.

18 ① 벡터자료를 이용하여 버퍼기능을 실행한 결과는 면의 형태로 표현된다.

19 ① 공·사유림에서 잣나무의 일반기준벌기령은 50년으로 가장 길다〈산림자원의 조성 및 관리에 관한 법률 시행규칙 별표3〉.
② 공·사유림에서 포플러류의 일반기준벌기령은 3년으로 가장 짧다〈동법 별표3〉.
③ 국유림, 공·사유림에서 포플러류의 일반기준벌기령은 3년으로 동일하다〈동법 별표3〉.
④ 삼나무의 일반기준벌기령은 국유림에서 50년, 공·사유림에서 30년이다〈동법 별표3〉.

20 우리나라 제5차 및 제6차 국가산림자원조사에 대한 설명으로 옳은 것은?

① 국가산림자원 조사주기를 10년으로 하고 있다.

② 고정표본점은 5개의 부표본점으로 구성된 집락표본점이다.

③ 부표본점 치수조사원의 반지름은 3.1 m이다.

④ 부표본점의 형태는 정사각형으로 크기는 20m×20m이다.

ANSWER 20.③

20 ① 국가산림자원 조사주기를 5년으로 하고 있다.
② 고정표본점은 4개의 부표본점으로 구성된 집락표본점이다.
④ 부표본점의 형태는 원형이다.

1 임업경영과 경영주체와의 관계에서 고려해야 할 사항으로 옳지 않은 것은?

① 산림면적이 작을 경우에는 간단작업을 계획한다.

② 자가노동력이 많을 경우에는 조방적 경영을 한다.

③ 경영목적이 원료재 생산일 경우에는 단일 수종을 밀식하여 개벌작업을 한다.

④ 경영기술이 부족할 경우에는 조방적 경영에 맞는 수종을 선택한다.

2 법정림에 대한 설명으로 옳지 않은 것은?

① 법정영급분배는 연년의 재적 수확을 균등하게 하는 가장 중요한 법정조건 중의 하나로 일반적으로 영계수는 윤벌기 연수와 같다.

② 법정임분배치는 산림의 보전과 수확의 보속을 확보하는 법정조건으로 지황·임황·반출시설 등에 따라 다르다.

③ 법정생장량은 법정축적의 평균생장량을 말하며 전체 산림의 평균생장량은 항상 일정하다.

④ 법정축적은 영급분배와 생장상태가 법정일 때 작업급 전체의 축적을 말하며 일반적으로 주림목의 법정축적이 대상이다.

ANSWER 1.② 2.③

1 ② 자가노동력이 많을 경우 밀식조림을 이용한 집약적 경영을 한다.

2 ③ 법정생장량은 법정림의 1년간의 생장량의 합계를 말한다.

※ 법정생장량

㉠ 법정림의 1년간의 생장량이다.

㉡ 법정림의 각 영계임분의 연년생장량의 합계로, 법정생장량의 계산은 각 영계임분이 점령한 면적이 동일하고 각 영계임분의 생장이 법정이라는 것을 전제로 한다.

㉢ 법정생장이란 현실림에서 볼 수 있는 그러한 생장을 의미하는 것은 아니며, 임지가 완전히 양호되어 있고 임목은 입지에 적합한 수종이며, 충분한 입목도를 유지해가며 건전하게 생장하는 것이다.

3 「산림보호법」상 산림보호구역에 해당하지 않는 것은?

① 생활환경보호구역

② 경관보호구역

③ 수원함양보호구역

④ 생물종다양성보호구역

4 흉고형수에 대한 설명으로 옳지 않은 것은?

① 수고가 작을수록 형수는 크다.

② 수관밀도가 밀할수록 형수는 크다.

③ 지위가 양호할수록 형수는 크다.

④ 흉고직경이 작을수록 형수는 크다.

5 우리나라의 제5차 국가산림자원조사부터 적용된 내용에 해당하지 않는 것은?

① 지역 및 권역단위 순환조사체계

② 5년주기 일제조사체계

③ 계통추출법에 의한 표본설계

④ 원형 집락 고정표본점 조사

....

ANSWER 3.④ 4.③ 5.①

3 산림보호구역의 지정〈산림보호법 제7조 제1항〉… 산림청장 또는 특별시장·광역시장·특별자치시장·도지사·특별자치도지사 (이하 "시·도지사"라 한다)는 특별히 산림을 보호할 필요가 있으면 다음의 구분에 따라 산림보호구역을 지정할 수 있다.

㉠ 생활환경보호구역 : 도시, 공단, 주요 병원 및 요양소의 주변 등 생활환경의 보호·유지와 보건위생을 위하여 필요하다고 인 정되는 구역

㉡ 경관보호구역 : 명승지·유적지·관광지·공원·유원지 등의 주위, 그 진입도로의 주변 또는 도로·철도·해안의 주변으로서 경관 보호를 위하여 필요하다고 인정되는 구역

㉢ 수원함양보호구역 : 수원의 함양, 홍수의 방지나 상수원 수질관리를 위하여 필요하다고 인정되는 구역

㉣ 재해방지보호구역 : 토사 유출 및 낙석의 방지와 해풍·해일·모래 등으로 인한 피해의 방지를 위하여 필요하다고 인정되는 구역

㉤ 산림유전자원보호구역 : 산림에 있는 식물의 유전자와 종(種) 또는 산림생태계의 보전을 위하여 필요하다고 인정되는 구역. 다 만, 「자연공원법」에 따른 국립공원구역의 경우에는 공원관리청(이하 "공원관리청"이라 한다)과 협의하여야 한다.

4 ③ 지위가 양호할수록 형수는 작다.

5 ② 제5차 국가산림자원조사는 5년 동안 전국 4,000여개 표본점을 매년 800개씩 조사하였다.

③ 표본설계는 계통추출법에 전국에 배치한 격자점을 표본점의 중심으로 정하고 이 중 산림지에 위치한 격자점을 고정표본점 으로 정하여 조사를 실시한다.

④ 표본점 구조는 원형표본점 4개로 구성된 집락표본점(Cluster plot)이다.

6 임목비용가와 임목기망가의 계산에 공통으로 적용되는 인자로만 묶은 것은?

㉠ 지대(地代)	㉡ 관리비
㉢ 조림비	㉣ 간벌수입
㉤ 주벌수입	

① ㉠, ㉡, ㉤

② ㉠, ㉡, ㉣

③ ㉡, ㉢, ㉣

④ ㉡, ㉢, ㉤

7 30년생 상수리나무 임분에서 20×20m 표준지들의 평균재적이 4m³로 조사되었다. 다음 조건에서 상수리나무 임분의 ha당 임목전체 탄소저장량[tC/ha]은?

• 목재기본밀도×바이오매스 확장계수×(1+뿌리함량비)=1.2
• 탄소전환계수=0.5
• 탄소에 대한 이산화탄소의 분자량 비율=44/12

① 60

② 120

③ 220

④ 880

ANSWER 6.② 7.①

6 • 임목비용가 계산에 적용되는 인자 : 조림비, 채취비, 관리비, 지대, 간벌수입 등
• 임지기망가 계산에 적용되는 인자 : 주벌수입, 간벌수입, 지대, 관리비 등

7 ㉠ '목재기본밀도×바이오매스 확장계수×(1+뿌리함량비)=1.2'는 '임목 전체 바이오매스'가 된다.
㉡ 따라서 탄소저장량=임목 전체 바이오매스×탄소전환계수=1.2×0.5=0.6
㉢ 20×20m의 표준지의 면적은 400m²이고 평균재적이 4m³이므로
  상수리나무 임분의 ha당 임목 전체 평균재적을 x 라 하면,
400m² : 4m³ = 10000m² : x,   ∴ x =100(m³)
따라서 상수리나무 임분의 ha당 임목 전체 탄소저장량은 0.6×100=60

8 GIS의 벡터(vector) 도형자료에서 기하학적 정보를 이용한 분석 기능에 대한 설명으로 옳은 것은?

① Clip은 속성정보의 유형이 같으며 공간상의 위치가 다른 2개 이상의 도형정보를 하나로 합쳐주는 기능이다.

② Union은 도형정보의 중첩연산을 이용한 분석방법으로 입력자료 1에서 사용자가 원하는 입력자료 2의 모양으로 추출하는 기능이다.

③ Intersect는 중첩연산에 의한 분석방법으로 입력자료 1과 입력자료 2의 도형정보 및 속성정보 모두가 합쳐지는 기능이다.

④ Dissolve는 하나의 도형정보 안에서 여러 개로 나누어진 같은 속성의 객체들을 하나의 객체로 합치는 기능이다.

9 다음 조건에서 손익분기점이 되는 재적수확량[m³]은?

- 사업대상지 면적 : 1ha
- ha당 고정비 : 200만 원
- m³당 벌채비 및 운송비 : 5만 원
- m³당 판매단가 : 10만 원

① 40

② 50

③ 60

④ 70

ANSWER 8.④ 9.①

8 ① Clip : 하나의 입력자료를 다른 입력자료의 모양으로 잘라낸다.
② Union : 두 개의 입력자료를 합쳐서 두 자료의 속성값을 모두 갖게 한다.
③ Intersect : 두 개의 입력자료를 합하여 공통된 구역의 모양으로 잘라내는 기능이다.

9 손익분기 판매량 $= \dfrac{\text{고정비}}{\text{단위당 판매가격} - \text{당위당 변동비}}$

따라서 손익분기점이 되는 재적수확량은 40이다.

10 1인당 생산성이 5단위로 나타나는 임업경영에서 투입노동량이 100단위이고 임업자본의 효율이 4단위일 때, 임업자본의 크기 [단위]는?

① 50

② 75

③ 100

④ 125

11 「산림기본법」상 산림기본계획에 포함되는 사항이 아닌 것은?

① 산림의 공익기능 증진에 관한 사항

② 사업시행에 소요되는 경비의 산정 및 조달에 관한 사항

③ 산림재해의 대응 및 복구 등에 관한 사항

④ 임산물의 생산 · 가공 · 유통 및 수출 등에 관한 사항

ANSWER 10.④ 11.②

10 ㉠ 1인당 생산성 = 자본장비도 × 자본의 효율

• 자본장비도 $= \dfrac{\text{자본}}{\text{종사자수}}$

• 자본의 효율 $= \dfrac{\text{소득}}{\text{자본}}$

㉡ 임업자본의 크기를 x 라 하면,

$5 = \dfrac{x}{100} \times 4, \quad \therefore x = 125$

11 산림기본계획의 수립 · 시행〈산림기본법 제11조 제1항〉 ··· 산림청장은 장기전망을 기초로 하여 지속가능한 산림경영이 이루어지도록 전국의 산림을 대상으로 다음의 사항이 포함된 산림기본계획을 관계 중앙행정기관의 장과 협의하여 수립 · 시행하여야 한다.

㉠ 산림시책의 기본목표 및 추진방향

㉡ 산림자원의 조성 및 육성에 관한 사항

㉢ 산림의 보전 및 보호에 관한 사항

㉣ 산림의 공익기능 증진에 관한 사항

㉤ 산사태 · 산불 · 산림병해충 등 산림재해의 대응 및 복구 등에 관한 사항

㉥ 임산물의 생산 · 가공 · 유통 및 수출 등에 관한 사항

㉦ 산림의 이용구분 및 이용계획에 관한 사항

㉧ 산림복지의 증진에 관한 사항

㉨ 탄소흡수원의 유지 · 증진에 관한 사항

㉩ 국제산림협력에 관한 사항

㉪ 그 밖에 산림 및 임업에 관하여 대통령령으로 정하는 사항

12 산림에서 주벌수확·간벌수확(이용간벌) 및 부산물수확을 하고 제품화하여 소비시장까지 운반하는 데 소요되는 일체의 비용은?

① 운반비   ② 채취비

③ 벌목조재비   ④ 관리비

13 국유림경영계획 수립을 위한 산림조사에 대한 설명으로 옳지 않은 것은?

① 유효토심은 천·중·심으로 구분한다.

② 재적측정은 흉고직경 6cm 이상인 입목을 대상으로 하며, 흉고직경과 수고는 각각 2cm, 1m 괄약으로 측정한다.

③ 지리는 소반 중심에서 임도 또는 도로까지의 거리를 100m 단위로 구분한다.

④ 방위는 소반의 주 사면 방향을 보고 8방위로 구분한다.

ANSWER 12.② 13.③

12 채취비
    ㉠ 채취비는 주벌, 간벌, 부산물 수확을 제품화하는 데 사용되는 경비이다.
    ㉡ 산림평가에서 채취비는 비용으로 취급하지 않는다.
    ㉢ 원목생산시 조사비, 집재비, 벌목 조재비, 운반비, 판매비, 기업이윤, 위험부담금, 잡비 등이 포함된다.

13 ③ 지리는 소반 경계에서 임도 또는 도로까지의 거리를 100m 단위로 구분한다.

14 「탄소흡수원 유지 및 증진에 관한 법률 시행령」상 탄소 관련 국제협의 기구가 아닌 것은?

① 아시아산림파트너십(AFP)

② 유엔산림포럼(UNFF)

③ 녹색기후기금(GCF)

④ 자발적 탄소표준협회(VCSA)

15 소나무 임분의 ha당 입목본수가 100본이고 상대공간지수(RSI)가 50%일 때, 우세목의 수고[m]는?

① 5

② 10

③ 15

④ 20

ANSWER 14.④ 15.④

14 국제협력 및 지원의 증진〈탄소흡수원 유지 및 증진에 관한 법률 시행령 제30조〉 ··· "대통령령으로 정하는 탄소 관련 국제기구 및 관련 기구"란 다음의 기구를 말한다.

㉠ 탄소 관련 국제협의 기구 : 유엔기후변화협약(UNFCCC : United Nations Framework Convention on Climate Change), 산림탄소협력기구(FCPF : Forest Carbon Partnership Facility), 아시아산림파트너십(AFP : Asia Forest Partnership), 녹색기후기금(GCF : Green Climate Fund), 유엔산림포럼(UNFF : United Nations Forum on Forests)

㉡ 탄소 관련 연구개발 기구 : 기후변화에 관한 정부간 협의체(IPCC : Intergovernmental Panel on Climate Change), 국제임업연구센터(CIFOR : Center for International Forestry Research), 국제열대목재기구(ITTO : International Tropical Timber Organization), 지구환경전략기구(IGES : Institute for Global Environmental Strategies), 세계산림연구기관연합회(IUFRO : International Union of Forest Research Organization)

㉢ 탄소상쇄 관련 기구 : 국제배출권거래협회(IETA : International Emissions Trading Association), 자발적 탄소표준 협회(VCSA : Verified Carbon Standard Association), 기후·지역사회 및 생물다양성 연합(CCBA : Climate, Community and Biodiversity Alliance), 기후준비행동(CAR : Climate Action Reserve)

15 ㉠ ha당 입목본수가 100본이므로, 나무 사이 간격은 10m×10m이 된다.
따라서 입목간 평균거리는 10m이 된다.

㉡ 우세목의 수고를 x라 하면, 상대공간지수 $= \dfrac{\text{입목간 평균거리}}{\text{우세목의 수고}} \times 100$

$$50 = \frac{10}{x} \times 100$$

$$\therefore x = 20(\text{m})$$

16 임업투자의 경제성평가에 대한 설명으로 옳지 않은 것은?

① 편익 · 비용비율법은 투자규모가 큰 사업에 유리한 순현재 가치의 문제점을 피하고 투자규모가 다른 사업을 객관적으로 비교하기 위한 방법이다.

② 회수기간법은 수익성 지표보다는 투자계획의 위험도를 추정하는 지표로서 활용성이 높다.

③ 순현재가치법으로 투자안 평가 시 편익이 조기에 발생할수록 상대적으로 유리한 사업이 된다.

④ 상호 독립적인 사업의 투자여부를 결정할 경우에는 내부수익률이 자본비용보다 낮을수록 유리하다.

17 산림경영의 지도원칙에 대한 설명 중, Mantel의 보속성 개념의 전제조건에 해당하지 않는 것은?

① 축적의 균등적 갱신

② 연령 · 경급 · 품질 등의 각 요소가 충분한 임목축적의 존재

③ 균등한 경영수입

④ 임지 · 임목의 산림생물학적인 건전 상태

ANSWER 16.④ 17.③

16 ④ 상호 독립적인 사업의 투자여부를 결정할 경우에는 내부수익률이 자본비용보다 높을수록 유리하다.

17 보속성 개념의 전제조건
ⓐ 임지, 임목의 산림생물학적 건전상태
ⓑ 연령, 경급, 품질 등 각 요소의 단계적 서열이 정비된 충분한 임목축적의 존재
ⓒ 적시에 보속적 목재수확이 가능한 축적의 장소적 배치
ⓓ 축적의 균등적 갱신
ⓔ 균등한 경영지출 양

18 국유림경영계획 수립 시 산림조사의 지위추정에 있어 해당 수종의 지위지수곡선이 없는 경우, 침엽수와 활엽수에 적용 가능한 지위지수곡선의 수종으로 옳은 것은?

	침엽수	활엽수
①	잣나무	신갈나무
②	잣나무	상수리나무
③	중부지방 소나무	신갈나무
④	중부지방 소나무	상수리나무

19 임업투자사업의 감응도분석에 대한 설명으로 옳지 않은 것은?

① 감응도분석은 미래 상황의 불확실성을 투자 분석에 포함시켜 경제성 분석지표가 민감하게 변화되는 정도를 예측하는 분석이다.

② 감응도분석의 대상으로 고려해야 할 주요 요인은 사업기간의 지연, 생산물의 가격 및 노임, 원료 및 원자재의 가격 변화에 따른 사업비용의 변화 등이다.

③ 선택적 감응도 분석방법은 전문가의 경험과 감각에 의존하는 가장 간편한 분석이라고 할 수 있다.

④ 일반적 감응도 분석방법은 사업효과에 대한 확률분석이며, 일종의 위험도분석이라고 할 수 있다.

ANSWER 18.① 19.③

18 해당 수종의 지위지수 곡선이 없는 경우에는 침엽수는 잣나무, 활엽수는 신갈나무 지위지수 곡선을 적용한다.

19 ③ 감응도분석은 모형 내에서 투입요소나 변수에 따라 그 결과가 어떠한 영향을 받는가를 분석하는 기법을 말한다. 이는 투자방안의 구성요소에 대한 추정을 다르게 함으로써 투자결정의 결과에 미치는 영향을 분석하여 안전하게 의사를 결정하기 위한 것이다.

20 토지순수익 최대의 벌기령에 영향을 주는 요소들에 대한 설명으로 옳은 것으로만 묶은 것은?

> ㉠ 이율이 낮을수록 벌기령이 짧아진다.
> ㉡ 소경목에 비하여 대경목의 단가가 높을수록 벌기령이 길어진다.
> ㉢ 간벌량이 많고 간벌시기가 빠를수록 벌기령이 짧아진다.
> ㉣ 조림비가 적을수록 벌기령이 길어진다.
> ㉤ 관리자본은 벌기령의 장단과 무관하다.

① ㉠, ㉡, ㉢
② ㉡, ㉢, ㉤
③ ㉡, ㉣, ㉤
④ ㉢, ㉣, ㉤

ANSWER 20.②

20 ㉠ : 이율이 높을수록 벌기령이 짧아진다.
　　㉣ : 조림비가 적을수록 벌기령이 짧아진다.

1 우리나라 임업경영의 특성에 대한 설명으로 옳은 것은?

① 목재의 가격이 높아지면 생산조건이 좋고 생산비가 많이 들지 않는 임지에서 채취임업이 시작된다.

② 임목의 성숙기는 열매가 맺는 생리적 시기와는 밀접한 관계가 없으므로 수확 시기가 문제가 된다.

③ 다른 조건이 같을 경우 개인은 토지생산성의 최대를 실현하는 성숙기 결정방법을 선호할 것이다.

④ 단위면적당 노동량은 농업에 비하여 적으나 자본은 많이든다.

2 법정림의 법정벌채량에 대한 설명으로 옳지 않은 것은?

① 법정수확량이라고도 한다.

② 주벌법정벌채량과 간벌법정벌채량으로 나눌 수 있다.

③ 법정벌채량은 일반적으로 법정정기벌채량을 의미한다.

④ 벌기평균생장량에 윤벌기를 곱한 것과 같다.

ANSWER 1.② 2.③

1 ① 목재의 가격이 높아지면 생산조건이 좋고 생산비가 많이 들지 않는 임지에서 인공조림이 시작된다.
③ 다른 조건이 같을 경우 국가·공공단체는 토지생산성의 최대를 실현하는 성숙기 결정방법을 선호할 것이다.
④ 단위면적당 노동량이 농업보다 적고 자본이 많이 들지 않는다. (조방적 임업생산과정)

2 ③ 법정벌채량은 기간에 대해서 법정연벌량과 법정정기벌채량으로 구분하고, 이 때 법정벌채량은 주로 법정연벌량을 말한다.

3 산림탄소상쇄제도의 사업유형에 대한 설명으로 옳지 않은 것은?

① 신규조림은 최소 과거 50년 동안 산림이 아니었던 토지에 인위적인 식재 파종 및 천연갱신 유도를 통해 산림을 조성하는 사업이다.

② 목제품 이용은 수확된 원목이나 이를 가공하여 생산된 목제품을 이용하는 사업이다.

③ 산지전용 억제는 거래형 사업에 적용이 가능하다.

④ 복합형 사업은 유형이 다른 두 가지 이상의 개별 사업을 연계하여 추진하는 사업으로, 거래형과 비거래형으로 나누어진다.

4 지위가 다른 3개의 소나무 임분의 면적과 벌기재적이 아래의 표와 같다. II 등지 임분의 법정영급면적(ha)은?

임분	면적(ha)	벌기재적(m³/ha)	비고
I 등지	300	200	
II 등지	400	150	윤벌기＝50년
III 등지	300	100	1영급＝10영계
계	1,000		

① 20

② 100

③ 200

④ 240

ANSWER 3.③ 4.③

3 ③ 산지전용 억제는 거래형 사업에 적용이 불가능하다.

4 법정영급면적 $= \dfrac{\text{벌기평균재적}}{\text{II등지의 벌기재적}} \times \dfrac{\text{산림면적}}{\text{윤벌기}} \times \text{영계수}$

$= \dfrac{\dfrac{(300 \times 200) + (400 \times 150) + (300 \times 100)}{300 + 400 + 300}}{150} \times \dfrac{1000}{50} \times 10$

$= \dfrac{150}{150} \times \dfrac{1000}{50} \times 10 = 200$

5 남산의 일부 지역은 도시공원법에 의한 근린공원으로 지정되어 있다. 이곳은 산림기능구분 중 어느 것에 속하는가?

① 자연환경보전림   ② 산지재해방지림

③ 수원함양림   ④ 생활환경보전림

6 산림청에서 제공하는 산림공간정보에 대한 설명으로 옳지 않은 것은?

① 산사태위험지도는 전국 산림을 대상으로 1:5,000 축척으로 산사태 발생 가능성을 5단계의 위험등급으로 표현한 지도이다.

② 산림입지토양도는 산림의 입지환경 및 토양의 특성을 토양형의 구획단위로 나타낸 산림주제도이다.

③ 백두대간보호지역도는 금강산에서 지리산까지 이어지는 백두대간보호지역을 핵심구역과 완충구역으로 구분하여 1:25,000 축척으로 표시한 지도이다.

④ 임도망도는 전국 국유림에 분포하고 있는 임도의 노선을 1:5,000 축척으로 표시한 지도이다.

7 동령림과 이령림 경영에서 공통적으로 요구되는 결정인자에 해당하는 것은?

① 갱신수종   ② 임분구조

③ 수확간벌   ④ 잔존임목축적수준

8 기후변화의 취약성을 평가하기 위한 평가규준에 해당하지 않는 것은?

① 적응성(adaptive capacity)   ② 노출(exposure)

③ 민감성(sensitivity)   ④ 비교성(comparability)

ANSWER 5.④   6.④   7.①   8.④

5 도시공원 안의 산림은 생활환경보전림에 해당한다.

6 ④ 임도망도는 전국 산림에 분포하고 있는 임도의 노선을 표시한 1 : 25,000 축척으로 표시한 지도이다.

7 ② 임분구조는 이령림 경영에서 요구되는 결정인자이다.
③ 수확간벌은 법정림 경영에서 요구되는 결정인자이다.
④ 잔존임목축적수준은 이령림 경영에서 요구되는 결정인자이다.

8 기후변화의 취약성은 적응성, 민감성, 노출이라는 세 가지 규준을 통해 표현할 수 있다.

9 산림의 가치평가방법 중 어떤 재화로부터 장차 얻을 수 있을 것으로 기대되는 수익을 일정한 이율로 할인하여 현재가를 구하는 방법은?

① 비용가법　　　　　　　　　② 기망가법
③ 매매가법　　　　　　　　　④ 자본가법

10 기후변화협약에서 국가 온실가스 인벤토리 작성 시 적용되는 산림에서의 이산화탄소흡수량 추정식에 필요한 인자로 옳지 않은 것은?

① 탄소전환계수　　　　　　　② 목재기본밀도
③ 뿌리함량비　　　　　　　　④ 생중량

11 산림생산의 개량기에 대한 설명으로 옳은 것은?

① 일반적으로 개벌작업을 하는 산림에 적용하는 기간 개념이다.
② 벌채 후 벌채목이 반출되고 새로이 산림이 성립될 때까지의 연수를 말한다.
③ 개량을 요하는 유령림이 많은 작업급에서는 윤벌기보다 짧다.
④ 일반적으로 예비벌·하종벌·후벌에 이어 주벌을 한다.

ANSWER 9.② 10.④ 11.①

9　① 비용가법 : 평가대상 산림에 대하여 평가당시까지의 투입된 비용의 후가합계에서 그 동안 간벌 등에 의하여 얻은 수익의 후가합계를 공제하는 방법
　　③ 매매가법 : 현재 평가하려는 산림과 흡사한 성질을 가진 다른 산림이 실제로 거래된 가격을 기준으로 가치를 결정하는 방법

10　① 전체 바이오매스×<u>탄소전환계수</u>=탄소저장량
　　② <u>목재기본밀도</u>×재적=수간 바이오매스
　　③ 지상부 바이오매스×<u>뿌리함량비</u>=지하부 바이오매스

11　② 개벌작업에서의 갱신기는 벌채 후 벌채목이 반출되고 새로운 산림이 성립될 때까지의 연수를 말한다. (갱신기)
　　③ 유령림이 많은 작업급에서는 윤벌기보다 긴 기간에 벌채하여 불법정인 영급관계를 법정인 영급을 정리해 나간다. (정리기)
　　④ 예비벌을 시작하여 후벌을 마칠 때까지의 기간을 갱신기라고 한다. (갱신기)

12 이령림 임분의 연령을 계산할 때 적용되는 평균령(average age)의 개념에 대한 설명으로 가장 옳은 것은?

① 이령림 임분에서 5본의 평균임목의 평균치를 측정하여 평균한 연령이다.

② 이령림 임분에서 표본목을 선정한 다음 표본목의 연령을 측정하여 평균한 연령이다.

③ 이령림 임분에서 각 연령별 임목본수의 산술평균에 의하여 산출한 연령이다.

④ 이령림 임분이 가지는 재적과 같은 재적을 가지는 동령림의 임령을 말한다.

13 「산림복지 진흥에 관한 법률」상 "산림복지전문가"로 옳지 않은 것은? [기출 변형]

① 숲해설가

② 숲길등산지도사

③ 산림교육지도사

④ 유아숲지도사

ANSWER 12.④ 13.③

12 이령림의 임령
㉠ 임분을 구성하는 나무의 나이가 각각 다르므로 평균임령을 구한다.
㉡ **평균임령의 개념** : 임분이 가진 재적과 같은 재적을 가진 동령림의 임령을 말하는 것이다.
㉢ 평균임령을 구하는 방법은 현실적으로 임분에 적용하기엔 어려운 점이 많기 때문에, 분모에는 임분 안의 임령의 범위를, 분자에는 평균임령을 표시하는 방법을 대개 사용한다.

13 산림복지전문가〈산림복지 진흥에 관한 법률 제2조 제6호〉
㉠ 「산림교육의 활성화에 관한 법률」에 따른 숲해설가
㉡ 「산림교육의 활성화에 관한 법률」에 따른 유아숲지도사
㉢ 「산림교육의 활성화에 관한 법률」에 따른 숲길등산지도사
㉣ 「산림문화 · 휴양에 관한 법률」에 따른 산림치유지도사
㉤ 「산림문화 · 휴양에 관한 법률」에 따른 산림레포츠지도사

14 산림경영개념의 다목적 이용에 대한 설명으로 옳은 것을 모두 고르면?

> ㉠ 산림을 구획하고 각각의 부분에서 다른 종류의 편익을 생산하는 것이다.
> ㉡ 기본적으로 물질생산을 기초로 한 것으로 산림의 공익적 기능에 미치는 영향이 무시되는 단점이 있다.
> ㉢ 공익기능에 대한 사회적 수요의 증대를 수용하기 위해 1960년에 미국에서 제도화되었다.
> ㉣ 산림생태계의 유지 · 보전이 핵심적인 제약요소가 되는 개념이다.
> ㉤ 산림자원을 목재와 비목재 임산물 · 야생동물 · 산림휴양 등으로 확대한 후 이들을 개별적으로 보속 수확하는 것이다.

① ㉠, ㉡, ㉣
② ㉠, ㉢, ㉤
③ ㉡, ㉣, ㉤
④ ㉢, ㉣, ㉤

15 「국유림의 경영 및 관리에 관한 법률 시행규칙」상 국민을 위해 국유림을 개방한 국민의 숲의 종류로 옳지 않은 것은?

① 단체의 숲
② 치유의 숲
③ 산림레포츠의 숲
④ 체험의 숲

14 ㉠ 다목적 산림경영은 산림을 구획하고 각각의 부분에서 편익을 생산한다.
㉢ 다목적 이용-보속수확은 1960년 미국에서 재정되어 보속수확 패러다임을 확장시키는데 기여했다.
㉤ 산림자원을 목재와 비목재 임산물, 야생동물, 산림휴양 등으로 확대하고 이들을 개별적으로 보속수확 한다.

15 국민의 숲 지정기준〈국유림의 경영 및 관리에 관한 법률 시행규칙 제12조 제2항〉
㉠ 체험의 숲 : 개인 · 가족이 지정된 국유림에서 나무 · 초본류를 심고 가꾸며 산림문화 등 숲의 혜택을 누릴 수 있는 숲
㉡ 단체의 숲 : 단체가 지정된 국유림에서 나무 · 초본류를 심고 가꾸며 산림문화 등 숲의 혜택을 누릴 수 있는 숲
㉢ 산림레포츠의 숲 : 산림레포츠 동호인들이 지정된 국유림에서 산림레포츠를 누릴 수 있는 숲
㉣ 사회환원의 숲 : 「산림문화 · 휴양에 관한 법률」에 따른 자연휴양림 · 산림욕장, 「수목원 · 정원의 조성 및 진흥에 관한 법률」에 따른 수목원 · 정원 등을 조성하여 국민에게 개방하는 숲

16 국유림경영계획의 사업별 총괄계획으로 옳지 않은 것은?

① 시설계획
② 임목생산계획
③ 소득사업계획
④ 노동력수급계획

17 산림생장모델에 대한 설명으로 옳지 않은 것은?

① 개체목별 생장을 예측하는 단목생장모델이 가장 복잡하다.
② 평균값에 기반하는 임분생장모델이 모델 구축 및 활용면에서 복잡한 특징을 지닌다.
③ 직경분포모델에서도 임분의 구조를 어느 정도 파악할 수 있다.
④ 기상인자 및 환경요인을 생장의 영향인자로 포함시켜 예측하는 생장모델을 생리적모델이라고 한다.

18 산림수확조절을 위한 절충평분법 사업의 실행에 대한 설명으로 옳지 않은 것은?

① 매년 주벌갱신수확재적을 추정하기 위하여 대상 산림에 면적조절 계산을 한다.
② 성숙 임분에서 1ha당 평균재적을 이용하여 산출한 면적이 실행될 수 있는 평균재적을 계산한다.
③ 어느 임분이 다음 몇 분기 내에 벌채되는가를 결정한다.
④ 보통 5~10년의 첫 번째 벌채기간을 위한 특정한 수확예산안을 편성한다.

ANSWER 16.④ 17.② 18.①

16 국유림경영계획의 사업별 총괄계획으로 조림계획, 육림계획, 임목생산계획, 시설계획, 소득사업계획, 기타 사업계획이 있다.

17 ② 임분생장모델은 임분차원의 생장인자에 관한 정보를 제공한다. 임분생장모델은 비교적 간단한 함수로 구성되며, 활용면에서 단순한 특징을 지닌다.

18 ① 매년 주벌갱신수확면적을 추정하기 위하여 대상 산림에 면적조절 계산을 한다.

19 산림경영의 손익분기점 분석에 대한 설명으로 옳지 않은 것은?

① 손익분기 판매량은 고정비를 단위당 판매가격에 대한 변동비의 비율을 뺀 값으로 나눈 값이 된다.

② 단위당 유동비가 일정하다고 가정하면 변동비는 단위당 변동비와 생산량을 곱한 값이다.

③ 총고정비는 생산량의 증감에 관계없이 일정하지만 단위당 고정비는 생산량이 증가하면 함께 증가한다.

④ 일반적으로 고정비의 비중이 상대적으로 낮고 한계수익률이 상대적으로 높으면 손익분기점에 도달하는 기간이 상대적으로 빨라진다.

20 지속가능한 산림경영에 대한 몬트리올프로세스의 7가지 기준에 해당하지 않는 것은?

① 지구적 탄소순환으로의 산림 기여

② 생물다양성 보전

③ 산림의 보호기능 유지

④ 산림생태계의 생산력 유지

ANSWER 19.③ 20.③

19 ③ 총고정비는 생산량의 증감에 관계없이 일정하지만 단위당 고정비는 생산량이 증가하면 감소한다.

20 지속가능한 산림경영에 대한 몬트리올 프로세스의 기준
ⓐ 생물다양성 보전
ⓑ 산림생태계의 생산력 유지
ⓒ 산림생태계의 건전성과 활력유지
ⓓ 토양 및 수자원의 보존과 유지
ⓔ 지구적 탄소순환으로의 산림 기여
ⓕ 사회의 요망을 채우는 장기적·다면적인 사회·경제적 편익의 유지 증진
ⓖ 산림의 보전과 지속 가능한 관리를 위한 법적·제도적 및 경제적 범위

1 임목 평가방법 중 비교방식으로 산출하는 방법은?

① 기망가법
② 비용가법
③ 수익환원법
④ 시장가역산법

2 택벌림과 같이 연년수입이 있는 경우의 임지를 평가하는 데 주로 사용하는 방법은?

① 수익환원법
② 원가법
③ 임지기망가법
④ 임지비용가법

3 임목 측정에 이용하는 형수에 대한 설명으로 옳지 않은 것은?

① 형수는 실제 임목의 재적과 일정 부위의 직경과 수고를 이용한 원기둥 체적과의 비를 의미한다.
② 일반적으로 지위가 양호할수록 흉고형수가 크다.
③ 절대형수는 직경의 지표부위와 접촉하는 입목의 최하단을 이용한다.
④ 직경의 측정위치에 따라 형수는 일반적으로 흉고형수, 정형수, 절대형수로 구분한다.

ANSWER 1.④ 2.① 3.②

1 임목 평가방법
　㉠ 원가방식에 의한 임목평가 : 원가법, 비용가법
　㉡ 수익방식에 의한 임목평가 : 기망가법, 수익환원법
　㉢ 비교방식에 의한 임목평가 : 매매가법, 시장가역산법

2 수익환원법은 택벌림과 같이 연년수입이 있는 경우에 사용된다.

3 ② 지위가 양호할수록 흉고형수가 작다.

4 「산림자원의 조성 및 관리에 관한 법률 시행규칙」상 산림경영계획에서 국유림의 특수용도기준벌기령이 가장 긴 수종은?

① 편백   ② 삼나무

③ 잣나무   ④ 리기다소나무

5 「산림자원의 조성 및 관리에 관한 법률 시행규칙」상 우리나라는 산림자원의 효율적 조성과 육성을 도모하기 위하여 산림의 기능을 6가지로 구분하고 있다. 이에 해당하지 않는 것은?

① 수원함양림   ② 산림휴양림

③ 생활환경보전림   ④ 유전자원보전림

ANSWER 4.③ 5.④

4 기준벌기령〈산림자원의 조성 및 관리에 관한 법률 시행규칙 별표3〉

구분	국유림	공·사유림(기업경영림)
소나무	60년	40년(30년)
(춘양목보호림단지)	(100년)	(100년)
잣나무	60년	50년(40년)
리기다소나무	30년	25년(20년)
낙엽송	50년	30년(20년)
삼나무	50년	30년(30년)
편백	60년	40년(30년)
기타 침엽수	60년	40년(30년)
참나무류	60년	25년(20년)
포플러류	3년	3년
기타 활엽수	60년	40년(20년)

※ 특수용도기준벌기령

펄프, 갱목, 표고·영지·천마 재배, 목공예, 숯, 목초액, 섬유판(fiber board), 산림바이오매스에너지의 용도로 사용하고자 할 경우에는 일반기준벌기령 중 기업경영림의 기준벌기령을 적용한다. 다만, 소나무의 경우에는 특수용도기준벌기령을 적용하지 않는다.

5 산림의 기능별 구분〈산림자원의 조성 및 관리에 관한 법률 시행규칙 제3조 제1항〉

㉠ **수원함양림** : 수자원함양과 수질정화를 위하여 필요한 산림

㉡ **산지재해방지림** : 산사태, 토사유출, 대형산불, 산림병해충 등 각종 산림재해의 방지 및 임지의 보전에 필요한 산림

㉢ **자연환경보전림** : 생태·문화·역사·경관·학술적 가치의 보전에 필요한 산림

㉣ **목재생산림** : 생태적 안정을 기반으로 하여 국민경제활동에 필요한 양질의 목재를 지속적·효율적으로 생산·공급할 수 있는 산림

㉤ **산림휴양림** : 산림휴양 및 휴식공간의 제공을 위하여 필요한 산림

㉥ **생활환경보전림** : 도시 또는 생활권 주변의 경관유지, 쾌적한 생활환경의 유지를 위하여 필요한 산림

6 법정상태의 잣나무림이 1 ~ 20년생까지 각각 100 ha씩 있다. 20년 동안 매년 간벌수확 $30m^3$/ha와 주벌수확 $90m^3$/ha를 얻을 수 있다면, 이 잣나무림의 1 ha당 평균연년생산량[m^3]은?

① 4

② 5

③ 6

④ 7

7 벌기 60년에 도달한 편백림을 구입하고 벌채해서 1,000,000원의 수입을 얻었다. 이후부터는 벌기마다 같은 금액의 수입을 얻는다고 가정하면 전가합계[원]는? (단, 이율 = 3%이고 $1.03^{60} = 6$을 적용한다)

① 200,000

② 1,000,000

③ 1,200,000

④ 2,000,000

8 잔존 노령임분에 해당하는 임분 A를 윤벌기 이상의 임분으로 가정할 경우 임목의 재적은 30,000m^3, 미성숙 임분의 평균연년생장량은 2,500m^3, 미래임분에 적용한 윤벌기는 60년이다. 이때 Hanzlik 공식에 따른 표준연벌채량[m^3]은?

① 2,000

② 2,500

③ 3,000

④ 3,500

ANSWER 6.③ 7.③ 8.③

6 20년 동안 매년 간벌수확 $30m^3/ha$와 주벌수확 $90m^3/ha$을 얻는다.

= 20년 동안 매년 $120m^3/ha$를 수확

따라서 $\dfrac{120m^3}{20년} = 6m^3$, 매년 평균 $6m^3/ha$씩 생산한 것이다.

7 첫 회의 수입은 현재, 이후 n년마다 수입될 이자의 전가합계

$= \dfrac{R \times (1.0P)^n}{(1.0P)^n - 1} = \dfrac{1,000,000 \times 1.03^{60}}{1.03^{60} - 1} = \dfrac{1,000,000 \times 6}{6 - 1} = 1,200,000$

8 Hanzlik 공식에 따른 표준연벌채량

$= \dfrac{윤벌기\ 이상의\ 임목의\ 재적}{미래\ 임분의\ 윤벌기\ 연수} + 미성숙\ 임분의\ 평균연년생장량$

$= \dfrac{30000}{60} + 2500 = 3,000$

9 특수 용도로 사용되는 참나무류 맹아림이 10 ha가 있다. 기준벌기령은 20년, 벌기수입은 ha당 200만 원일 경우 중령림인 12년생 전체 임분의 임목가[원]는? (단, 조림비는 고려하지 않는다)

① 720,000
② 1,200,000
③ 4,200,000
④ 7,200,000

10 국유림경영계획에서 사용하는 도면에 대한 설명으로 옳지 않은 것은?

① 맞춤형 조림지도와 현 임상을 종합적으로 고려하여 해당 임지에서 추구하고자 하는 것을 표현하는 도면을 적지적수도라고 한다.
② 국유림을 경영, 관리하기 위한 기본정보를 표현한 도면을 위치도라고 한다.
③ 산림의 6개 기능이 최대한 발휘되도록 유도하여 국유림을 보다 효율적으로 관리하기 위한 도면을 산림기능도라고 한다.
④ 조림, 숲가꾸기, 임목 생산, 시설, 소득사업 등의 정보가 담긴 도면을 경영계획도라고 한다.

11 산림의 수확조정기법 중 법정축적법이 아닌 것은?

① Hufnagl법
② Karl법
③ Kameraltaxe법
④ Breymann법

----

9 ㉠ Glaser 공식에 따른 임목평가

$$= (적정 벌기령 임목가격 - 초년도의 조림비) \times \frac{대상임목의 연령^2}{기준벌기령^2}$$

$$= 조림비는 고려하지 않으므로 2,000,000 \times \frac{12^2}{20^2} = 720,000$$

㉡ 참나무류 맹아림이 10ha이므로 720,000 × 10 = 7,200,000

10 ① 맞춤형 조림지도와 현 임상을 종합적으로 고려하여 해당 임지에서 추구하고자 하는 것을 표현하는 도면을 목표임상도라고 한다.

11 법정축적법
㉠ 교차법(Kameraltaxe법, Karl법, Heyer법)
㉡ 이용률법(Hundeshagen법, Mantel법)
㉢ 수정계수법(Breymann법, Schmidt법)

12 임분밀도를 나타내는 척도가 아닌 것은?

① 입목도

② 수관경쟁인자

③ 지위지수

④ 상대공간지수

13 산림공간정보서비스로부터 제공받은 임도망도를 이용하여 임도에서 일정한 거리에 있는 공간을 확인하고자 할 때, 가장 적합한 지리정보체계(GIS) 분석기능은?

① Buffer

② Intersect

③ Clip

④ Union

14 벌기령의 종류에 대한 설명으로 옳지 않은 것은?

① 산림순수익 최대의 벌기령은 조림비와 관리비에 대한 이자를 계산하지 않는다.

② 토지순수익 최대의 벌기령은 관리자본이 많을수록 벌기령이 짧아진다.

③ 공예적 벌기령은 용도에 따라 형상이나 규격에 알맞은 때를 기준으로 하여 정한다.

④ 화폐수익 최대의 벌기령은 이자를 고려하지 않는다.

ANSWER 12.③ 13.① 14.②

12 임분밀도의 척도
㉠ 단위면적당 임목본수
㉡ 흉고단면적
㉢ 재적
㉣ 입목도
㉤ 수관경쟁인자
㉥ 상대공간지수
㉦ 상대밀도

13 ② Intersect : 두 개의 입력자료를 합하여 공통된 구역의 모양으로 잘라내는 기능이다.
③ Clip : 하나의 입력자료를 다른 입력자료의 모양으로 잘라낸다.
④ Union : 두 개의 입력자료를 합쳐서 두 자료의 속성값을 모두 갖게 한다.

14 ② 토지순수익 최대의 벌기령은 토지기망가가 최대가 되도록 정한 벌기령이다.

15 「산림자원의 조성 및 관리에 관한 법률 시행규칙」상 사유림 산림경영계획에서 수확을 위한 벌채 기준에 대한 설명으로 옳지 않은 것은?

① 모두베기의 1개 벌채구역의 면적은 최대 50만 제곱미터 이내로 한다.

② 모수작업 1개 벌채구역은 10만 제곱미터 이내로 한다.

③ 골라베기 비율은 재적 기준으로 30% 이내이나, 표고재배용 나무는 50% 이내로 할 수 있다.

④ 모두베기의 경우 벌채구역과 다른 벌채구역 사이에는 폭 20m 이상의 수림대를 남겨 두어야 한다.

16 산림 분야에서의 기후변화 적응 활동 중 취약성 평가 규준이 아닌 것은?

① 적응성   ② 노출
③ 민감성   ④ 투명성

17 지위지수에 대한 설명으로 옳지 않은 것은?

① 지위지수는 어떤 임령에 대한 우세목의 수고를 나타낸다.

② 지위지수는 임지의 생산 능력을 수치로 나타낸 값이다.

③ 서로 다른 수종들이 지위지수가 비슷하다는 것은 지위생산력이 비슷함을 뜻한다.

④ 지위지수 산출을 위한 기준임령은 별도로 정해져 있지 않다.

ANSWER 15.② 16.④ 17.③

15 ② 모수작업 1개 벌채구역은 5만 제곱미터 이내로 한다〈산림자원의 조성 및 관리에 관한 법률 시행규칙 별표3〉.

16 기후변화 취약성 평가 규준
ㄱ 민감성 : 기부변화에 얼마나 민감한지를 나타내는 정도
ㄴ 노출 : 기후변화에 얼마나 노출되어 있는지를 나타내는 정도
ㄷ 적응성 : 기후변화에 대처하는 정도

17 ③ 서로 다른 수종들이 지위지수가 비슷하다는 것은 지위생산력이 비슷하다는 것을 뜻하는 것은 아니다.

18 산림과 관련된 여러 법령에서 규정하는 산림 분야의 각종 계획수립에 대한 설명으로 옳지 않은 것은?

① 도시림 등의 조성·관리를 위한 기본계획은 10년마다 수립하여야 한다.

② 산림교육의 활성화를 위한 산림교육종합계획은 5년마다 수립하여야 한다.

③ 산림복지 진흥을 위한 산림복지진흥계획은 5년마다 수립하여야 한다.

④ 산림유전자원보호구역 관리기본계획은 10년마다 수립하여야 한다.

19 「국유림의 경영 및 관리에 관한 법률 시행규칙」상 산림기술 등을 개발·보급하여 공·사유림의 효율적 경영을 촉진하기 위하여 국유림을 시범림으로 조성하여 운영할 수 있다고 규정하고 있다. 이 시범림의 종류가 아닌 것은?

① 숲가꾸기 시범림 ② 탄소흡수원 시범림

③ 임업기계화 시범림 ④ 산림인증 시범림

....

ANSWER 18.④ 19.②

18 산림유전자원보호구역 관리기본계획의 수립·시행〈산림보호법 제10조의3 제1항〉 ··· 산림청장은 산림유전자원보호구역의 보호·관리를 위하여 5년마다 다음의 사항이 포함된 산림유전자원보호구역 관리기본계획을 수립·시행하여야 한다.
　㉠ 산림유전자원보호구역 보호·관리 목표의 설정에 관한 사항
　㉡ 산림유전자원의 조사·연구에 관한 사항
　㉢ 산림유전자원의 분포 현황에 관한 사항
　㉣ 산림유전자원보호구역의 지속가능한 이용에 필요한 사항
　㉤ 그 밖에 산림유전자원의 보호·관리에 필요한 사항

19 시범림의 조성기준〈국유림의 경영 및 관리에 관한 법률 시행규칙 제10조 제1항〉
　㉠ 조림성공 시범림 : 용기묘(容器苗), 파종조림, 수하식재(樹下植栽), 혼식조림, 움싹갱신 등 모범적으로 조림사업이 수행된 산림
　㉡ 경제림육성 시범림 : 임산물의 지속가능한 생산을 주목적으로 조성되어 경제림 육성에 모범이 되는 산림
　㉢ 숲가꾸기 시범림 : 산림의 생태환경적인 건전성을 유지하면서, 산림의 기능이 최적 발휘될 수 있도록 모범적으로 가꾸어진 산림
　㉣ 임업기계화 시범림 : 생산장비, 운반장비, 집재장비, 파쇄장비 등 각종 장비를 시스템화 하여 모범적으로 관리되는 산림
　㉤ 복합경영 시범림 : 목재생산과 병행하여 단기소득임산물의 생산에 모범이 되는 산림
　㉥ 산림인증 시범림 : 지속가능한 산림경영에 관한 산림인증표준에 따라 인증된 산림

20 낙엽송림 우세목의 수고가 20m이고 간벌 후 ha당 잔존본수가 400본일 경우, 임분의 상대공간지수 (relative spacing index)는?

① 25%

② 35%

③ 45%

④ 55%

20 상대공간지수 … 우세목의 수고에 대한 임목간 평균거리의 백분율

$$= \frac{\sqrt{\dfrac{10000}{잔존본수}}}{우세목의\,수고}$$

$$= \frac{\sqrt{\dfrac{10000}{400}}}{20} \times 100 = 25\%$$

1 산림경영의 지도원칙 중 보속성의 원칙에서 보속의 개념으로 적절하지 않은 것은?

① 목재수확 균등의 보속

② 목재생산의 보속

③ 화폐수확 균등의 보속

④ 생산노동 유지의 보속

2 일반적인 산림 생장에 있어서 평균생장량과 연년생장량의 관계에 대한 설명으로 옳지 않은 것은?

① 산림의 평균생장량과 연년생장량은 모두 초반에 증가하다가 최고점에 달한 후 점차 감소한다.

② 생장 측면에서만 보면 평균생장량이 최고에 달하기까지 벌채하지 않는 것이 효율적이다.

③ 평균생장량과 연년생장량은 평균생장량 곡선의 최고점에서 만난다.

④ 평균생장량 곡선은 연년생장량 곡선보다 빨리 극대점에 도달한다.

3 비정부기구 차원에서 시행하고 있는 산림경영인증제도가 아닌 것은?

① 세계표준화기구(International Organization for Standardization)의 환경경영시스템(EMS : ISO 14001)

② 산림관리협회(Forest Stewardship Council)의 산림경영인증

③ 산림관리협회(Forest Stewardship Council)의 가공·유통과정의 관리인증(CoC인증)

④ 유럽산림(Forest Europe)의 산림환경시스템

....

ANSWER 1.④ 2.④ 3.④

1 보속성의 원칙
  ㉠ 목재생산의 보속(광의의 보속성) : 임지의 생산력을 최고로 발휘하여 유지하는 의미
  ㉡ 목재수확 균등의 보속(협의의 보속성) : 산림에서 매년 목재수확을 거의 균등하게 함으로써 사회에서 필요한 목재를 영속적으로 공급하는 의미
  ㉢ 화폐수확 균등의 보속 : 산림에서 매년 화폐수익이 거의 균등하게 지속될 수 있도록 하는 의미
  ㉣ 생산자본 유지의 보속 : 생산목적에 상응하는 임목을 끊임없이 수확할 수 있는 내용의 산림축적을 유지하는 의미

2 ④ 연년생장량 곡선은 평균생장량 곡선과 만나기 전에는 더 크지만 두 곡선이 만난 후에는 평균생장량이 더 크다.

3 비정부기구 차원에서 시행하고 있는 산림경영인증제도는 세계표준화기구의 환경경영 시스템과 산림관리협회의 산림경영인증, 산림인증계획승인 프로그램의 인증 및 가공·유통과정의 관리 인증을 들 수 있다.

4 상사(相似)삼각형을 응용한 측고기(測高器)가 아닌 것은?

① 와이제측고기(Weise hypsometer)

② 하가측고기(Haga hypsometer)

③ 아소스측고기(Aso's hypsometer)

④ 크리스튼측고기(Christen hypsometer)

5 산림경리의 업무 중 전업(前業)의 내용에 해당하지 않는 것은?

① 인접 산림과의 경계를 명확히 하는 산림 주위 측량

② 영구적인 임반과 일시적인 소반을 구획하는 산림구획

③ 작업급별 시업체계의 조직

④ 지황, 임황, 임목 축적, 생장량 등을 조사하는 산림조사

ANSWER 4.② 5.③

4 상사삼각형을 응용한 측고기
  ㉠ 와이제측고기
  ㉡ 아소스측고기
  ㉢ 크리스튼측고기
  ㉣ 메리트측고기

5 산림경리의 업무
  ① 산림경리의 전업(예업)
    ㉠ 산림 주위 측량 : 임지를 정리하고 인접 산림과의 경계를 확실히 한다.
    ㉡ 산림 구획 : 임지를 영규적인 임반과 일시적인 소반으로 구획한다.
    ㉢ 산림 조사 : 개개의 소반별로 지황과 임황을 조사한다.
    ㉣ 시업관계사항 조사 : 경영대상의 산림에 대한 공익적 관계와 지방주민들과의 연관대책 등에 관한 사업관계사항을 조사한다.
  ② 산림경리의 주업(본업)
    ㉠ 시업체계의 조직 : 경영대상의 산림에 대한 시업체계를 세운다.
    ㉡ 수확 규정 : 생산보속의 원칙에 부합하는 수확량을 사정한다.
    ㉢ 조림 계획 : 미입목지와 벌채적지의 갱신 및 기타 자원생성에 관한 방침을 세운다.
    ㉣ 시업상 필요한 시설계획 : 수확안과 조림안이 작성되면 시업을 실시 하기 위한 시설계획을 세운다.
  ③ 산림경리의 후업(시업조사검정)
    연년의 벌채와 조림실적을 시업계획의 예정량과 대조하여 예정과 실행을 조정하여 시업계획수립의 자료를 얻는다.

6 계통적 표본추출법을 적용하여 산림자원조사를 실시할 경우, 산림조사 면적이 160ha이고 표본점의 개수가 40개소일 때 표본점 간의 간격(m)은?

① 120

② 180

③ 200

④ 240

7 법정림의 법정영급분배에서 개위면적(reduced area)에 대한 설명으로 옳지 않은 것은?

① 임지의 생산능력에 알맞게 각 영계별 면적을 가감하여 각 영계의 면적이 동일하도록 수정한 면적을 개위면적이라고 한다.

② 생산능력이 높은 임지는 현실토지면적보다 개위면적이 증가하게 된다.

③ 현실적인 토지면적을 지위를 반영한 실질적인 토지면적으로 수정한 면적이다.

④ 각 임분의 개위면적은 $\dfrac{각\ 임분의\ 단위면적당\ 벌기재적\ \times\ 각\ 임분의\ 현실면적}{벌기평균재적}$으로 구한다.

ANSWER 6.③ 7.①

6 계통적 표본추출법

$= \sqrt{\dfrac{임야면적}{표본점의\ 개수}} \times 100 = 200$

7 ① 임지의 생산능력에 알맞게 각 영계별 면적을 가감하여 각 영계의 벌기재적이 동일하도록 수정한 면적을 개위면적이라 한다.

8 다음 「산림기본법」상 산촌에 대한 정의에서 밑줄 친 '대통령령으로 정하는 지역'의 읍·면에 대한 요건으로 〈보기〉에서 옳은 것만을 모두 고르면?

> 제3조(정의) 이 법에서 사용하는 용어의 뜻은 다음과 같다.
> 1. "지속가능한 산림경영"이란 산림의 생태적 건전성과 산림자원의 장기적인 유지·증진을 통하여 현재 세대뿐만 아니라 미래 세대의 사회적·경제적·생태적·문화적 및 정신적으로 다양한 산림수요를 충족하게 할 수 있도록 산림을 보호하고 경영하는 것을 말한다.
> 2. "산촌"이란 산림면적의 비율이 현저히 높고 인구밀도가 낮은 지역으로서 <u>대통령령으로 정하는 지역</u>을 말한다.

> 〈보기〉
> ㉠ 행정구역면적에 대한 산림면적의 비율이 70퍼센트 이상일 것
> ㉡ 인구밀도가 전국 읍·면의 평균 이상일 것
> ㉢ 행정구역면적에 대한 경지면적의 비율이 전국 읍·면의 평균 이상일 것

① ㉠
② ㉠, ㉡
③ ㉠, ㉢
④ ㉡, ㉢

9 국유림경영계획 수립을 위한 산림구획에 대한 설명으로 옳지 않은 것은?

① 경영계획에서는 경영계획구 → 임반 → 소반의 순으로 산림을 구획한다.
② 2임반 2보조임반 1소반 3보조소반의 표기는 2-2-1-3으로 한다.
③ 임반의 면적은 현지 여건상 불가피한 경우를 제외하고 가능한 한 100ha 내외로 구획한다.
④ 임반의 표기는 경영계획구 유역 상류에서 시계 방향으로 연속되게 한다.

ANSWER 8.① 9.④

8 산촌〈산림기본법 시행령 제2조〉 ··· 산림기본법 제3조 제2호에서 "대통령령이 정하는 지역"이라 함은 다음의 요건에 해당하는 읍·면을 말한다.
㉠ 행정구역면적에 대한 산림면적의 비율이 70퍼센트 이상일 것
㉡ 인구밀도가 전국 읍·면의 평균 이하일 것
㉢ 행정구역면적에 대한 경지면적의 비율이 전국 읍·면의 평균 이하일 것

9 ④ 임반의 표기는 경영계획구 유역 하류에서 시계방향으로 연속되게 한다.

10 임지기망가(Bu)의 계산 인자 중 다른 인자는 변하지 않는 것으로 가정할 때, 임지기망가에 영향을 주는 인자에 대한 설명으로 옳은 것은?

① 이율이 높으면 높을수록 Bu는 커진다.
② 조림비는 한 벌기 동안 복리로 계산되어 적은 차이라도 큰 영향을 미친다.
③ 주벌수익과 간벌수익의 값이 클수록 Bu는 작아진다.
④ 조림비와 관리비의 값이 클수록 Bu는 커진다.

11 임업경영적 측면에서 성장의 종류를 분류할 때, 수목의 성장에 따른 분류에 해당하지 않는 것은?

① 형질성장
② 등귀성장
③ 재적성장
④ 진계성장

12 산림공간정보 주제도 중에서 산림·임종·임상·수종·영급·수관밀도 등의 속성 정보가 있는 산림 관련 주제도는?

① 임상도
② 산림조사도
③ 산림입지토양도
④ 맞춤형조림지도

ANSWER 10.② 11.④ 12.①

10 ① 이율이 높으면 높을수록 임지기망가는 작아진다.
③ 주벌수익과 간벌수익의 값이 클수록 임지기망가가 커진다.
④ 조림비와 관리비 값이 클수록 임지기망가는 작아진다.

11 임목축적의 재적생장, 형질생장, 등귀생장
㉠ 재적생장: 지름과 수고가 증가하는 부피생장을 말한다.
㉡ 형질생장: 지름이 커지면서 목재가 품질이 좋아지고 아름다워지는데서 오는 단위재적당 가격상승에 영향을 미친다.
㉢ 등귀생장: 물가의 상승이나 철도, 도로의 개설로 운반비가 절약됨으로써 상대적으로 임목가격이 상승하는 것을 말한다.

12 임상도 … 산림의 윤곽·임소반(林小班)·임도(林道)·하천·수종(樹種) 및 혼효(混淆)상태·영급(齡級)·작업종·벌채열구(伐採列區), 주벌(主伐)·간벌의 장소 등을 색채와 기호로 표시한다.

13 「산림문화 · 휴양에 관한 법률」상 국민의 건강증진을 위하여 산림 안에서 맑은 공기를 호흡하고 접촉하며 산책 및 체력단련 등을 할 수 있도록 조성한 산림은? (단, 시설과 그 토지를 포함한다)

① 자연휴양림
② 치유의 숲
③ 삼림욕장
④ 숲속야영장

14 국유림경영계획 수립을 위한 임황조사에 대한 설명으로 옳지 않은 것은?

① 임종의 구분은 인공림, 천연림으로 구분한다.
② 혼효율은 주요 수종의 입목본수, 입목재적, 수관점유면적 비율에 의하여 100분율로 산정한다.
③ 영급은 10년을 1영급으로 하여 1영급, 2영급, 3영급과 같은 형식으로 표기한다.
④ 소밀도는 조사면적에 대한 입목의 수관면적이 차지하는 비율을 100분율로 산정하여 소, 중, 밀로 구분한다.

15 A원으로 임지를 구입하고 동시에 임지개량비로서 M원을 지출하여 현재까지 n년이 경과하였을 때 임지비용가(B_k)를 구하는 식은? (단, P는 이율이다)

① $B_k = (A+M)(1+P)^n$

② $B_k = (A-M)^n(1+P)^n$

③ $B_k = (A+P)^n + M(1+P)^n$

④ $B_k = A(A-P)^n + M(1+P)^n$

ANSWER 13.③ 14.③ 15.①

13 ① 자연휴양림: 국민의 정서함양 · 보건휴양 및 산림교육 등을 위하여 조성한 산림(휴양시설과 그 토지를 포함한다)을 말한다 〈산림문화 · 휴양에 관한 법률 제2조 제2호〉.
② 치유의 숲: 산림치유를 할 수 있도록 조성한 산림(시설과 그 토지를 포함한다)을 말한다〈동법 제2조 제5호〉.
④ 숲속야영장: 산림 안에서 텐트와 자동차 등을 이용하여 야영을 할 수 있도록 적합한 시설을 갖추어 조성한 공간(시설과 토지를 포함한다)을 말한다〈동법 제2조 제8호〉.

14 영급
㉠ 임령의 범위를 연속되는 몇 개의 임령을 묶어서 나타내는 것이다.
㉡ 로마숫자로 표기하며, 하나의 영급은 10년으로 한다.

15 임지 구입비와 개량비를 함께 지출하고 n년이 경과했을 때, 임지비용가는 $(A+M)(1+P)^n$

16 국유림경영계획을 위한 산림의 기능별 구분에 따른 해당 산림을 바르게 연결한 것은?

① 산지재해방지림 - 「자연공원법」상 자연공원 안의 산림

② 자연환경보전림 - 「산림문화 · 휴양에 관한 법률」상 자연휴양림

③ 생활환경보전림 - 「산림자원의 조성 및 관리에 관한 법률」상 도시림

④ 목재생산림 - 「백두대간 보호에 관한 법률」상 백두대간 보호지역 안의 산림

17 다자원적 산림경영에 대한 설명으로 옳지 않은 것은?

① 산림생태계의 유지 · 보전이 핵심적인 제약요소가 되는 개념이다.

② 경영목적이 다양한 재화와 서비스의 동시 생산을 추구하는 것이다.

③ 산림을 구획하고 각각의 부분에서 다른 종류의 편익을 생산하는 방식이다.

④ 상호 의존적이고 유용한 재화 및 서비스를 최소비용으로 동시에 생산한다.

18 자본장비도에 대한 설명으로 옳지 않은 것은?

① 자본장비도는 경영의 총자본을 경영에 종사하는 사람으로 나눈 값이다.

② 자본에서 고정자본을 공제한 유동자본만을 고려한 것이 기본장비도이다.

③ 1인당 소득은 자본장비도와 자본효율에 의하여 정해진다.

④ 자본효율은 소득을 총자본으로 나눈 값이다.

....

ANSWER 16.③ 17.③ 18.②

16 〈산림자원의 조성 및 관리에 관한 법률 시행규칙 제3조〉
   ① 산지재해방지림 : 산사태, 토사유출, 대형산불, 산림병해충 등 각종 산림재해의 방지 및 임지의 보전에 필요한 산림
   ② **자연환경보전림** : 생태 · 문화 · 역사 · 경관 · 학술적 가치의 보전에 필요한 산림
   ④ **목재생산림** : 생태적 안정을 기반으로 하여 국민경제활동에 필요한 양질의 목재를 지속적 · 효율적으로 생산 · 공급할 수 있는 산림

17 ③ 산림을 구획하고 각각의 부분에서 다른 종류의 편익을 생산하는 방식은 다목적 경영이다.

18 ② 자본에서 유동자본을 공제한 고정자본을 종사자로 나눈 것이 기본장비도이다.

19 5년마다 2,000,000원씩 50년간 수익을 얻는 산림사업이 있다면, 이 수익의 전가합계를 구하는 식은?
(단, 이율은 6 %로 한다)

① $\dfrac{2,000,000[(1+0.06)^{5\times10}-1]}{(1+0.06)^{5}-1}$

② $\dfrac{2,000,000[(1+0.06)^{5\times10}-1]}{(1+0.06)^{5\times10}[(1+0.06)^{5}-1]}$

③ $\dfrac{2,000,000}{(1+0.06)^{5\times10}-1}$

④ $\dfrac{2,000,000}{(1+0.06)^{5\times10}[(1+0.06)^{5}-1]}$

20 원격탐사에 있어서 센서가 전자파 파장대역을 얼마나 다양하게 관측할 수 있는지를 판단하는 해상도의 종류는?

① 공간해상도　　　　　　　　　② 시간해상도
③ 방사해상도　　　　　　　　　④ 분광해상도

ANSWER 19.② 20.④

19 m년마다 R씩 n회 얻을 수 있는 이자의 전가합계

$= \dfrac{R(1.0P^{mn}-1)}{1.0P^{mn}(1.0P^{m}-1)}$

20 ① **공간해상도** : 영상의 대상물을 얼마나 세밀하게 인식할 수 있는지를 판단하는 해상도
② **시간해상도** : 어느 정도의 시간간격으로 관측할 수 있는지를 판단하는 해상도
③ **방사해상도** : 영상의 픽셀값을 얼마나 표현할 수 있는지를 판단하는 해상도

1 단위면적당 연간 이산화탄소 흡수량이 가장 높은 수종은?

① 강원지방 소나무
② 낙엽송
③ 상수리나무
④ 신갈나무

2 동령림의 임분구조에 대한 설명으로 가장 옳지 않은 것은?

① 동령림의 임분구조는 일반적으로 평균직경급에서 최대 입목본수를 나타내고, 평균에서 멀어질수록 본수가 점차 감소되는 종모양의 정규분포형태를 나타낸다.

② 2개의 영급과 수고급으로 구성된 복층림의 경우에는 최고점이 2개인 종모양의 분포를 보이기도 한다.

③ 임령이 증가할수록 평균직경급으로부터 분산되는 정도가 점점 약해져 분포가 점점 좁아지는 형태를 보인다.

④ 동령림에서의 직경급별 입목본수의 분포는 Weibull분포에 의하여 수식으로 나타낼 수 있다.

3 산림의 생산기간 개념 중 회귀년(cutting cycle)에 대한 설명으로 가장 옳지 않은 것은?

① 회귀년의 연수는 사업의 집약도 · 수종 · 입지조건 등에 따라 다르다.

② 회귀년의 길이를 벌채작업 관계와 결부시켜 본다면 긴 회귀년이 요망된다.

③ 일반적으로 회귀년이 길어지면 그만큼 택벌작업 본질에서 멀어지는 작업법이 된다.

④ 회귀년은 조림의 기술적인 면에서 볼 때 그 길이를 길게하여 1회 벌채량을 많게 하는 것이 유리하다.

ANSWER 1.③ 2.③ 3.④

1 ③ 상수리나무는 임령에 따라 단위면적당 연간 이산화탄소 흡수량의 차이를 보이지만 강원지방 소나무, 낙엽송, 신갈나무보다 흡수량이 많다.

2 ③ 임령이 증가할수록 평균직경급으로부터 분산되는 정도가 점점 강해져 분포가 점점 넓어지는 형태를 보인다.

3 ④ 회귀년은 조림의 기술적인 면에서 볼 때 그 길이를 짧게 하여 우량 임목을 생산하는 것이 기업의 이윤면에서 유리하다.

4 개체목의 공간적인 위치를 고려한 단목차원의 거리종속경쟁 지수로 가장 옳지 않은 것은?

① 상대공간지수

② 수관면적중첩지수

③ 크기비율지수

④ 생육공간지수

5 임분구조의 동질성을 평가할 수 있는 것으로 가장 옳지 않은 것은?

① 평균직경차이율

② Lorenz 곡선

③ 다양성지수($L\beta$)

④ 지위지수(site index)

6 산림의 수확조절기법 중 법정축적법의 이용률법으로 가장 옳은 것은?

① Hundeshagen법

② Heyer법

③ Karl법

④ Kameraltaxe법

7 제재업을 하는 기업의 제재목 판매단가 30만 원/m³, 변동비 25만 원/m³, 고정비가 100만 원일 때 손익분기점의 판매량은?

① 10m³

② 20m³

③ 30m³

④ 40m³

....

ANSWER 4.① 5.④ 6.① 7.②

4 단목차원의 거리종속경쟁지수는 수관면적중첩지수, 크기비율지수, 생육공간지수 등으로 분류할 수 있다.

5 지위(地位)는 임지의 임목생산 능력을 말하며, 이를 수치적으로 평가하기 위해 일정한 기준 임령 때의 우세목의 평균수고로서 지위를 분류하여 지수화한 것을 지위지수(地位指數)라 한다.

6 법정축적법
ⓖ 교차법(Kameraltaxe법, Karl법, Heyer법)
ⓛ 이용률법(Hundeshagen법, Mantel법)
ⓒ 수정계수법(Breymann법, Schmidt법)

7 손익분기점의 판매량 = $\dfrac{고정비}{판매단가 - 변동비} = \dfrac{100}{30-25} = 20m^3$

8 지위가 다른 3개 임분의 면적과 벌기재적이 〈보기〉와 같을 때 이에 대한 설명으로 가장 옳지 않은 것은?

임분	면적(ha)	벌기재적(m³)	비고
Ⅰ 등지	400	300	
Ⅱ 등지	200	200	윤벌기＝100년
Ⅲ 등지	400	100	Ⅰ영급＝10영계
계	1,000		

① Ⅱ등지의 개위면적은 현실면적과 동일하다.

② Ⅲ등지의 개위면적은 현실면적보다 크다.

③ Ⅰ등지의 법정영급면적은 100ha보다 작다.

④ 각 임분의 개위면적 합은 1,000ha이다.

9 「국유림의 경영 및 관리에 관한 법률 시행규칙」 제10조에서 규정하고 있는 시범림에 해당하지 않는 것은?

① 경제림육성 시범림　　　　　② 산림인증 시범림

③ 산림치유 시범림　　　　　　④ 숲가꾸기 시범림

ANSWER 8.② 9.③

8
- Ⅰ등지의 개위면적 : $400 \times 300 = x \times 200$, ∴ $x = 600$
- Ⅱ등지의 개위면적 : $200 \times 200 = x \times 200$, ∴ $x = 200$
- Ⅲ등지의 법정영급면적 : $400 \times 100 = x \times 200$, ∴ $x = 200$

③ Ⅰ등지의 법정영급면적 : $\dfrac{200}{300} \times \dfrac{1000}{100} \times 10 ≒ 67$

9 시범림의 종류〈국유림의 경영 및 관리에 관한 법률 시행규칙 제10조 제1항〉
- ㉠ **조림성공 시범림** : 용기묘(容器苗), 파종조림, 수하식재(樹下植栽), 혼식조림, 움싹갱신 등 모범적으로 조림사업이 수행된 산림
- ㉡ **경제림육성 시범림** : 임산물의 지속가능한 생산을 주목적으로 조성되어 경제림 육성에 모범이 되는 산림
- ㉢ **숲가꾸기 시범림** : 산림의 생태환경적인 건전성을 유지하면서, 산림의 기능이 최적 발휘될 수 있도록 모범적으로 가꾸어진 산림
- ㉣ **임업기계화 시범림** : 생산장비, 운반장비, 집재장비, 파쇄장비 등 각종 장비를 시스템화 하여 모범적으로 관리되는 산림
- ㉤ **복합경영 시범림** : 목재생산과 병행하여 단기소득임산물의 생산에 모범이 되는 산림
- ㉥ **산림인증 시범림** : 지속가능한 산림경영에 관한 산림인증표준에 따라 인증된 산림

10 산림투자의 경제성 분석방법인 회수기간법에 대한 설명으로 가장 옳지 않은 것은?

① 회수기간 이후에 발생될 수 있는 현금유입액을 고려한다.

② 시간의 흐름에 따른 돈의 가치를 고려하지 않는다.

③ 투자안에 지출된 현금이 얼마나 회수될 것인지를 측정하는 자료가 된다.

④ 회수기간의 길이는 투자안의 위험도를 나타내는 지표가 될 수 있다.

11 임지의 평가방법에 대한 설명으로 가장 옳지 않은 것은?

① 원가방식에 의한 평가방법 중 임지비용가는 임지를 취득하고 이를 조림 등 임목육성에 적합한 상태로 개량하는 데 소요된 총비용의 현재가 합계로 임지를 평가하는 방법이다.

② 수익방식에 의한 평가방법 중 임지기망가는 임지에서 장래 기대되는 순수익의 전가합계로 정한 가격이다.

③ 비교방식에 의한 평가방법 중 대용법은 거래사례가격×(평가대상 임지의 입지지수/거래사례지의 입지지수)에 의하여 가격을 구하는 방법이다.

④ 절충방식에 의한 평가방법 중 수익가 비교절충법은 수익방식과 비교방식을 절충한 방식으로, uha인 법정작업급에서 산림공조가를 u로 나눈 수익가에 의해 거래사례가격을 수정하는 방법이다.

12 선형계획모형의 전제조건에 대한 설명으로 가장 옳지 않은것은?

① 비례성 : 선형계획모형에서 작용성과 이용량은 항상 활동수준에 비례하도록 요구된다.

② 제한성 : 선형계획모형에서 모형을 구성하는 활동의 수와 생산방법은 제한이 없어야 한다.

③ 비부성 : 의사결정변수 X_1, X_2, ··· X_n은 어떠한 경우에도 음(−)의 값을 나타내서는 안 된다.

④ 선형성 : 선형계획에서는 모형을 구성하는 모든 변수들의 관계가 수학적으로 선형함수, 즉 1차함수로 표시되어야한다.

ANSWER 10.① 11.③ 12.②

10 ① 회수기간 이후에 발생될 수 있는 현금유입액을 무시한다.

11 ③ 대용법은 거래사례가격×(평가대상임지의 과세표준액/거래사례지의 과세표준액)에 의하여 가격을 구하는 방법이다.

12 ② 제한성 : 선형계획모형에서 모형을 구성하는 활동의 수와 생산방법은 제한이 있어야 한다.

13 「임업 및 산촌 진흥촉진에 관한 법률 시행령」에서 규정하고 있는 독림가의 요건에 대한 설명으로 가장 옳지 않은 것은? [기출 변형]

① 모범독림가 : 300ha 이상의 산림을 산림경영계획에 따라 모범적으로 경영하고 있는 자

② 우수독림가 : 100ha 이상의 산림을 산림경영계획에 따라모범적으로 경영하고 있는 자

③ 자영독림가 : 10ha 이상의 산림을 산림경영계획에 따라모범적으로 경영하고 있는 자

④ 법인독림가 : 300ha 이상의 산림을 산림경영계획에 따라 모범적으로 경영하고 있는 법인

14 기후변화 취약성 평가 규준 중 민감성 지표에 해당하는 것은?

① 산사태의 경우 경사 또는 토지피복 상태

② 산불의 경우 무강수일수

③ 수종분포의 경우 혹한 또는 혹서

④ 산사태의 경우 폭우 빈도 및 강도

ANSWER 13.③ 14.①

13 독림가의 요건〈임업 및 산촌 진흥촉진에 관한 법률 시행령 제3조〉

㉠ 개인독림가(個人篤林家)

• 모범독림가 : 300헥타르 이상의 산림(스익분배림(분수림) 및 조림(造林)의 목적으로 대부받은 국유림을 포함한다. 이하 이 조에서 같다)을 산림경영계획에 따라 모범적으로 경영하고 있는 자 또는 조림 실적이 100헥타르 이상이고 산림경영계획에 따라 산림을 모범적으로 경영하고 있는 자

• 우수독림가 : 100헥타르 이상의 산림을 산림경영계획에 따라 모범적으로 경영하고 있는 자 또는 조림 실적이 50헥타르 이상(유실수(有實樹)는 20헥타르 이상)이고 산림경영계획에 따라 산림을 모범적으로 경영하고 있는 자

• 자영독림가 : 5헥타르 이상의 산림을 산림경영계획에 따라 모범적으로 경영하고 있는 자 또는 유실수를 3헥타르 이상 조림하여 산림을 산림경영계획에 따라 모범적으로 경영하고 있는 자

㉡ 법인독림가

• 300헥타르 이상의 산림을 산림경영계획에 따라 모범적으로 경영하고 있는 법인 또는 조림 실적이 100헥타르 이상이고 산림경영계획에 따라 산림을 모범적으로 경영하고 있는 법인

• 「농어업경영체 육성 및 지원에 관한 법률」에 따른 농업법인 중 10헥타르 이상의 산림을 산림경영계획에 따라 모범적으로 경영하고 있는 법인 또는 조림 실적이 5헥타르 이상이고 산림경영계획에 따라 산림을 모범적으로 경영하고 있는 법인

14 기후변화 취약성 평가 규준별 지표

㉠ 민감성 : 기부변화에 얼마나 민감한지를 나타내는 정도

(예 : 산사태의 경우 경사 또는 토지피복 상태, 산불의 경우 수종 등, 수종분포의 경우 수종별 기온에 민감한 정도 등)

㉡ 노출 : 기후변화에 얼마나 노출되어 있는지를 나타내는 정도

(예 : 산사태의 경우 폭우 빈도 및 강도, 산불의 경우 무강수일수 등의 기후조건, 수종분포의 경우 혹한 등)

㉢ 적응성 : 기후변화에 대처하는 정도

(예 : 산사태의 경우 사방댐 설치 여부 등, 산불의 경우 감시체계 등, 수종분포의 경우 숲가꾸기 정도 등)

15 「산림복지 진흥에 관한 법률」에 따른 산림복지단지의 생태적 산지이용기준에 대한 설명으로 가장 옳지 않은 것은?

① 시설물이 설치되거나 산지의 형질이 변경되는 부분 사이에 100분의 60 이상의 산림을 존치하거나 폭 30미터 이상의 수림대를 조성할 것

② 산지의 지형이 유지되도록 절토량·성토량·토공량 및 형질 변경 면적을 최소화하고 비탈면의 높이는 15미터 이하가 되도록 할 것

③ 산지의 수질 및 토양이 보전되도록 빗물 비투과율은 전용면적의 100분의 30 이하로 하고 별도의 오염 방지 대책을 마련할 것

④ 산지의 수량 변화를 최소화하고 산사태, 토사유출에 대비하여 사방시설을 설치하는 등 재해방지 대책을 마련할 것

16 REED+(Reducing Emission from Deforestation and Forest Degradation)의 사업을 체계적으로 운용하기 위한 4가지 구성요소에 해당하지 않는 것은?

① 범위
② 측정
③ 기준선
④ 재정

15 산림복지단지의 생태적 산지이용기준〈산림복지 진흥에 관한 법률 제31조〉
㉠ 산림복지단지의 조성은 생태적 산지이용기준에 적합하여야 한다.
㉡ 산림복지단지 조성을 위한 생태적 산지이용기준은 다음 각 호와 같다.
• 시설물이 설치되거나 산지의 형질이 변경되는 부분 사이에 100분의 60 이상의 산림을 존치하거나 폭 30미터 이상의 수림대를 조성할 것
• 산지의 지형이 유지되도록 절토량·성토량·토공량 및 형질변경 면적을 최소화하고 비탈면의 높이는 12미터 이하가 되도록 할 것
• 산지의 수질 및 토양이 보전되도록 빗물 비투과율은 전용면적의 100분의 30 이하로 하고 별도의 오염방지 대책을 마련할 것
• 산지의 수량 변화를 최소화하고 산사태, 토사유출에 대비하여 사방시설을 설치하는 등 재해방지 대책을 마련할 것
• 건축물의 디자인, 색채, 소재를 주변 산지 경관과 조화되도록 할 것
• 건축물의 높이·길이·밀도·건폐율 및 용적률을 적정하게 할 것
• 건축물의 에너지 이용 효율 및 신·재생에너지 사용 비율을 제고하고 온실가스 배출을 최소화할 것
㉢ ㉡에 따른 생태적 산지이용기준의 세부기준, 그 밖에 필요한 사항은 대통령령으로 정한다.

16 REED+의 사업을 체계적으로 운영하기 위한 구성요소
㉠ 범위 ㉡ 기준선 ㉢ 재정 ㉣ 배분

17 A/R CDM 사업개발 추진을 위한 타당성 분석 중 누출에 대한 설명으로 가장 옳은 것은?

① 사업대상지가 1989년 이전부터 사업개발 시점까지 산림이 아닌 지역이거나, 1989년까지 산림이었으나 그 후로부터 사업개발 시점까지 산림이 아닌 지역임을 입증해야 한다.

② 사업대상지에서 A/R CDM 사업효과로 온실가스 배출이 저감되지만, 저감된 온실가스 배출이 사업대상지 밖의 지역으로 이동되어 발생할 가능성이 있는지 검토하여야 한다.

③ A/R CDM 사업의 효과를 위해서, 사업의 영속성에 방해가 되는 요인이 있으면, 그 방해요인을 제거한다는 계획을 포함시켜야 한다.

④ A/R CDM 사업이 온실가스 배출 저감의 기후변화 행동 이외에 경제적 이득을 보기 위한 목적이 아니라는 것을 입증해야 한다.

18 탄소배출권(Certified Emission Reduction)에 대한 내용으로 가장 옳지 않은 것은?

① 일정 기간 동안 이산화탄소·메탄·아산화질소 등 온실가스의 일정량을 배출할 수 있는 권리를 말한다.

② 주식·채권처럼 거래소나 장외에서 매매가 가능하다.

③ 기업들이 온실가스 감축능력을 높여 온실가스 배출량이 줄어들었을 경우 줄어든 분량만큼 배출권을 팔 수 있다.

④ 탄소배출권은 IPCC(Intergovernmental Panel on Climate Change)에서 발급된다.

·······

ANSWER 17.② 18.④

17 ② 누출
　① 토지적격성 입증
　③ 영속성 입증
　④ 추가성 입증

18 ④ 탄소배출권은 UNFCCC(유엔기후변화협약)에서 발급된다.

19 위성영상의 전처리 작업에 대한 설명으로 가장 옳지 않은 것은?

① 히스토그램정규화는 입력영상의 농도의 빈도분포를 각 농도값의 빈도가 동일하게 되도록 변환하는 방법이다.

② 컬러합성 방법 중 False컬러합성은 적외컬러합성과 자연 컬러합성으로 구분된다.

③ 의사컬러표시는 각각의 픽셀값에 임의의 색상을 부여하여 컬러영상을 표현하는 방법이다.

④ 기하보정은 영상의 공간적 왜곡을 보정하는 것으로, 일반적으로 입력영상→보정방법과 보정식 결정→재배열 및 보간→RMSE검증→출력영상의 과정으로 진행된다.

20 〈보기〉의 GIS 벡터자료의 도형정보를 이용한 분석기능으로 가장 옳은 것은?

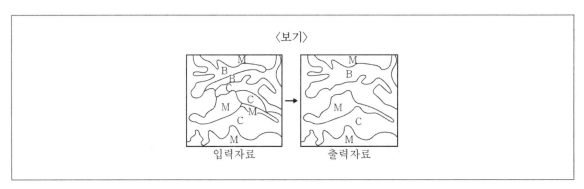

① Intersect

② Union

③ Merge

④ Dissolve

---

19 ① 히스토그램정규화는 입력영상의 농도의 빈도분포를 정규분포에 가까운 형태로 변환하는 방법이다.

20 ① Intersect : 두 개의 입력자료를 합하여 공통된 구역의 모양으로 잘라내는 기능이다.
② Union : 두 개의 입력자료를 합쳐서 두 자료의 속성값을 모두 갖게 한다.
③ Merge : 두 개의 입력자료가 같은 값의 속성을 갖고 있을 때, 두 입력자료를 하나로 합쳐주는 기능이다.
④ Dissolve : 하나의 도형정보 안에서 여러 개의 속성의 객체들을 하나로 합치는 과정이다.

1 국유림경영의 주목표 중 보호기능의 부분목표에 해당하지 않는 것은?

① 자연보호

② 지역사회 고용보호

③ 기후보호

④ 대기질 개선

2 우리나라 제6차 산림기본계획기간과 전략과제를 옳게 짝 지은 것은?

① 2018 – 2027년 : 다기능 산림자원의 육성과 통합관리

② 2018 – 2037년 : 지속가능한 산림경영 기반 구축

③ 2018 – 2027년 : 임업활성화와 심는 정책

④ 2018 – 2037년 : 국제산림협력 주도 및 한반도 산림녹화 완성

ANSWER 1.② 2.④

1 국유림의 목표체계

㉠ 총체적 목표 : 산림생태계의 보호 및 다양한 산림기능의 최적발휘

㉡ 주목표 및 부분목표

• 보호기능 : 물질순환의 안정화, 자연보호, 경관보호, 야생동물보호, 시계보호 및 소음방지, 수자원보호, 토양보호, 기후보호, 대기질 개선

• 임산물 생산기능 : 목재생산, 특정임산물 생산

• 휴양 및 문화기능 : 건강·휴식, 자연체험, 토양기념물보호, 환경교육·산림미학, 산림과 교류증진

• 고용기능 : 고용기회 제공, 노동수입 제공, 노동환경 개선, 적절한 산림서비스 제공 능력확보

• 경영수지 : 재정성과 제고, 산림자산 가치증진, 유동성확보

2 제6차 산림기본계획기간은 2018년부터 2037년까지로 총 20년이다. 국토계획 및 환경계획 등 관련 국가계획과의 연계 강화를 위해 기존 10년에서 20년으로 계획기간이 연장되었다.

※ 제6차 산림기본계획 전략과제

㉠ 산림자원 및 산지 관리체계 고도화

㉡ 산림산업 육성 및 일자리 창출

㉢ 임업인 소득 안정 및 산촌 활성화

㉣ 일상 속 산림복지체계 정착

㉤ 산림생태계 건강성 유지·증진

㉥ 산림재해 예방과 대응으로 국민안전 실현

㉦ 국제산림협력 주도 및 한반도 산림녹화 완성

3 우리나라 임업경영의 특성이 아닌 것은?

① 국민경제적 입장에서 임목의 성숙기를 정할 때에는 성숙기가 짧아지는 경향이 있고, 개별 경제적 입장에서 성숙기를 정할 때에는 성숙기가 길어지는 경향이 있다.

② 임업은 생산기간이 대단히 길어서 대부분 농가임업, 부업 또는 겸업적 임업으로 경영된다.

③ 임목은 농작물에 비해 생리적으로 강하기 때문에 토지의 비옥도가 낮은 곳이나 한랭한 곳에서도 잘 자라므로 토지나 기후조건에 대한 요구도가 낮다.

④ 산림은 임산물을 생산할 뿐만 아니라 국토보존 · 수원함양 · 자연환경보호 · 보건휴양 향상 등의 공익성이 커서 제한성이 따른다.

4 임분재적측정의 표준목법에 대한 설명 중 Urich법에 해당하는 것은?

① 전체에서 몇 본의 표준목을 선정할 것인가를 정한 다음, 각 직경급의 본수에 따라 비례배분한다.

② 전임목을 몇 개의 계급으로 나누고 각 계급의 본수를 동일하게 한 다음, 각 계급에서 같은 수의 표준목을 선정한다.

③ 먼저 계급수를 정하고 전체 흉고단면적합계를 구한 다음, 이것을 계급수로 나누어서 각 계급에서 흉고단면적합계를 동일하게 한다.

④ 전임분을 1개의 급으로 취급하여 단 1개의 표준목을 선정하는 방법으로 임상이 균일하지 못할 때에는 많은 오차를 가져온다.

ANSWER 3.① 4.②

3 ① 국민경제적 입장에서 임목의 성숙기를 정할 때에는 성숙기가 길어지는 경향이 있고, 개별 경제적 입장에서 성숙기를 정할 때에는 성숙기가 짧아지는 경향이 있다.

4 표준목법은 임분 내에서 표준목을 선정하여 임분재적을 추정하는 방법을 말한다. 표준목이란 임분재적을 총본수로 나눈 평균재적을 갖는 임목을 말하는데, 다양한 방법에 의하여 표준목의 흉고직경과 수고를 결정하여 표준목을 선정한다. 이때 사용되는 표준목법의 종류는 단급법, Draudt법, Urich법, Hartig법 등이 있다.
① Draudt법에 대한 설명이다.
③ Hartig법에 대한 설명이다.
④ 단급법에 대한 설명이다.

5 현재 1,000 ha의 조절이 잘 된 상태인 현실임분의 산림조사 결과, 총축적량이 160,000m³, 수확표의 벌기 임분재적인 법정벌채량(장기보속수확량)이 30,000m³/년, 그리고 수확표에서 구한 법정축적이 120,000m³ 일 때, 훈데스하겐(Hundeshagen)공식에 의한 표준연벌채량(m³/년)은?

① 10,000

② 20,000

③ 30,000

④ 40,000

6 우리나라 주요 수종의 탄소배출계수 및 전환계수에 관한 내용으로 옳지 않은 것은?

① 목재기본밀도(WD)는 일반적으로 침엽수가 활엽수보다 높다.

② 탄소전환계수(탄소함량비, CF)는 0.5를 적용한다.

③ 바이오매스 확장계수(BEF)는 일반적으로 1.0 이상이다.

④ 탄소(C) − 이산화탄소(CO_2) 전환계수는 $\dfrac{44}{12}$ 를 적용한다.

7 임분구조에 대한 설명으로 옳지 않은 것은?

① 동령림의 임분구조는 일반적으로 평균직경급에서 최대 입목본수를 나타낸다.

② 동령림의 임분구조는 일반적으로 종모양의 정규분포 형태를 나타낸다.

③ 이령림의 임분구조는 전형적인 역 J자 분포의 형태를 나타낸다.

④ 이령림에서는 낮은 직경급에 본수가 적게 분포하고 직경급이 증가할수록 본수가 많아지는 경향이 있다.

· ·

ANSWER 5.④ 6.① 7.④

5

훈데스하겐 공식에 의한 표준연벌채량 = 현실축적 $\times \dfrac{\text{법정벌채량}}{\text{법정축적}}$

따라서 $160,000 \times \dfrac{30,000}{120,000} = 40,000$

6 ① 목재기본밀도는 일반적으로 활엽수가 침엽수보다 높다. 활엽수의 목재기본 밀도는 수종에 따라 0.6~0.8 정도이고, 침엽수는 0.3~0.5 정도이다.

7 ④ 이령림에서는 낮은 직경급에 본수가 많이 분포하고 직경급이 증가할수록 본수가 적어지는 경향이 있다(→역J자 모양). 반면 동령림의 경우 임분구조가 평균직경급을 중심으로 분산되는 경향을 보인다(→종 모양).

8 「공·사유림 경영계획 작성 및 운영 요령」에 의하여 사유림 경영계획서를 작성할 때, 임분 총축적을 산정하기 위한 산림조사 요령에 대한 설명으로 옳은 것은?

① 천연림에 대한 표준지 조사면적은 산림(소반)면적의 1% 이상으로 한다.

② 표준지내 재적은 표준지내에서 우세목들을 선정하고, 우세목들의 평균가슴높이지름 및 평균수고를 이용하여 구한다.

③ 표준지는 소반 내 평균임상인 개소에서 선정하고, 1개 표준지 면적은 최소 0.04ha로 한다.

④ 흉고직경은 2cm 괄약으로 측정하며, 6cm 이하는 측정하지 않는다.

9 자연휴양림의 수용력에 의한 관리기법에 대한 설명으로 옳지 않은 것은?

① 휴양림 방문자의 이용밀도를 조절하고 안전과 질서를 유지하는 관리기법에는 간접기법과 직접기법이 있다.

② 휴양림 관리의 직접기법 수단으로는 물리적 변형, 요금 부과, 정보 제공 등이 있다.

③ 수용력이란 자연환경 또는 이용자의 체험수준이 과밀이용으로 인한 손상을 받지 않는 범위 내에서 유지될 수 있는 최대한도를 의미한다.

④ 물리적 변형법은 접근도로·산책로·주차장 등의 선형을 변경·신설하는 것을 포함한다.

ANSWER 8.③ 9.②

8 ① 천연림에 대한 표준지 조사면적은 산림(소반)면적의 2%(인공조림으로서 조림년도와 수종이 같을 경우 1%) 이상으로 한다.
② 표준지내 재적은 표준지내 입목의 평균가슴높이지름 및 평균 수고를 이용하여 구한다.
④ 흉고직경 6cm 이상의 입목을 대상으로 한다.

9 ② 물리적 변형, 요금 부과, 정보 제공은 간접기법에 해당한다. 직접기법 수단으로는 사용규제, 활동제한, 지역통제, 규정부과 등이 있다.

10 어느 산림법인이 500,000원에 기계톱을 구입하여 5년간 사용하는 것으로 추정하고 잔존가치는 50,000 원으로 산정하였다. 연수합계법으로 계산한 2년째의 감가상각비(원)는?

① 60,000

② 90,000

③ 120,000

④ 150,000

11 산림경영에서 활용하고 있는 지리정보시스템(GIS)에 대한 일반적인 설명으로 옳지 않은 것은?

① 일반적으로 자료 · 소프트웨어 · 하드웨어 · 인적자원 · 응용프로그램 등으로 구성된다.

② 자료유형은 공간자료와 속성자료로 구분되며, 속성자료는 공간정보가 가지고 있는 내용을 의미한다.

③ 공간자료는 벡터자료(vector data)와 래스터자료(raster data)로 구분되는데, 래스터자료는 경계선이 정확하고 섬세한 묘사가 가능하다.

④ 일반적으로 자료를 임상도, 산사태위험지도 등의 주제도 형태로 구축하여 관리하고 있다.

ANSWER 10.③ 11.③

10 연수합계법은 자산의 수명 초반에 더 많은 감가상각이 발생한다고 추정하는 가속상각법이다.

연간 감가상각비 $= \dfrac{(\text{취득원가} - \text{잔존가치}) \times \text{잔존 내용연수}}{\text{연수합계}}$

연수합계 $= \text{예상 내용연수} \times \dfrac{(\text{예상 내용연수}+1)}{2} = 5 \times \dfrac{6}{2} = 15$

따라서 $\dfrac{(500{,}000 - 50{,}000) \times 4}{15} = 120{,}000$

11 ③ 경계선이 정확하고 섬세한 묘사가 가능한 것은 벡터자료이다. 래스터자료는 경계선이 톱니모양으로 거칠고 선이나 점의 표현이 부정확해 섬세한 묘사가 불가능하다.

12 국유림 경영계획에서 시업상 취급을 달리할 경우 소반 구획의 조건으로 옳지 않은 것은?

① 소밀도 · 토성이 상이할 때

② 지위급 · 지리급이 상이할 때

③ 임종 · 임상 · 영급이 상이할 때

④ 산림의 기능이 상이할 때

13 산림경영 패러다임(paradigm)의 변천 과정에서 전통적인 보속수확의 개념이 다목적 이용의 개념으로 변화하게 된 가장 중요한 계기는?

① 산림 탄소배출권의 증가

② 산림의 물질생산 기능과 더불어 공익기능의 제고 필요성 증대

③ 지속가능한 인간 및 산림생태계의 공존

④ 자연물질순환과정을 통하여 생성된 사용가치를 취득하려는 노력의 증가

ANSWER 12.① 13.②

12 지형지물 또는 유역경계를 달리하거나 시업상 취급을 다르게 할 구역은 소반을 달리 구획한다〈공 · 사유림 경영계획 작성 및 운영 요령 별표(산림경영계획서 기재요령)〉.
ㄱ 기능(생활환경보전림, 자연환경보전림, 수원함양림, 산지재해방지림, 산림휴양림, 목재생산림)이 상이할 때
ㄴ 지종(법정제한지, 일반경영지 및 입목지, 무립목지)이 상이할 때
ㄷ 임종, 임상, 작업종이 상이할 때
ㄹ 임령, 지위, 지리, 또는 운반계통이 상이할 때

13 다목적 이용은 산림을 구획하고 각각의 부분에서 다른 종류의 편익을 생산하는 것이다. 공익기능에 대한 사회적 수요의 증대를 수용하기 위해 1960년에 미국에서 제도화되었다. 산림자원을 목재와 비목재 임산물 · 야생동물 · 산림휴양 등으로 확대한 후 이들을 개별적으로 보속수확하는 것이다.

14 일반 줄자를 이용하여 입목의 흉고 둘레를 측정한 값이 92.0cm이었다. 직경테이프(diameter tape)의 원리를 이용하여 이 입목의 흉고직경을 추정한다면, 그 값(cm)은? (단, 결과값은 소수점 둘째자리에서 반올림하여 2cm 괄약을 적용한다)

① 30
② 32
③ 34
④ 36

15 다음은 우리나라의 「제7차 국가산림자원조사 및 산림의 건강·활력도 현지조사 지침서」상 산림의 정의이다. ㉠～㉢에 들어갈 수치를 옳게 짝 지은 것은?

> 최소면적이 (㉠)ha 이상, 수고가 최소한 5m까지 자랄 수 있는 입목의 수관밀도가 (㉡)% 이상인 토지로서, 최소 폭이 (㉢)m 이상이어야 한다. 인위적 또는 자연적 요인에 의해 일시적으로 나무가 제거되었지만 산림으로 회복될 것으로 예상되는 미립목지와 죽림을 포함한다.

	㉠	㉡	㉢
①	0.5	10	30
②	0.5	20	50
③	1.0	10	50
④	1.0	20	100

ANSWER 14.① 15.①

14 직경테이프는 나무의 둘레를 측정하였을 때 직경으로 환산되어 읽을 수 있도록 눈금이 고안된 기구이다. 원둘레는 지름에 원주율(3.14)을 곱한 값으로 구하므로, 나무의 직경은 둘레를 3.14로 나눠 구할 수 있다. 따라서 $\frac{92}{3.14} = 29.299\cdots$인데 소수점 둘째 자리에서 반올림하면 29.3이고, 2cm 괄약을 적용하면 30cm이다. 직경테이프는 나무의 둘레가 원이라는 가정 하에 제작되었기 때문에 불규칙한 형태의 임목에서는 다소 큰 오차를 낼 수 있다.

15 제7차 국가산림자원조사 및 산림의 건강·활력도 현지조사 지침서상 산림의 정의 ··· 최소면적(Minimum area)이 0.5ha 이상, 수고가 최소한 5m까지 자랄 수 있는 입목의 수관밀도(Canopy cover)가 10% 이상인 토지로서, 최소 폭(Minimum width)이 30m 이상이어야 한다. 인위적 또는 자연적 요인에 의해 일시적으로 나무가 제거되었지만 산림으로 회복될 것으로 예상되는 미립목지와 죽림을 포함한다.

16 산림평가에서 소요되는 경비에 대한 설명으로 옳지 않은 것은?

① 조림비는 다년간에 걸쳐서 지출되므로 조림 마지막 연도에 지출되는 것으로 취급하여, 조림비 후가합계를 계산한다.

② 주벌수확 · 간벌수확 및 부산물수확을 하고 제품화하여 소비시장까지 운반하는 데 소요되는 일체의 비용을 채취비라고 한다.

③ 조림비와 채취비를 제외한 산림의 경영 · 관리에 소요되는 일체의 비용을 관리비라고 한다.

④ 임목을 원목으로 판매하는 경우 기업이익 · 금리 및 위험부담비는 채취비와는 성질이 다르지만 벌출사업상 필요한 것은 채취비로 취급한다.

17 산림경영의 경제성 분석 중 손익분기점에 대한 설명으로 옳은 것은?

① 일반적으로 총고정비의 비중이 상대적으로 낮고 한계수익률이 상대적으로 높으면, 손익분기점에 도달하는 기간이 상대적으로 느리다.

② 총고정비는 생산량과 관계없이 일정하며, 변동비는 단위당 변동비를 생산량으로 나눈 값이다.

③ 손익분기 판매량은 총고정비를 단위당 판매가격에서 단위당 변동비를 뺀 값으로 나눈 것이다.

④ 총수익은 생산량과 단위당 판매가격을 더하여 산출한다.

18 「임업 및 산촌 진흥촉진에 관한 법률 시행령」상 임업인에 해당하지 않는 자는?

① 3ha 이상의 산림에서 임업을 경영하는 자

② 임업경영을 통한 임산물 연간 판매액이 100만 원 이상인 자

③ 1년 중 90일 이상 임업에 종사하는 자

④ 「산림조합법」 제18조에 따른 조합원으로서 임업을 경영하는 자

19 산림휴양에 실질적인 참여가 이루어지는 수요로서 산림휴양객의 행태·인식 등에 대한 목적지 조사에서 취합되는 자료의 의미를 갖는 것은?

① 잠재수요   ② 현시수요

③ 유효수요   ④ 예측수요

---

18 임업인의 범위〈임업 및 산촌 진흥촉진에 관한 법률 시행령 제2조〉

㉠ 3헥타르 이상의 산림에서 임업을 경영하는 자

㉡ 1년 중 90일 이상 임업에 종사하는 자

㉢ 임업경영을 통한 임산물의 연간 판매액이 120만원 이상인 자

㉣ 「산림조합법」 제18조에 따른 조합원으로서 임업을 경영하는 자

19 현시수요 … 잠재수요가 현실적으로 나타난 경우로 산림휴양에 실질적인 참여가 이루어진다.

① **잠재수요** : 내재하여 있으나 현실적으로 나타나고 있지 않은 수요로, 개인적인 제약조건이 없어지고 적절한 기회가 주어진다면 현시수요가 될 수 있는 수요

③ **유효수요** : 주관적인 욕망에 그치지 않고 실제로 그 욕망을 충족시킬 수단이 있는 수요

20 벌기가 40년인 편백림 1ha의 조림비가 500,000원이고 관리비는 매년 50,000원이다. 주벌수입을 21,500,000원 올릴 수 있다면, 이 산림의 임지기망가(원/ha)는? (단, 연이율은 5%이고, $1.05^{40} = 7.0$ 으로 한다)

① 500,000

② 1,000,000

③ 1,500,000

④ 2,000,000

20 임지기망가 $= \dfrac{주벌수익 - \{조림비 \times (1+연이율)^{벌기}\}}{(1+연이율)^{벌기} - 1} - \dfrac{관리비}{연이율}$

$\dfrac{21,500,000 - \{500,000 \times (1+0.05)^{40}\}}{(1+0.05)^{40} - 1} - \dfrac{50,000}{0.05} = \dfrac{21,500,000 - 3,500,000}{6} - 1,000,000 = 2,000,000$

즉, 임지기망가는 2,000,000원/ha이다.

※ 임지기망가에 영향을 끼치는 인자
  ㉠ 이율이 낮을수록 임지기망가가 커진다.
  ㉡ 주벌수입과 간벌수입이 많을수록 임지기망가가 커진다.
  ㉢ 조림비와 관리가 적을수록 임지기망가가 커진다.
  ㉣ 벌기가 길수록 임지기망가가 커진다.
  ㉤ 임지기망가는 어느 지점에서 최고값을 기록한 다음 점점 작아진다.

1 벌기령에 대한 설명으로 옳지 않은 것은?

① 공예적 벌기령은 최대 수익성을 주목적으로 하지 않지만, 결과적으로 이를 실현할 수 있다.

② 조림적 벌기령은 생리적 벌기령이라고도 하며, 자연경관을 중요시 하는 산림에 적용할 수 있다.

③ 산림순수익 최대의 벌기령은 시차를 고려하고 있어 조림비, 관리비, 자본의 이자를 계산하고 있는 것이 장점이다.

④ 토지순수익 최대의 벌기령은 사유림에 더 적합하나, 일반적으로 벌기령이 낮아져 산림축적이 작아지는 경향이 있다.

2 「산림자원의 조성 및 관리에 관한 법률 시행규칙」에서 제시된 벌채기준에 해당되지 않는 것은?

① 수확을 위한 벌채   ② 수종갱신을 위한 벌채

③ 산지전용을 위한 벌채   ④ 피해목 제거를 위한 벌채

ANSWER 1.③ 2.③

1 ③ 산림순수익은 총수익에서 일체의 경비를 공제한 것이다. 산림순수익 최대의 벌기령은 순수익이 최대가 되는 연령으로 시차를 고려하지 않아 경비에 대한 이자를 계산하고 있지 않은 것이 단점이다.

  ※ 벌기령의 종류

    ㉠ 생리적 벌기령 : 임목이 생리적(자연적)으로 고사하게 되는 연령과 용재림으로 품질이 좋은 종자가 가장 많이 생산되는 시기

    ㉡ 공예적 벌기령 : 일정한 용도에 적당한 크기와 재질을 가진 목재를 생산할 수 있는 연령

    ㉢ 이재적(理財的) 벌기령 : 임지로부터 최대의 순수익을 얻을 수 있는 시기 = 토지기망가가 최대인 시기

    ㉣ 주벌령적 벌기령 : 산림순수확을 가장 크게 할 수 있는 시기

      • 임목을 일정한 성숙상태로 육성시키는데 필요한 계획상의 연수로서 경영목표 달성에 가장 적합한 벌채연령

      • 임분 또는 임목을 벌채, 이용할 수 있는 연령. 혹은 일정한 산림경영 원칙 하에서의 주벌수확기에 이른 나무의 나이

2 벌채기준〈산림자원의 조성 및 관리에 관한 법률 시행규칙 별표3〉

  ㉠ 수확을 위한 벌채

  ㉡ 숲가꾸기를 위한 벌채

  ㉢ 수종갱신을 위한 벌채

  ㉣ 피해목 제거를 위한 벌채

3 법정임분배치에 대한 설명으로 옳지 않은 것은?

① 평지림에서는 성숙임분이 유령임분의 내부에 위치하지 않도록 배치한다.

② 산악림에서는 성숙임분이 유령임분보다 산정부에 위치하지 않도록 배치한다.

③ 각 영계의 임분은 벌채 운반 시 인접 유령임분에 지장이 없도록 배치한다.

④ 임분이 갱신될 때 폭풍이나 한풍에 대해 성숙임분이 우선하여 보호되도록 배치한다.

4 지위가 높을수록 나타나는 임분생장의 일반적 특성으로 옳지 않은 것은?

① 단위면적당 흉고단면적이 커진다.

② 단위면적당 본수는 많아진다.

③ 우세목과 준우세목의 수고는 커진다.

④ 단위면적당 재적이 커진다.

5 산림경영계획서 작성 시 임황조사 내용으로 옳지 않은 것은?

① 표준지 면적은 산림(소반) 면적의 2%(인공조림지로서 조림연도와 수종이 같은 경우 1%) 이상으로 한다.

② 임령의 산정은 인공조림지의 경우 조림연도의 묘령을 기준으로 하고, 그 외 임령 식별이 불분명한 임지는 생장추를 뚫어한다.

③ 경급은 입목 흉고직경을 2cm 단위로 측정하여 최저에서 최고로 나타낸 범위를 분모로, 평균을 분자로 표시한다.

④ 표준지조사는 소반 내 모든 입목의 흉고직경과 수고를 측정하여 입목 개개의 단목재적을 구한 후 합산하여 전체재적을 산출한다.

ANSWER 3.④ 4.② 5.④

3 ④ 임분이 갱신될 때 폭풍이나 한풍에 대해 유령임분이 우선하여 보호되도록 배치한다.

4 ② 일반적으로 지위가 높을수록 단위면적당 본수는 적어진다.

5 ④는 전수조사에 대한 설명이다. 표준지조사는 산림(소반) 내 평균임상 중 선정한 표준지를 대상으로, 표준지 내에서 측정한 입목의 흉고직경과 수고 평균을 기준으로 전체재적을 산출한다.

6 2015년 기준 우리나라 사유림 현황에 대한 설명으로 옳지 않은 것은?

① 전업임가 수가 겸업임가 수보다 많다.

② 산림소유면적이 2ha 미만인 산주가 전체의 60% 이상이다.

③ 부재산주의 수가 소재산주의 수보다 많다.

④ 사유림은 전체산림 면적의 60% 이상이다.

7 재적이 100 m³이고 직경생장률이 3%인 소나무 임분의 재적생장량[m³]을 Breymann 간편식에 의해 계산하면?

① 3

② 6

③ 9

④ 12

8 임분 생장량[m³] 측정결과가 다음과 같을 때, 초기재적에 대한 총생장량은?

측정초기의 입목재적(V_1)	측정말기의 입목재적(V_2)	측정기간 중 고사량(M)	측정기간 중 벌채량(C)	측정기간 중 진계생장량(I)
1,500	2,000	200	500	100

① 800

② 900

③ 1,000

④ 1,100

....

ANSWER 6.① 7.② 8.④

6 ① 겸업임가 수가 전업임가 수보다 많다.

7 Breymann의 간편식은 재적생산량을 직경의 함수로 표시한다.
재적생산량 = 현재의 재적 × (2 × 직경생장률) = 100 × (2 × 0.03) = 6

8 총생장량은 측정말기의 재적과 측정기간 동안의 고사량, 벌채량의 총합에서 측정초기의 입목 재적을 제외한 값을 말한다. 이 때 총생장량에는 진계생장량이 포함되어 있다.
따라서 초기재적에 대한 총생장량 = (2,000 + 200 + 500) − (1,500 + 100) = 1,100

9 벌채목의 실적계수에 대한 설명으로 옳지 않은 것은?

① 일반적으로 침엽수의 실적계수는 활엽수보다 크다.

② 실적계수는 실적을 충적으로 나눈 비(%)를 나타낸다.

③ 직경이 작은 나무는 직경이 큰 나무에 비하여 실적계수가 크다.

④ 충적은 목재와 공간을 포함한 용적이고, 실적은 목재만의 재적이다.

10 다음 조건을 갖는 소나무 이령림의 재적령[년]을 Smalian식으로 계산하면? (단, 소수점 첫째 자리에서 반올림한다)

임령(년)	재적(m^3)
10	400
20	800
30	2,100

① 21　　　　　　　　　　　　② 22

③ 25　　　　　　　　　　　　④ 26

9 ③ 실적계수는 실적을 충적으로 나눈 백분율을 말한다. 직경이 작은 나무는 직경이 큰 나무에 비하여 실적계수가 작다.

10 Smalian식으로 이령림의 재적령을 계산하면 $\dfrac{(임령별\ 재적의\ 총합)}{\left\{\left(\dfrac{재적}{임령}\right)의\ 총합\right\}}$ 이므로,

$$\frac{(400+800+2{,}100)}{\left\{\left(\dfrac{400}{10}\right)+\left(\dfrac{800}{20}\right)+\left(\dfrac{2{,}100}{30}\right)\right\}} = \frac{3{,}300}{40+40+70} = 22$$

11 산림생장모델에 대한 설명으로 옳은 것은?

① 임분생장모델은 단목생장모델보다 임분의 구조를 더 잘 나타낼 수 있다.

② 정적임분생장모델은 관리방법에 따라 임분의 생장 및 수확을 다양하게 예측하는 생장모델이다.

③ 직경분포모델에서 직경급을 하나로 하면 임분생장모델이 된다.

④ 과정기반모델은 개체목 생장에 기반을 두어야 하는 속성상 대부분 임분생장모델의 형태로 구축되고 있다.

12 산림경영투자안의 경제성 분석에 대한 설명으로 옳은 것은?

① 회수기간법에서 상호배타적인 복수의 투자안이 있을 때 자본회수기간이 목표회수기간보다 짧은 투자안에서 가장 짧은 안을 선택한다.

② 순현재가치법에서 상호배타적인 복수의 투자안이 있을 때 순현재가치가 0보다 작은 사업 중 그 수치가 가장 작은 사업을 선택한다.

③ 수익비용비법에서 단일 투자안이라면 수익·비용비가 1보다 작으면 경제성이 있다.

④ 내부수익률법에서 단일 투자안이라면 내부수익률이 시장이자율보다 낮으면 경제성이 있다.

ANSWER 11.③ 12.①

11 ① 임분의 구조는 단목생장모델이 더 잘 나타낼 수 있다.
　　② 적정임분생장모델은 고정된 하나의 관리방법하에서 임분의 생장 및 수확을 예측하는 생장모델이다.
　　④ 과정기반모델은 개체목 생장에 기반을 두어야 하는 속성상 대부분 단목생장모델의 형태로 구축되고 있다.

12 ② 순현재가치법에서 상호배타적인 복수의 투자안이 있을 때 순현재가치가 0보다 큰 사업(→순후생의 증가) 중 그 수치가 가장 큰 사업을 선택한다.
　　③ 수익비용비법에서 단일 투자안이라면 수익·비용비가 1보다 작으면 경제성이 없다(→수익 < 비용).
　　④ 내부수익률법에서 단일 투자안이라면 내부수익률이 시장이자율보다 낮으면 경제성이 없다(→수익 < 이자).

13 산림경영의 지도원칙에 대한 설명으로 옳지 않은 것은?

① 수익성의 원칙은 최대 순수익 또는 최고 수익률을 올리도록 산림을 경영해야 한다는 것이며 수익성은 수익률 또는 이윤율에 의해 표현된다.

② 공공성의 원칙은 산림이 공공의 복지증대에 기여할 수 있도록 목재공급보다 국토보안, 수원함양 등의 기능을 강화하도록 경영하는 것이다.

③ 보속성의 원칙은 임목생산을 대상으로 하는 산림에서 매년 수확을 균등적 · 항시적으로 영속하고 그에 필요한 전제조건을 유지하도록 경영하는 것이다.

④ 생산성의 원칙은 재적수확최대의 벌기령을 택함으로써 실현될 수 있다.

14 다음 중 『지속가능한 산림경영에 관한 대한민국 국가보고서 2014』에 따른 지속가능한 산림경영을 위한 산림생태계의 생산력유지 기준에 해당되는 지표들로만 묶은 것은?

> ㉠ 산림병해충 등 생물적 요인에 의한 산림피해면적
> ㉡ 산림면적 · 비율 및 목재생산 가능 면적
> ㉢ 산림바이오매스 총탄소저장량
> ㉣ 재래종과 외래종 식재지 면적과 임목축적

① ㉠, ㉡
② ㉠, ㉢

③ ㉡, ㉣
④ ㉢, ㉣

ANSWER 13.② 14.③

13 ② 환경보전 원칙에 대한 설명이다. 공공성의 원칙은 산림경영은 인류의 공공 복리증진을 위한 방향으로 경영해야 한다는 것이다. 후생성의 원칙, 공익성의 원칙이라고도 한다.

14 ㉠ 산림생태계 건강도와 활력도 유지 기준
㉢ 지구탄소순환에 대한 산림의 기여도 기준
※ 「지속가능한 산림경영에 관한 대한민국 국가보고서 2014」에 따른 산림의 생산력이란 산림에서 직 · 간접적으로 생산되는 광범위한 재화와 서비스를 공급할 수 있는 잠재적인 능력을 말한다. 이 기준은 산림을 효율적으로 이용하여 생산력을 지속적으로 유지 관리하는 생태환경적인 측면과 산림을 계획적으로 경영하여 생산력을 증진시키는 경제적인 측면이 모두 포함되어 있다.
㉠ 산림면적 · 비율 및 목재상산 가능 면적
㉡ 목재생산 가능 면적의 임상별 임목축적과 연간생장량
㉢ 재래종과 외래종 식재지 면적과 임목축적
㉣ 순생장량 또는 보속수확량의 비율로서 연간목재수확량

15 국유림경영계획을 위한 산림조사 중 지황조사에 대한 설명으로 옳지 않은 것은?

① 미립목지는 입목도 30 % 이하인 임지이다.

② 토성은 B층 토양의 모래 · 미사 · 점토의 함량을 촉감법으로 구분한다.

③ 유효토심은 '천', '중', '심'으로 표시하며, '심'은 유효토심 60 cm 이상을 의미한다.

④ 토양건습도 '적윤'은 손으로 꽉 쥐었을 때 손가락 사이에 물기가 약간 비친 정도를 나타낸다.

16 래스터 자료의 각 셀에 입력된 정보의 속성 값을 바꾸어 새로운 래스터 정보로 구축하는 GIS 기능은?

① Intersect

② Reclassification

③ Triangular irregular networks

④ Dissolve

ANSWER 15.④ 16.②

15 ④ 약습에 대한 설명이다. '적윤'은 손으로 꽉 쥐었을 때 손바닥 전체에 습기가 묻고 물에 대한 감촉이 뚜렷한 정도이다.

※ 건습도 구분

구분	기준
건조	손으로 꽉 쥐었을 때 수분에 대한 감촉이 거의 없음
약건	꽉 쥐었을 때 손바닥에 습기가 약간 묻을 정도
적윤	손으로 꽉 쥐었을 때 손바닥 전체에 습기가 묻고 물의 감촉이 뚜렷
약습	꽉 쥐었을 때 손가락 사이에 물기가 약간 비침
습	꽉 쥐었을 때 손가락 사이에 물방울이 맺힘

16 분류(Classification)는 사용자의 필요에 따라서 일정 기준에 맞추어 데이터를 나누는 것을 말한다. 모든 GIS 자료는 어떤 형태로는 분류가 가능하다. 재분류(Reclassification)는 래스터 자료의 각 셀에 입력된 정보의 속성 값을 바꾸어 새로운 래스터 정보로 구축하는 GIS의 기능으로, 사용자의 필요에 따라 분류된 정보의 속성을 바꾸어 새로운 정보로 구축할 수 있다.

17 REDD+ 사업을 체계적으로 운영하기 위한 구성요소에 대한 설명으로 옳지 않은 것은?

① 범위(scope)는 REDD+하에서 온실가스 배출 감축량을 발생시켰다고 인정받을 수 있는 활동을 다룬다.

② 재정(finance)은 배출 감축을 보상하기 위해 재원을 어디로부터 마련할 것인지를 다룬다.

③ 배분(distribution)은 REDD+ 활동으로부터 얻은 수익을 누구에게, 어떻게 사용할 것인지를 다룬다.

④ 보고(report)는 사업수행을 통해 발생한 온실가스 흡수량을 정량화하여 기록하는 행위를 다룬다.

ANSWER 17.④

17 REDD+는 사업을 체계적으로 운영하기 위하여 범위(Scope), 기준선(Reference Level), 재정(Finance), 배분(Distribution) 4 가지를 구성요소로 갖추고 있어야 한다.

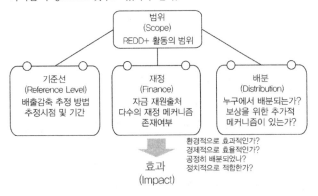

※ RED, REDD, REDD+의 개념과 사업 범위

구분	정의	사업 범위
RED	Reducing Emissions from Deforestation	• 산림 전용 방지
REDD	Reducing Emissions from Deforestation and Forest Degradation	• 산림 전용 및 황폐화 방지
REDD+	Reducing Emissions from Deforestation and Forest Degradation and the role of conservation, sustainable management of forests and Enhancement of forest carbon stocks in Developing countries	• 산림 전용 및 황폐화 방지 • 지속 가능한 산림경영 • 산림탄소 증진

18 제재목 판매단가가 80,000원/m³, 변동비는 40,000원/m³, 고정비가 1,000,000원이라고 할 경우, 목표 이익 3,000,000원을 달성하기 위한 제재목 매출량[m³]은?

① 100

② 200

③ 300

④ 400

19 벌기가 n년인 m년생의 낙엽송 인공림에서, a년생일 때 간벌수입 D_a가 발생한다면 임목기망가의 간벌수입(D)은? (단, 이율은 p%이고, n > a > m)

① $D = \dfrac{D_a 1.0p^{n-a}}{1.0p^{n-m}}$

② $D = \dfrac{D_a 1.0p^{n-a}}{0.0p^{n-m}}$

③ $D = \dfrac{D_a 1.0p^{n-m}}{1.0p^{n-a}}$

④ $D = \dfrac{D_a 1.0p^{n-m}}{0.0p^{n-a}}$

20 임지를 1,000만 원에 구입한 즉시 조림비로 100만 원을 지출하였고, 매년 관리비로 10만 원이 들었다. 조림 후 15년째의 임목비용가[만 원]는? (단, 이자율은 연 5%이며, $1.05^{15} = 2.0$ 적용)

① 1,200

② 1,210

③ 1,400

④ 2,600

ANSWER 18.① 19.① 20.③

18 목표이익을 달성하기 위한 매출량 = (고정원가 + 목표이익) / 단위당 공헌이익
공헌이익 = 한계이익 − 단위당 변동비
따라서 $\dfrac{(1,000,000 + 3,000,000)}{(80,000 - 40,000)} = \dfrac{4,000,000}{40,000} = 100$

19 임목기망가의 간벌수입 $= \dfrac{D_a 1.0p^{n-a}}{1.0p^{n-m}}$

20 임목비용가법은 평가하고자 하는 임목에 대하여 평가 시까지 투입된 비용을 부가하고, 그 동안 간벌 등에 의하여 얻어진 수익을 공제하여 임목의 가격을 평가하는 방법이다.
임목비용가 $= (B + V)(1.0p^m - 1) + (C 1.0p^m)$
$(1,000 + 200)(1.05^{15} - 1) + (100 \times 1.05^{15}) = 1,200 + 200 = 1,400$

1 임지 취득원가의 복리합계액에 의해서 임지를 평가하는 방식은?

① 원가방법

② 비용가법

③ 기망가법

④ 환원가법

2 생산함수의 특성에 대한 설명으로 가장 옳지 않은 것은?

① 평균생산물과 한계생산물은 모두 처음에는 증가하다가 최고치에 달한 다음에는 감소한다.

② 평균생산물은 0 이하로 감소할 수 없으나 한계생산물은 (−)값을 가질 수 있다.

③ 평균생산물이 최고에 달할 때 한계생산물과 같아진다.

④ 평균생산물은 총생산물곡선의 기울기로 표시되며 총생산물곡선의 기울기가 가장 가파른 점에서 최대치가 된다.

ANSWER 1.② 2.④

1 취득원가의 복리합계액에 의해 임지를 평가하는 방식은 원가방식 중 비용가법에 해당한다.

※ 임지평가란 임지의 가치를 견적하는 것으로 원가방식, 수익방식, 비교방식, 절충방식 등이 있다.

ㄱ 원가방식 : 비용성에 착안 ex) 원가방법, 비용가법

ㄴ 수익방식 : 수익성에 착안 ex) 기망가법, 수익환원법

ㄷ 비교방식 : 시장성에 착안 ex) 거래사비교법, 시장가역산법

ㄹ 절충방식 : 수익과 비용 양면에 착안 ex) 글라젤법, 조림투자수익율법

2 ④ 총생산물곡선의 기울기로 표시되는 것은 한계생산물이다. 한계생산물은 총생산물곡선의 기울기가 가장 가파른 점에서 최대치가 된다.

3 수확조정 방법 중 평균생장량을 계산인자로 사용하는 수확조정 방법은?

① 생장률법
② Karl법
③ Schneider법
④ Kameraltaxe법

4 임업의 수익성분석에 대한 설명으로 가장 옳은 것은?

① 자본순수익=소득−(가족노동평가액+자기토지지대)
② 자본이익률(%)=(조수익/투하자본액)×100
③ 자본회전율=순수익/투하자본액
④ 토지순수익=조수익+자기토지지대

5 산림경영 지도원칙 중 산림을 기계적 생산체로 취급하는 데 대한 경고에서 나온 지도원칙으로 옳은 것은?

① 환경보전의 원칙
② 경제성의 원칙
③ 수익성의 원칙
④ 합자연성의 원칙

. . . .

ANSWER 3.④ 4.① 5.④

3 Kameraltaxe법은 법정축적의 유지조성을 목적으로 생장량부터 수확을 사정하고 조절하는 것으로, 법정축적액에 대한 현실축적액의 과잉량 또는 부족액을 일정기간에 배분해서 축적의 증벌 또는 생장량의 절벌을 하는 것이다. 성숙림에서는 현재의 평균생장량을, 유령림에서는 수확표에 의한 벌기평균생장량을 사용한다.

$$\text{Kameraltaxe법 계산식} = Z + \frac{\text{현실축적} - \text{법정축적}}{a}$$

4 ② 자본이익률 = (자본순수익/투하자본액) × 100
③ 자본회전율 = 조수익/투하자본액
④ 토지순수익 = 소득 − (가족노동평가액 + 자기자본이자) = 순수익 + 자기토지지대

5 산림경영 지도원칙
㉠ 수익성의 원칙 : 최대이익을 얻을 수 있도록 경영
㉡ 경제성의 원칙 : 최소비용으로 최대효과를 얻을 수 있도록 경영
㉢ 생산성의 원칙 : 단위면적당 최대목재를 생산할 수 있도록 경영
㉣ 보속성의 원칙 : 매년 영속적으로 균등한 목재를 생산할 수 있도록 경영
㉤ 공공성의 원칙 : 목재생산과 동시에 지역주민의 복지증진을 할 수 있도록 경영
㉥ 합자연성의 원칙 : 자연법칙을 존중하여 경영
㉦ 환경보전의 원칙 : 공익을 위한 환경보전 기능을 발휘할 수 있도록 경영

6 산림경영계획의 지황조사에서 지종의 구분에 대한 설명으로 가장 옳은 것은?

① 입목지는 입목도 30%를 초과하는 임지를 말한다.

② 미입목지는 무입목지와 제지로 구분된다.

③ 제지는 펄프용재를 생산하는 임지이다.

④ 소반의 지종 구분은 입목지와 미입목지로 구분된다.

7 앞으로 5년 후 600만원의 가치가 있는 졸참나무림을 구입하기 위한 현재가는 얼마인가? (단, 연이율은 5%이고, $1.05^5=1.5$로 한다.)

① 200만원
② 400만원
③ 600만원
④ 900만원

ANSWER 6.① 7.②

6 지황조사란 임지의 생산력 및 경제적 가치의 판단자료를 위해 대상임지의 기후, 지세, 방위, 경사, 토성, 토양심도, 토양습도, 지위, 지리 등을 조사하는 것이다.

② 무임목지는 미입목지와 제지로 구분된다.

③ 제지는 암석 및 석력지로 조림이 불가능한 임지를 말한다.

④ 소반의 지종 구분은 입목지와 무임목지로 구분된다.

7 현재가 $= \dfrac{n년\ 후\ 가치}{(1+연이율)^n} = \dfrac{6,000,000}{(1+0.05)^5} = \dfrac{6,000,000}{1.5} = 4,000,000$

8 GIS의 벡터정보와 래스터정보에 대한 설명으로 가장 옳지 않은 것은?

① 벡터정보는 래스터정보에 비하여 자료의 구조가 복잡하다는 단점을 갖고 있다.

② 벡터정보는 점, 선, 면의 형태로 위치를 표현한다.

③ 벡터정보는 하나의 도형정보에 다양한 속성정보를 입력할 수 있다.

④ 래스터정보의 각 셀은 2개의 속성정보를 입력할 수 있다.

9 임업경영의 성과를 나타내는 가장 정확한 지표로 옳은 것은?

① 임업소득   ② 임가소득

③ 임업조수익   ④ 임업순수익

10 토지기망가식에서 다른 요소는 일정하다고 가정할 경우 그 중 어떤 요소가 변화됨에 따라 벌기령에 미치는 영향에 대한 설명으로 가장 옳지 않은 것은?

① 조림비가 적을수록 벌기령이 짧아진다.

② 이율이 높을수록 벌기령이 짧아진다.

③ 관리자본이 클수록 벌기령이 짧아진다.

④ 주벌수익에 있어서 소경목과 대경목의 단가차이가 작을 때에는 벌기령이 짧아진다.

ANSWER 8.④ 9.① 10.③

8 ④ 래스터정보의 각 셀은 1개의 속성정보만 입력할 수 있다.

※ 벡터자료와 래스터자료의 장단점

구분	벡터자료	래스터자료
장점	• 선과 점의 표현이 정확 • 경계선이 정확 • 섬세한 묘사가 가능	• 연산이 빠름 • 화소단위 자료와 연계성이 뛰어남 ex) 위성영상
단점	• 연산이 느림 • 화소단위 자료와 연계성이 낮음	• 선과 점의 표현이 부정확 • 경계선이 거침(톱니모양) • 섬세한 묘사 불가능

9 임업경영의 성과에 따라 직접적으로 얻은 소득인 임업소득이 가장 정확한 지표라고 할 수 있다.

10 ③ 관리자본은 벌령기의 길고 짧음과 무관하다. 벌기령에 미치는 영향인자로는 이율, 주벌수확, 간벌수입, 조림비 등이 있다.

11 「국유림경영계획 작성 및 운영요령」에 따른 벌채시업 계획지가 아니더라도 변경승인 없이 벌채가 가능한 경우에 해당하지 않는 것은?

① 공용·공공용 또는 공익사업을 위한 입목벌채

② 천재지변 또는 이에 준하는 사태로 인하여 벌채 등의 긴급 상황이 발생하였을 때

③ 각종 피해목 및 지장목 벌채

④ 공·사유림매수·교환 등 신규취득산림에 대하여 조림 등의 사업을 하고자 할 때

12 김산주 씨는 10년 전에 융자를 받아 잣나무림 4ha를 4,000만원에 구입하고, 5년 전에 500만원을 들여 임지개량을 하였다면 ha당 임지비용가는 얼마인가? (단, 융자금 및 일반금리 모두 연이율 5%이고, 1.05^5=1.2, 1.05^{10}=1.6이라고 한다.)

① 1,750만원 ② 2,250만원

③ 4,500만원 ④ 7,000만원

ANSWER 11.④ 12.①

11 벌채시업계획지외에서의 벌채〈국유림경영계획 작성 및 운영요령 제16조〉 ··· 사업실행자는 제15조에 불구하고 다음의 어느 하나에 해당하는 사유가 발생한 때에는 국유림경영계획상 벌채시업계획지가 아니더라도 변경승인 없이 벌채할 수 있다.

㉠ 공용·공공용 또는 공익사업을 위한 입목벌채

㉡ 천재지변, 「재난 및 안전관리 기본법」에 따른 재난 또는 이에 준하는 사태로 인하여 벌채 등 긴급 상황이 발생하였을 때

㉢ 각종 피해목 및 지장목 벌채

㉣ 기타 국유림 사업수행에 지장이 있는 입목벌채

12 임지비용가법은 임지를 취득한 때부터 조림에 적합한 임지로 될 때까지 지출한비용을 현재가로 환산한 총액을 평가대상 임지가격으로 평정하는 방법이다.

10년 전 4,000만 원에 구입한 임지 : $4,000 \times 1.05^{10} = 4,000 \times 1.6 = 6,400$

5년 전 500만 원을 들여 임지개량 : $500 \times 1.05^5 = 500 \times 1.2 = 600$

$6,400 + 600 = 7,000$이므로 ha당 임지비용가는 $\frac{7,000}{4} = 1,750$이다.

13 지속 가능한 산림경영에 대한 헬싱키프로세스의 기준 및 지표 중 산림의 보호기능 유지 기준으로 옳지 않은 지표는?

① 일반적 보호
② 토양
③ 희소 생태계
④ 물의 안전성

---

13 헬싱키 프로세스의 기준과 지표

기준	목적	지표
기준 1	산림자원의 유지 증진 및 지구탄소순환에의 기여	산림면적과 기타 임지면적, 면적의 변화, 변화량, 총탄소저장량과 임분 내 탄소저장량 변화
기준 2	산림생태계의 건강성 및 활력도 유지	대기오염물질의 집적 총량 및 과거 5년간의 변화량, 유엔/유럽경제위원회와 유럽공동체의 고엽분류방식(2, 3, 4급)에 따라 과거 5년간 산림 고엽량의 심각한 변화, 생물 또는 무생물 매개체에 의한 심각한 피해, 과거 10년간 양분균형 및 산도의 변화
기준 3	산림생산력 기능의 유지 및 증진	과거 10년간 목재의 성장량과 수확량간의 균형, 경영계획 또는 경영지침에 의하여 경영되는 산림면적의 비율, 비목재생산물의 생산액과 생산량의 총량 및 변화량
기준 4	산림생태계의 생물다양성 유지, 보전 및 증진	면적 변화, 산림전체 종수에 대한 위기종의 숫자 및 비율의 변화, 산림유전자원의 보전과 이용을 위하여 경영되고 있는 임분의 비율 변화, 2~3개의 수종으로 구성된 혼효림 비율의 변화, 총갱신면적중 연간 천연갱신면적의 비율
기준 5	산림경영에 있어서 보호기능의 유지 및 증진(특히 토양 및 물)	일차적으로 토양보호를 위하여 경영되는 산림면적 비율, 일차적으로 수자원 보호를 위하여 경영되는 산림면적 비율
기준 6	기타 사회·경제적 기능과 조건의 유지	국민총생산 중 산림부문의 점유율, 휴양의 제공, 임업분야 종사율의 변화, 특히 농촌지역에서의 이의 변화율

※ 헬싱키 프로세스 진행과정
 ㉠ 1990. 12. 프랑스 스트라스부르에서 제1차 유럽산림보호 각료회의 개최 : 산림생태계의 모니터링을 위한 유럽 network 결성 등 6개 결의문(S1-6) 채택(Helsinki Process의 기원)
 ㉡ 1993. 6. 핀란드 헬싱키에서 제2차 유럽삼림보호 각료회의 개최 : "의제 21" 및 "산림원칙"과 관련, 4개 결의문(H1-4) 채택
 ㉢ 1994. 6. 제네바 개최 제1차 헬싱키 각료회의 후속 전문가회의 시 실무위원회 및 과학자문그룹에서 작성된 기준 및 지표를 심의, 유럽국가 이행지침으로 채택

14 「산림문화·휴양에 관한 법률」에서 산림문화·휴양기본계획(이하 "기본계획"이라 한다.) 등의 수립·시행에 대한 설명으로 옳지 않은 것은?

① 산림청장은 전국의 산림을 대상으로 기본계획을 10년마다 수립·시행해야 한다.

② 기본계획에는 산림문화·휴양 수요 및 공급에 관한 사항이 포함되어야 한다.

③ 산림청장은 기본계획을 수립하거나 변경하는 경우에는 산림복지진흥계획과 연계되도록 하여야 한다.

④ 기본계획에는 산림문화·휴양정보망의 구축·운영에 관한 사항이 포함되어야 한다.

ANSWER 14.①

14 산림문화·휴양기본계획 등의 수립·시행〈산림문화·휴양에 관한 법률 제4조〉

㉠ 산림청장은 관계중앙행정기관의 장과 협의하여 전국의 산림을 대상으로 산림문화·휴양기본계획(이하 기본계획)을 5년마다 수립·시행할 수 있다.

㉡ 기본계획에는 다음의 사항이 포함되어야 한다.
- 산림문화·휴양시책의 기본목표 및 추진방향
- 산림문화·휴양 여건 및 전망에 관한 사항
- 산림문화·휴양 수요 및 공급에 관한 사항
- 산림문화·휴양자원의 보전·이용·관리 및 확충 등에 관한 사항
- 산림문화·휴양을 위한 시설 및 그 안전관리에 관한 사항
- 산림문화·휴양정보망의 구축·운영에 관한 사항
- 그 밖에 산림문화·휴양에 관련된 주요시책에 관한 사항

㉢ 산림청장 또는 특별시장·광역시장·특별자치시장·도지사·특별자치도지사는 기본계획에 따라 관할구역의 특수성을 고려하여 지역산림문화·휴양계획을 5년마다 수립·시행할 수 있다.

㉣ 산림청장 또는 시·도지사는 사회적·지역적·산림환경적 여건변화 등을 고려하여 필요하다고 인정하면 기본계획 또는 지역계획을 변경할 수 있다.

㉤ 산림청장은 기본계획을 수립하거나 변경하는 경우에는 「산림복지 진흥에 관한 법률」 제5조에 따른 산림복지진흥계획과 연계되도록 하여야 한다.

㉥ 산림청장 또는 시·도지사는 기본계획 또는 지역계획을 수립하는 경우 산림문화, 산림휴양, 산림치유 및 산림레포츠 등 부문별로 수립할 수 있다.

㉦ 산림청장은 지역계획의 추진실적을 평가하고, 그 결과에 따라 지방자치단체에 차등하여 지원할 수 있다.

㉧ 산림청장은 기본계획에 따른 연도별 시행계획을 수립·시행하고 이에 필요한 재원을 확보하기 위하여 노력하여야 한다.

㉨ 산림청장은 기본계획 및 시행계획을 수립하거나 변경한 때에는 관계 중앙행정기관의 장 및 시·도지사에게 통보하고 국회 소관 상임위원회에 제출하여야 한다.

㉩ 산림청장은 기본계획 및 시행계획을 수립하거나 변경한 때에는 대통령령으로 정하는 바에 따라 이를 공표하여야 한다.

㉪ 산림청장은 기본계획 및 시행계획을 수립하기 위하여 필요한 경우에는 관계 중앙행정기관의 장 또는 시·도지사에게 관련 자료의 제출을 요청할 수 있다. 이 경우 자료의 제출을 요청받은 관계 기관의 장은 정당한 사유가 없으면 이에 따라야 한다.

㉫ 기본계획과 시행계획 및 지역계획의 수립절차, 변경 등에 관하여 필요한 사항은 대통령령으로 정한다.

15 간벌(솎아베기)과 고사에 의한 감소량에 관심이 있는 산림연구자의 생장량 측정방법으로 가장 옳은 것은?

① 입목축적에 대한 순변화량

② 초기재적에 대한 총생장량

③ 진계생장량을 포함하는 순생장량

④ 진계생장량을 포함하는 총생장량

16 산림에서 이산화탄소 흡수량을 추정하는 방법에 대한 설명으로 가장 옳지 않은 것은?

① 수간 재적에 목재기본밀도를 곱하여 수간 바이오매스를 산정한다.

② 탄소 전환계수는 0.5를 적용한다.

③ 탄소-이산화탄소 전환계수는 $\dfrac{12}{44}$를 적용한다.

④ 임목 전체 바이오매스에 탄소 전환계수를 곱하여 임목 전체 탄소 저장량을 구한다.

ANSWER 15.② 16.③

15 간벌과 고사에 의한 감소량에 관심이 있는 산림연구자라면, 고사량과 벌채량, 측정초기의 생존입목재적과 진계생장량을 모두 고려하는 초기재적에 대한 총생장량을 사용할 것이다.

※ 생장주기에 따른 5가지 생장량 측정 방법

　㉠ 입목축적에 대한 순변화량 = $V_2 - V_1$

　㉡ 초기재적에 대한 총생장량 = $V_2 + M + C - I - V_1$

　㉢ 초기재적에 대한 순생장량 = $V_2 + C - I - V_1$

　㉣ 진계생장량을 포함하는 총생장량 = $V_2 + M + C - V_1$

　㉤ 진계생장량을 포함하는 순생장량 = $V_2 + C - V_1$

　(V_1 : 측정 초기의 생존입목재적, V_2 : 측정 말기의 생존입목재적, M : 측정기간 동안의 고사량, C : 측정기간 동안의 벌채량, I : 측정기간 동안의 진계생장량)

16 ③ 탄소-이산화탄소 전환계수는 $\dfrac{44}{12}$를 적용한다.

※ 탄소순흡수량(tCO_2) = $\triangle V \times D \times BEF \times (1 + R) \times CF \times \dfrac{44}{12}$

• $\triangle V$: 임목 순생장량(m^3)

• D : 목재기본밀도

• BEF : 바이오매스 확장계수

• R : 뿌리함량비

• CF : 탄소전환계수 : 바이오매스 → 탄소(IPCC 기본값 = 0.5)

• $\dfrac{44}{12}$: 이산화탄소 전환계수 : 탄소(C) → 이산화탄소(CO_2)

17 재적의 종류에 따른 형수(form factor)의 분류로 옳지 않은 것은?

① 수간형수

② 흉고형수

③ 지조형수

④ 수목형수

18 실적계수(實積係數)에 대한 설명으로 가장 옳지 않은 것은?

① 두꺼운 수피를 가지는 수종은 그렇지 않은 수종에 비하여 실적계수가 작다.

② 같은 수종이라도 그 형상이 불규칙한 부분의 실적 계수는 그렇지 않은 것에 비하여 실적계수가 크다.

③ 지조보다는 간재의 실적계수가 크다.

④ 재장이 짧은 것은 긴 것에 비하여 실적계수가 작다.

ANSWER 17.② 18.②

17 재적의 종류에 따른 형수의 분류로는 수간형수, 지조형수, 수목형수, 근주형수가 있다.
② 흉고형수는 직경의 측정위치에 따른 형수의 분류이다.

18 ② 같은 수종이라도 그 형상이 불규칙한 부분의 실적계수는 그렇지 않은 것에 비하여 실적계수가 작다.

19 산림관리협회(FSC)에서 개발한 산림관리에 관한 FSC의 원칙과 규준에 대한 설명으로 가장 옳지 않은 것은?

① 토지와 산림자원에 대하여 장기에 걸쳐 보유와 사용의 권리는 명확하게 규정되어 있음과 동시에 문서화되고, 법적으로 확립되어야 한다.

② 원주민들이 토지와 지역 및 자원을 소유·이용하고 관리하는 법적 및 관습적 권리를 인정하고 존중하여야 한다.

③ 산림관리는 임업에 종사하는 것과 지역사회가 장기에 걸쳐 사회적·경제적 편익을 얻는 상태를 유지 또는 향상시켜야 한다.

④ 산림관리는 경제적 편익을 위한 다양한 생산물 용역(service)의 효과적인 이용을 제한하여야 한다.

....

ANSWER 19.④

19 산림관리를 위한 FSC 원칙과 기준

원칙 1. 법률과 FSC 원칙의 준수 : 국내의 모든 산림관련법률 및 국내조약과 협정을 존중하고, 모든 FSC의 원칙과 기준을 준수하여 산림을 관리하여야 한다.

원칙 2. 소유권, 사용권 및 책임 : 토지와 산림 자원에 관한 장기적인 소유권 및 사용권을 명확히 정의하고, 문서화 하고, 법적으로 확립해야 한다.

원칙 3. 원주민의 권리 : 원주민이 그들의 토지, 영토, 자원을 소유하고, 이용하고, 관리하는 원주민의 법적, 관습적 권리를 인정하고 존중해야 한다.

원칙 4. 지역사회와의 관계와 노동자의 권리 : 산림노동자와 지역사회의 장기적인 사회적, 경제적 복지를 유지하거나 향상시키도록 산림을 관리해야 한다.

원칙 5. 산림이 제공하는 편익 : 산림관련 작업 시, 경제적 타당성과 다양한 환경적, 사회적 편익을 확보할 수 있도록 산림의 다양한 임산물 및 산림서비스의 효율적인 이용을 촉진시킬 수 있도록 산림을 관리해야 한다.

원칙 6. 환경에 미치는 영향 : 생물다양성과 그와 관련된 가치, 수자원, 토양 및 독특하고 취약한 생태계 및 경관을 보전하고, 그렇게 함으로써 산림의 생태적 기능과 본래의 모습을 유지하도록 산림을 관리해야 한다.

원칙 7. 경영계획 : 산업의 규모 및 내용에 적합한 경영계획을 작성하고, 이행하며, 변경해야 한다. 장기경영 목표와 이를 달성하는 수단을 명시해야 한다.

원칙 8. 모니터링과 평가 : 산림상태, 임산물 생산량, 임산물 가공·유통단계의 추적체계, 관리활동 및 이러한 활동의 사회적, 환경적 영향을 평가하기 위해 산림관리의 규모와 내용을 걸맞게 모니터링을 실시해야 한다.

원칙 9. 보전가치가 높은 산림의 유지 : 보전가치가 높은 산림지역 내에서의 관리활동은 보전가치가 높은 산림을 정의하는 속성을 유지하거나 향상시켜야 한다.

원칙 10. 인공 조림지 : 원칙과 기준 1~9 및 원칙 10과 그 기준에 따라 인공 조림지를 계획하고 관리해야 한다.

20 지위(site quality)에 대한 설명으로 가장 옳지 않은 것은?

① 임지의 생산 능력은 보통 지위로 표현된다.

② 지위는 토양, 지형, 입지 및 기타 환경인자에 의하여 결정된다고 할 수 있다.

③ 일정 기준임령에서의 준우세목의 수고를 지위지수라고 한다.

④ 지위지수분류표 및 곡선은 동형법과 이형법으로 제작할 수 있다.

ANSWER 20.③

20　③ 일정 기준임령에서의 우세목의 평균수고를 지위지수라고 한다.

1 산림분야의 6차 산업화에 대한 설명으로 옳지 않은 것은?

① 1·2·3차 산업을 융합하여 임가에 높은 부가가치 소득을 발생시키는 산업이다.

② 증가하는 휴양수요에 부응하며 임업을 고부가가치 산업으로 발전시키기 위하여 움직임이 활발하게 진행 중이다.

③ 산림에서 수확을 매년 균등적·항상적으로 영속할 수 있도록 하는 것이다.

④ 다양한 산림 체험 프로그램을 개발하여 산촌주민의 소득 증대에 이바지할 수 있다.

2 선형계획법의 전제조건 중 의사결정변수가 정수는 물론 소수의 값도 가질 수 있는 조건은?

① 분할성

② 부가성

③ 비례성

④ 선형성

ANSWER 1.③ 2.①

1 ③ 균등적이고 항성적인 수확은 1~2차 산업과 관련 있다.

6차 산업 … 농·임업 등 농·산촌 자원(1차)과 농·임산물 가공, 외식, 유통, 관광·레저 등 2~3차 산업의 융·복합을 통해 새로운 상품과 시장을 창출하여 부가가치를 높이고 일자리를 창출하는 경제활동

※ 산림분야 6차 산업화의 필수요소

    ㉠ 농·임업인 등 농·산촌 지역주민 주도

    ㉡ 지역 부존자원 활용

    ㉢ 창출된 부가가치·일자리가 농·임업 및 농·산촌으로 내부화

2 ① 분할성 : 모든 생산물과 생산수단은 분할이 가능해야한다. 의사결정 변수가 정수는 물론 소수의 값도 가질 수 있다.

② 부가성 : 두 가지 이상의 활동이 고려되어야 한다면 전체 생산량은 개개 생산량의 합계와 일치해야한다. 개개의 활동 사이에 어떠한 변환작용도 일어날 수 없다.

③ 비례성 : 작용성과 이용량은 항상 활동수준에 비례하도록 요구된다.

④ 선형성 : 모형을 구성하는 모든 변수의 관계가 수학적으로 1차함수(선형함수)로 표시되어야한다.

3 현재 우리나라 상수리나무의 지위지수곡선을 제작하기 위한 기준임령[년]은?

① 10

② 25

③ 30

④ 50

4 「산림자원의 조성 및 관리에 관한 법률 시행규칙」상 도시림의 기능 구분이 아닌 것은?

① 풍치형

② 공원형

③ 방풍 · 방음형

④ 생산형

5 투자사업에 대한 효과분석을 위한 평가항목 중 재무분석의 비용에서 제외되는 항목은?

① 세금

② 정부보조금

③ 지불이자

④ 토지매입비

ANSWER 3.③ 4.문제 삭제 5.②

3 상수리나무, 신갈나무는 30년, 이태리포플러는 12년을 제외한 대부분은 20년이 기준임령(년)이다.

4 해당 법조문(제23조 도시림의 기능별 관리)의 삭제(2021. 6. 14.)로 문제 삭제합니다.

5 재무분석의 비용에 포함되는 내용 : 시장가격, 시장임금, 세금, 지불이자, 토지매입비, 할인율(자본비용−시장이자율)

6 「탄소흡수원 유지 및 증진에 관한 법률」상 용어에 대한 설명으로 옳지 않은 것은?

① 재조림 : 최소한 과거 50년 동안 산림이 아니었던 토지에 대하여 인위적인 식재·파종 및 천연갱신 유도를 통하여 산림으로 전환하는 것을 말한다.

② 식생복구 : 신규조림이나 재조림 외에 식생 조성을 통하여 그 입지에서의 산림탄소흡수량을 증가시키는 인위적인 활동을 말한다.

③ 목제품 : 수확된 목재 및 목재를 원료로 가공된 제품을 말한다.

④ 산림탄소상쇄 : 산림탄소흡수량을 온실가스 감축에 사용하는 것을 말한다.

7 산림경영의 목적에 대한 설명으로 옳지 않은 것은?

① 산림경영은 일반적으로 산림이 가지는 여러 기능을 복합하여 경영해야 한다.

② 경제성과 공익성을 구분할 때, 공익성을 경제성의 수단으로 다루어야 한다.

③ 산림이 가지는 모든 기능과 경영조건을 중립적으로 선택·판단하여 목표를 설정하고 임분별로 사업계획을 수립한다.

④ 산림의 건전화에 의한 생산력 증대와 공익적·복지적 기능을 수행하도록 경영한다.

ANSWER 6.① 7.②

6 탄소흡수원 유지 및 증진에 관한 법률 제2조
- 재조림 : 본래 산림이었다가 다른 용도로 전용되어 대통령령으로 정하는 시점 이전까지 산림이 아니었던 토지에 대하여 인위적인 식재·파종 및 천연갱신 유도를 통하여 산림으로 전환하는 것을 말한다.
- 신규조림 : 최소한 과거 50년 동안 산림이 아니었던 토지에 대하여 인위적인 식재·파종 및 천연갱신 유도를 통하여 산림으로 전환하는 것을 말한다.

7 산림을 소유하고 경영하는 것은 산림의 공익성을 높이기 위함으로 공익성이 경제성의 수단으로 다루어질 수 없다.

8 공·사유림 산림경영계획을 수립하기 위한 산림구획 및 산림조사에 대한 설명으로 옳은 것은?

① 공유림경영계획구의 명칭은 경영계획 앞에 읍·면·동 또는 공공단체의 이름을 붙인다.

② 사유림경영계획구의 명칭은 2개 이상의 경영계획구로 구분될 경우 산림소유자명·협업자명 또는 법인체명 뒤에 각각 아라비아 숫자를 붙인다.

③ 산림소재지는 경영계획 편성지의 시·군·구 단위까지만 기록한다.

④ 산림면적은 ha단위 정수로 기록하며, 필요한 경우 소수점 한 자리까지 기재할 수 있다.

9 동령림과 이령림의 임분구조에 대한 설명으로 옳지 않은 것은?

① 동령림의 임분구조는 일반적으로 평균 직경급에 본수가 집중되고 평균에서 멀어질수록 본수가 줄어드는 종모양의 정규분포 형태를 나타낸다.

② 임령이 증가할수록 동령림은 직경급의 분포가 넓어진다.

③ 이령림은 다양한 영급으로 구성되어 Weibull 분포에 의하여 임분구조를 나타낸다.

④ 이령림의 임분구조는 일반적으로 낮은 직경급에 본수가 집중되고 직경급이 증가할수록 본수가 줄어드는 역 J자 형태를 나타낸다.

10 감가상각비의 계산 방법이 옳지 않은 것은?

① 정액법 : 감가상각비 $= \dfrac{\text{취득원가} - \text{잔존가치}}{\text{추정내용연수}}$

② 정률법 : 감가상각비 $= \dfrac{\text{취득원가} - \text{감가상각비누계액}}{\text{감가율}}$

③ 연수합계법 : 감가상각비 = (취득원가 − 잔존가치) × 감가율

④ 생산량비례법 : 총감가상각비 = 실제 생산량 × 생산량당 감가상각률

11 국가산림자원조사를 위한 원형표준지의 면적을 0.04 ha로 할 때 이 표준지의 반지름[m]은? (단, 원주율은 3.14이고 값은 소수점 둘째 자리에서 반올림한다)

① 7.3

② 9.5

③ 11.3

④ 13.5

·······

ANSWER 10.② 11.③

10 ② **정률법** … 취득원가에서 감가상각비 누계액을 뺀 다음의 장부원가에 일정률의 감가율을 곱하여 감가상각비를 산출하는 방법
감가상각비 = (취득원가 − 감가상각비누계액) × 감가율

11 $1\,ha = 10,000m^2$, $g = \dfrac{\pi}{4} \times d^2$ (g : 단면적, d : 지름)

반지름을 x 라 하면, $400 = \dfrac{3.14}{4} \times (2x)^2 \rightarrow 400 = 3.14x^2 \rightarrow x = 11.28 \cdots$

따라서 반지름은 11.3m가 된다.

12 공·사유림 산림경영계획의 임목 생산을 위한 수종과 일반기준 벌기령[년]이 옳게 짝 지어지지 않은 것은?

① 일본잎갈나무(낙엽송) − 30

② 소나무 − 40

③ 편백 − 50

④ 잣나무 − 50

13 국유림경영계획의 임황 조사에 대한 설명으로 옳지 않은 것은?

① 소밀도는 조사면적에 대한 입목의 수관면적이 차지하는 비율을 100분율로 표시한다.

② 수종은 전 수종을 기재하고, 혼효림은 점유비율이 높은 수종부터 3종까지 기재할 수 있다.

③ 영급은 10년을 Ⅰ영급으로 한다.

④ 임령은 임분의 나이를 말하며 $\dfrac{평균수령}{최저 \sim 최고수령}$ 으로 표시한다.

ANSWER 12.③ 13.②

12 기준벌기령〈산림자원의 조성 및 관리에 관한 법률 시행규칙 별표3〉

구분	국유림	공·사유림(기업경영림)
소나무	60년	40년(30년)
(춘양목보호림단지)	(100년)	(100년)
잣나무	60년	50년(40년)
리기다소나무	30년	25년(20년)
낙엽송	50년	30년(20년)
삼나무	50년	30년(30년)
편백	60년	40년(30년)
기타 침엽수	60년	40년(30년)
참나무류	60년	25년(20년)
포플러류	3년	3년
기타 활엽수	60년	40년(20년)

※ 특수용도기준벌기령

펄프, 갱목, 표고·영지·천마 재배, 목공예, 숯, 목초액, 섬유판(fiver board), 산림바이오매스에너지의 용도로 사용하고자 할 경우에는 일반기준벌기령 중 기업경영림의 기준벌기령을 적용한다. 다만, 소나무의 경우에는 특수용도기준벌기령을 적용하지 않는다.

13 ② 수종은 주 수종을 기재하고, 혼효림은 점유비율이 높은 주요 수종부터 5종까지 기재할 수 있다.

14 단목(single tree)의 연령 측정에 대한 설명으로 옳은 것은?

① 임목의 연령(age)이란 임목이 발아하면서부터의 경과 연수를 말하며 경제령을 뜻한다.

② 수목의 연륜(annual ring)에서 분열증식이 왕성하지 않을 때 형성된 것을 춘재, 왕성할 때 형성된 것을 추재라 한다.

③ 생장추를 사용하여 목편을 빼낼 때는 수간축(stem axis)과 평행하는 방향에서 빼내야 한다.

④ 목편을 흉고지점에서 빼낸다면 흉고까지 성장하는데 소요된 연수를 목편의 연륜수에 더한다.

15 임업 생산함수에 대한 설명으로 옳지 않은 것은?

① 평균생산물은 생산요소 1단위당 산출량이다.

② 평균생산물이 증가할 때에는 한계생산물이 평균생산물보다 크다.

③ 평균생산물은 0 이하로는 감소할 수 없으나 한계생산물은 0보다 작은 음의 값을 가질 수 있다.

④ 생산요소투입이 추가되어도 총생산물이 불변일 경우에는 한계생산물은 1이 된다.

ANSWER 14.④ 15.④

14 ① 임목의 연령이란 임목이 발아하면서부터의 경과 연수를 말하며 현실령을 뜻한다. 경제령은 수확표에 의해 구하며, 나무가 아무런 장해를 받지 않고 현재의 크기로 크기까지의 횟수이다.

② 수목의 연륜에서 분열증식이 왕성하지 않을 때 형성된 것을 추재, 왕성할 때 형성된 것을 춘재라 한다.

③ 생장추를 사용하여 목편을 빼낼 때는 수간축의 직각 방향에서 빼내야 한다.

15 ④ 총생산량이 최고치가 되는 점 또는 총생산물이 불변일 때에 한계생산물은 0이 되며, 특정 생산요소를 제외한 다른 생산요소의 투입량을 일정 수준에 고정시키고 그 생산요소의 투입을 증가시키면 한계생산물이 체감한다.

① 평균생산물은 생산요소 1단위당 산출량이고, 한계생산물을 다른 생산요소들을 고정시켜 놓고 가변요소를 증가시킬 때 1단위의 가변요소증분에 대한 총생산물의 증분이다.

② 한계생산물은 평균생산물이 증가하는 한 그것보다 크고 평균생산물이 최고에 달할 때 같아지며 평균생산물이 최고로부터 감소할 때는 그것보다 작다.

③ 평균생산물은 0 이하로는 감소할 수 없으나 한계생산물은 0보다 작은 음의 값을 가질 수 있다. 한계생산물이 음의 값을 가지는 것은 투입요소를 지나치게 집약적으로 사용하는 데서 오는 결과이다.

16 (가)에 해당하는 것은?

제21차 기후변화 당사국 총회에서는 신기후체제 합의문인 [(가)]가/이 채택되었다. 이는 국제사회의 장기 목표로 산업화 이전 대비 지구 평균기온 상승을 2도 낮은 수준으로 유지하고 온도상승을 1.5도 이하로 제한하는 것으로 합의하였다. 온실가스 감축에 국가별 기여방안은 스스로 정하는 방식으로 채택하여, 5년마다 상향된 목표를 제출하되 차별화된 국가 간의 여건을 참작할 수 있도록 합의하였다.

① 교토의정서
② 마라케쉬합의문
③ 발리행동계획
④ 파리협정

17 동일한 지위의 임지에서 벌기에 이르기까지 각 영계의 임목이 동일한 면적이 있을 때, 일반적으로 법정림의 영계수와 같은 것은?

① 법정영급면적
② 윤벌기연수
③ 개위면적
④ 영급수

18 산림면적이 100ha인 인공림을 변이계수 20%, 표본점 크기 0.04ha(20m × 20m), 허용 추정오차율 10%로 하여 산림조사를 실시하기 위한 최소 표본점 추출 개수는? (단, 신뢰도 계수 t = 2를 적용한다)

① 16
② 24
③ 36
④ 63

ANSWER 16.④ 17.② 18.①

16 파리협정 ⋯ 2015년 프랑스 파리에서 개최된 21차 유엔 기후변화협약 당사국총회(COP21)에서 195개국이 채택한 협정으로, 산업화 이전 수준 대비 지구의 평균온도의 상승을 2°C 낮은 수준으로 유지하고 온도상승을 1.5°C 이하로 합의하였다.

17 $a = \dfrac{A}{R}$, $A' = \dfrac{A}{R} \times n = an$ (a : 법정영계면적, A : 산림면적, A' : 법정영급면적, R : 윤벌기, n : 1영급에 포함된 영계수)

동일한 지위의 임지에서 벌기에 이르기까지 각 영계의 임곡이 동일한 면적에 있으므로 $A = A'$이다. 따라서 $A = A' \rightarrow R = n$, 즉 법정림의 영계수와 윤벌기연수는 동일하다.

18 $n = \dfrac{4Ac^2}{e^2 A + 4ac^2}$ (n : 표본점 수, c : 변이계수, e : 추정오차율, a : 표본점면적, A : 조사면적)

$n = \dfrac{4 \times 100 \times 0.2^2}{(0.1^2 \times 100) + (4 \times 0.04 \times 0.2^2)} = \dfrac{16}{1.0064} = 15.89 \cdots \rightarrow 16$

19 임도를 5년마다 1,000만 원씩 들여 10회를 수리할 때, 임도의 수리에 투입한 수리비의 미래가 합계[만 원]는? (단, 이율은 5%, $1.05^5 = 1.3$, $1.05^{50} = 11.5$이다)

① 22,000

② 25,000

③ 30,000

④ 35,000

20 임목 순생장량이 50m³인 소나무림의 이산화탄소흡수량[CO₂ 톤]은? (단, 목재 기본밀도는 0.4, 바이오매스 확장계수는 1.5, 뿌리 함량비는 0.2, 탄소 전환계수는 0.5이다)

① 11

② 66

③ 198

④ 231

ANSWER 19.④ 20.②

19 유한 정기이자 계산(이자율이 P일 때, m년마다 R씩 n회 얻을 수 있는 이자의 후가합계)

$$N = R \times \frac{1.0P^{mn} - 1}{1.0P^m - 1} = 1,000 \times \frac{1.05^{5 \times 10} - 1}{1.05^5 - 1} = 1,000 \times \frac{10.5}{0.3} = 35,000$$

20 이산화탄소흡수량 = 임목 순재상량 × 목재기본밀도 × 바이오매스 확장계수 × (1 + 뿌리함량비) × 탄소전환계수 × 44/12

$50 \times 0.4 \times 1.5 \times (1 + 0.2) \times 0.5 \times 44/12 = 66$

1 임업경영의 기술적 특성에 대한 설명으로 옳지 않은 것은?

① 임업에 투자하여 수확하기까지는 보통 장기간이 요구되며, 대부분 부업 또는 겸업으로 경영된다.

② 임목의 경제적 성숙기는 경영목적·임목의 종류·입지조건 등에 따라 다를 수 있다.

③ 목재시장에서 원목 생산비가 차지하는 비중이 원목가격의 2/3를 넘는 경우가 많다.

④ 임업에서 파종·시비·관수 등의 인위적 조절은 한정된 범위에서 이루어지므로 자연을 잘 활용하는 방법을 고려해야 한다.

2 벌기령의 특성과 적용에 대한 설명으로 옳은 것은?

① 조림적 벌기령은 천연갱신에 영향을 주지만 채택 여부는 경영방침에 따라 달라지기 때문에 집약적 임업경영에 가장 적합하다.

② 공예적 벌기령은 특수한 용도에 대해서만 한정적으로 적용되기 때문에 수익성을 고려할 수 없다.

③ 화폐수익 최대의 벌기령은 주벌수입과 간벌수입의 총합계액을 최대화하는 벌기령이기 때문에 자본주의 경제에서 합리적이며 우리나라에서 채택하기에 적합하다.

④ 수익률 최대의 벌기령은 수익률 계산 시 동일 사업의 경우 투자액 크기에 따라 이율에 차이가 생기는 경향이 있지만, 이율 선정만으로 예민하게 변화되지 않아 기업림에 적용할 수 있다.

ANSWER 1.③ 2.④

1 ③ 임목은 부피가 크고 무겁기 때문에 운반비가 많이 든다. 따라서 목재시장에서 가격의 비중은 운반비가 원목가격의 2/3를 넘어가는 경우가 많다.

2 ① 천연갱신에 다소 영향을 끼치지만 실직적인 채택 여부는 경영방침에 따라 달라지며, 집약적인 임업경영에서는 무의미한 벌기령이다. 생리적벌기령이라고도 한다.

② 특수한 용도에 대해서만 적용되므로 최대 수익이 직접적인 목적은 아니지만 수익성의 실현에 도움이 되는 벌기령이다.

③ 화폐수익 최대의 벌기령은 수입만 합계하고 자본과 이자계산을 하지 않는다. 주벌수입과 간벌수입을 얻은 시점에 차이가 있으나 이것의 총액으로만 판단기준을 삼는 것은 자본에서 이자가 생기는 자본주의 경제하에서는 합리적이지 않다.

3　임업생산 3요소에 대한 설명으로 옳은 것은?

① 임지의 면적과 위치, 생산력은 고정되어 있기 때문에 인력으로 임지의 성질을 바꾸어 생산력을 증가시킬 수 없다.

② 임업노동은 농업노동과 겸업에 의한 토지노동이므로 주요 임업국에서는 임업노동을 농업노동에 포함한다.

③ 유동자본 중 사업비는 사업감독자의 보수·사업소의 사무비·수선비·세금·보험료 등을 말한다.

④ 화폐자본의 일부는 노동과 노동대상에 지불하는 유동자본과 노동기구와 노동설비를 위하여 지불하는 고정자본이 있다.

4　「제7차 국가산림자원조사 및 산림의 건강·활력도 현지조사 지침서」의 내용으로 옳지 않은 것은?

① 토양조사구는 중앙표본점에서 동쪽 방향으로 16m 지점에 0.3 × 0.3m 크기로 설치한다.

② 기본조사원은 반경 11.3m에 면적 0.04ha이고, 치수조사원은 반경 3.1m에 면적 0.003ha이다.

③ 고정표본점은 집락표본점이며 4개의 부표본점으로 구성되고, 원점에서 세 부표본점까지 수평거리는 50m이다.

④ 표본점은 전국을 4 × 4km의 일정한 간격으로 계통추출하고 이 중에서 산림에 위치한 것을 고정표본점으로 지정했다.

....

ANSWER 3.④ 4.①

3　임업생산의 3요소 … 노동, 자본, 임지
　① 임지는 자연 상태를 유지하며 자본을 투자하여 개량하는 경우가 거의 없다. 인력으로 임지의 성질을 바꾸어 생산력을 증가시키는 것이 아니라 단위면적당 합리적 생산으로 토지생산력을 증대시킬 수 있다.
　② 임업노동은 조림·육림노동과 벌채·운반노동으로 나누어진다. 조림·육림노동은 농촌의 노동력을 이용할 수 있는 일반 농업노동이지만 벌채·운반노동은 전문 지식을 갖춘 노동이므로 전문노동력 또는 특수 작업단을 조성해야한다.
　③ 자본의 분류
　　㉠ 유동자본
　　　• 조림비-묘목, 종자, 정지, 식재, 밑깎기 등의 비용,
　　　• 사업비-벌목, 운반, 제재 등으로 인한 임금 및 소모품비
　　　• 관리비-감독자 급여, 수선비, 사업소 사무비, 공과잡비
　　㉡ 고정자본
　　　• 일반고정자본-기계, 건물, 벌목기구 등
　　　• 운반장치자본-차도, 임도, 차량, 운하, 삭도, 하천 등
　　　• 제재소 설비자본-육림자가 직접 제재하여 판매하려 할 때 설치하는 제재설비

4　① 토양조사구는 표본점의 중심으로부터 각 부표본점의 방향인 0°, 120°, 240° 방향의 17m 지점에 0.3m × 0.3m 크기로 설치하고, 3개 지점 중 2곳을 선정하여 유기물층과 토양층의 층위별 두께를 조사하고 각각의 시료를 채취한다.

5 국유림경영계획서의 작성 단계를 순서대로 바르게 나열한 것은?

① 최종심의서 → 산림현황 → 경영방침 → 재정계획 → 작업설명서

② 최종심의서 → 재정계획 → 산림현황 → 경영방침 → 작업설명서

③ 최종심의서 → 경영방침 → 산림현황 → 재정계획 → 작업설명서

④ 최종심의서 → 경영방침 → 재정계획 → 산림현황 → 작업설명서

6 「산림자원의 조성 및 관리에 관한 법률 시행규칙」상 산림 기능구분도에 대한 내용으로 옳지 않은 것은?

① 산림 기능구분도는 전국의 산림을 6가지 기능으로 구분하여 작성한다.

② 산림 기능구분도는 축척 1 : 25,000 이상의 지도로 작성한다.

③ 산림 기능구분도의 작성 주기는 5년을 원칙으로 한다.

④ 산림의 기능 구분을 대규모로 변경할 필요가 있는 경우에 산림 기능구분도를 수시로 작성할 수 있다.

7 국유림경영계획에서 지위(site quality)에 대한 설명으로 옳지 않은 것은?

① 원칙적으로 토양·지형·입지 등의 인자로 판단할 수 있지만, 산림경영에서는 주로 지위지수를 활용하고 있다.

② 지위지수는 임지생산력 판단 지표로 소반 내 주 수종의 우세목 수고와 수령을 이용하여 산정한다.

③ 수종별 지위지수곡선에서 2m 괄약을 적용하여 기록한다.

④ 해당 수종의 지위지수곡선이 없는 경우, 침엽수는 중부지방소나무의 지위지수곡선을 적용한다.

ANSWER 5.① 6.③ 7.④

5 국유림경영계획서의 작성 단계 … 최종심의서 → 산림현황 → 경영방침 → 재정계획 → 작업설명서

6 기능구분도의 작성 주기 및 방법〈산림자원의 조성 및 관리에 관한 법률 시행규칙 제3조의2〉
　㉠ 기능구분도는 10년마다 작성한다. 다만, 산림의 이용 방향이 변하거나 산림의 기능구분을 대규모로 변경할 필요가 있는 경우에는 기능구분도를 수시로 작성할 수 있다.
　㉡ 기능구분도는 축척 2만5천분의 1 이상의 지도로 작성하여야 한다.

7 ④ 해당 수종의 지위지수곡선이 없는 경우, 침엽수는 잣나무의 지위지수곡선을 적용한다(활엽수는 소나무의 지위지수곡선을 적용한다).

8 국유림경영계획에서 각종 산림정보를 지도로 표현하는 도면에 대한 설명으로 옳지 않은 것은?

① 위치도는 국유림을 경영관리하기 위한 기본정보를 표현한 도면으로 임상과 영급 정보가 포함된다.

② 경영계획도는 임목생산, 조림, 시설과 산림부산물에 대한 소득사업의 내용이 포함된다.

③ 목표임상도는 현재 임지의 수종을 각 수종별로 앞 글자 1자 또는 2자로 표시한 정보가 포함된다.

④ 산림기능도는 기능이 중복될 경우 주된 기능색 위에 중복되는 기능의 해당 원색을 사선으로 표기한다.

9 「국유림의 경영 및 관리에 관한 법률」의 내용으로 옳지 않은 것은?

① 지방산림청별로 국유림경영관리자문위원회를 둘 수 있다.

② 국유림의 보호협약 기간은 10년 이내로 하되, 필요한 경우에는 그 기간을 10년의 범위 내에서 연장할 수 있다.

③ 국유림은 공·사유림 경영의 선도적 역할을 수행할 수 있도록 경영관리하여야 한다.

④ 산림청장은 국유림경영계획을 10년마다 수립·시행하여야 한다.

ANSWER 8.③ 9.②

8 ③ 목표임상도는 적지적수도(맞춤형 조림지도), 기후, 현 임상을 종합적으로 고려하여 목표 임상을 표현한 도면이다. 침엽수, 활엽수, 혼효림으로 분류한 소종 외에 포함하고자 하는 소종이 있는 경우 작성자의 판단에 의해 추가할 수 있다.

9 국유림의 보호협약〈국유림의 경영 및 관리에 관한 법률 제11조 제2항〉… 보호협약의 기간은 5년 이내로 하되, 필요한 경우에는 그 기간을 5년의 범위 안에서 연장할 수 있다.

10 Hufnagl 수확조절법에서 윤벌기 전반기의 표준연벌채량 계산식은? (단, u : 윤벌기, V : 전반기 재적, F : 전반기 임분면적, Z : 전반기 1 ha당 연년생장량)

① $V + F \times Z \times u/2$

② $\dfrac{V + F \times Z \times u/2 \times 1/2}{u/2}$

③ $\dfrac{V + F \times Z \times u/2}{u/2}$

④ $V + F \times Z \times u/2 \times 1/2$

11 법정림의 개념과 의미에 대한 설명으로 옳지 않은 것은?

① 인공림에서 재적수확보속의 조건을 나타내는 이상형의 산림으로 그 가치가 평가되고 있다.

② 수확보속이 정상적으로 법정상태가 유지되어도 수익성이라는 임업경영의 목적에 반드시 부합된다고는 할 수 없다.

③ 현실적인 의미의 법정림은 경영목적에 부합된 산림으로 최상의 경제적 · 기술적 조직 및 보속적 수확규제에 의하여 이루어진다.

④ 법정림이 현실적으로 실현이 어렵고, 이론적인 산림상태이므로 산림생산조직이 임목의 경급 · 축적 · 생장량 · 연벌량 등의 상호관계를 이해하는 데 크게 기여하지 못했다.

ANSWER 10.② 11.④

10 Hufnagl의 재적배분법 ⋯ 전 임분을 윤벌기연수의 1/2 이상되는 연령의 것과 이하의 것으로 나누어 전자는 윤벌기의 전반에, 후자는 후반에 수확할 수 있도록 한 것
윤벌기수의 1/2 이상($u/2$)이 되는 임목은 매년 그 일부를 별채하고 후반에는 전체를 별채하게 되어 0이 되므로 임분의 전반기 생산량은 $F \times Z \times u/2 \times 1/2$가 된다.
따라서 표준연벌채량은 $\dfrac{V + F \times Z \times u/2 \times 1/2}{u/2}$가 된다.

11 ④ 법정림은 경영목적에 따라 임목을 벌채하여도 그 산림의 생산력을 지속할 수 있는 이상적 산림이지만, 현실적으로는 실현이 어려운 이론적인 산림상태이다. 그러나 산림생산조직이 임목의 경급 · 축적 · 생장량 · 연벌량 등의 상호관계를 이해하기 위해서는 법정림의 필요성이 인정된다.

12 단목생장모델의 구성요소에 해당하지 않는 것은?

① 근계생장모델(root growth model)

② 고사모델(mortality model)

③ 진계생장모델(ingrowth model)

④ 수고생장모델(height growth model)

13 미성숙 현실임분의 축적은 500,000m³, 15년 후 이상적인 미래임분의 축적은 800,000m³일 때, Meyer 법에 의한 표준연벌채량[m³/년]은? (단, 전 임분 및 벌기임분 생장률은 5%, 1.05^{15} = 2.0을 적용한다)

① 5,000

② 10,000

③ 20,000

④ 30,000

14 임목가 평가에 대한 설명으로 옳지 않은 것은?

① 벌기에 도달했거나 벌기 이상의 임목평가는 평가대상 임목과 비슷한 임목의 매매사례를 기준으로 평가하는 방법과 원목 등 제품의 시장가격에서 역산하여 간접적으로 임목가를 산정하는 방법이 있다.

② 유령림의 임목가는 평가할 임목을 육성하는 데 들어간 일체비용의 미래가에서 그동안의 수입의 미래가를 공제한 가격으로 평가한다.

③ 중령림의 임목평가에 사용되는 Glaser식은 적정 벌기령, 적정 벌기령 때의 임목가격, 초년도의 조림비를 이용하면 현재 임령의 임목가를 평가할 수 있으며, 이율을 사용하지 않기 때문에 주관이 개입될 여지가 적다.

④ 벌기 미만 장령림의 임목가는 향후 기대되는 수익의 미래가 합계와 그동안에 소요되는 비용의 미래가 합계를 차감하여 평가한다.

ANSWER 12.① 13.② 14.④

12 단목생장모델의 구성요소 … 고사모델, 수고생장모델, 흉고직경생장모델, 갱신·진계생장모델

13 $\dfrac{500,000 \times 1.05^{15} - 800,000}{1.05^{15} - 1} \times 0.05 = 10,000$

14 ④ 임목기망가는 현재 생의 임목이 일정 연도(별기)에 벌채될 경우 얻게 되는 수입의 현재가의 합계이다. 벌기에 가까운 장령림에 임목기망가를 적용시킨다.

15 인공조림으로 육성한 현재 m년생의 임목이 u년에 벌채될 경우, 임목기망가 구성항목으로 옳은 것은? (단, 이율은 p%, $m < a < u$, 주벌수입 A_u, 간벌수입 D_a, 지대 b, 관리비 v)

① $\dfrac{A_u 1.0p^u}{1.0p^{u-m}}$

② $\dfrac{b(1.0p^{u-m}-1)}{0.0p1.0p^{u-m}}$

③ $\dfrac{D_a(1.0p^{u-a}-1)}{1.0p^{u-m}}$

④ $\dfrac{v(1.0p^{u-m}-1)}{0.0p^{u-m}}$

16 n년 전에 임지를 A원에 구입한 후 매년 관리비(v)를 지출하고, 현재까지 수입의 원리합계(I)가 있는 경우의 임지비용가는? (단, 이율은 p %)

① $A1.0p^n + \dfrac{v(1.0p^n-1)}{0.0p} - I$

② $A1.0p^n + \dfrac{v(1.0p^n-1)}{0.0p} + I$

③ $A1.0p^n + \dfrac{v}{1.0p^n-1} - I$

④ $A1.0p^n + \dfrac{v}{1.0p^n-1} + I$

ANSWER 15.② 16.①

15

관리비 $\rightarrow \dfrac{v(1.0p^{u-m}-1)}{1.0p^{u-m}}$

지대 $\rightarrow \dfrac{b(1.0p^{u-m}-1)}{0.0p \times 1.0p^{u-m}}$

주벌수입 현재가 $\rightarrow \dfrac{A_u}{1.0p^{u-m}}$

간벌수입 현재가 $\rightarrow \dfrac{D_a}{1.0p^{a-m}} \Rightarrow \dfrac{D_a \times 1.0p^{u-a}}{1.0p^{u-m}}$

임목기망가 $\rightarrow H_{em} = \dfrac{A_u + D_a \times 1.0p^{u-a} + \cdots - (\frac{b}{0.0p}+v)(1.0p^{u-m}-1)}{1.0p^{u-m}}$

16

$B_k = A1.0p^n + \dfrac{v(1.0p^n-1)}{0.0p} - I$

- B_k : 임지비용가
- A : 임지 구입가(임지 매입금, 소개료, 등기료, 취득세 등)
- p : 이율(%)
- n : 임지구입 후 현재까지의 경과 연수
- v : 매년 관리비(인건비, 사무비, 통신비, 세금 등)
- I : 수입

17 원격탐사자료의 자동분류된 분류항목(A)과 항목별 참조자료(B)의 오차행렬에 따른 전체정확도(OA)와 Kappa(K)의 값[%]은?

분류항목(A)	항목별 참조자료(B)		열합계
	산림	나지	
산림	9	3	12
나지	1	7	8
행합계	10	10	20

	OA		K
①	63		60
②	63		70
③	80		60
④	80		70

ANSWER 17.③

17 • 전체정확도(OA)는 자동 분류된 분류항목(A)이 항목별 참조자료(B)에 얼마나 정확하게 분류되었는지를 판단하는 것으로, 전체 분류항목 건수에서 분류항목과 항목별 참조자료가 일치하는 건수의 비율로 구한다. 따라서 $\frac{9+7}{20}=0.8$이므로 80%이다.

• 코헨의 카파 계수(Cohen's Kappa Coefficient)와 관련된 문제로, 이에 대한 이해가 선행되어야 한다. 코헨의 카파 계수는 두 관찰자 간의 측정 범주 값에 대한 일치도를 측정하는 방법으로, 제시된 자료에서 분류항목(A)과 항목별 참조자료(B)를 두 관찰자로 생각하고 문제를 풀 수 있다.

카파 계수의 공식은 $K=\dfrac{P_A-P_C}{1-P_C}$로, 이때 P_A는 2명의 평가자 간 일치 확률, P_C는 우연히 두 평가자에 의하여 일치된 평가를 받을 확률을 말한다. 즉, 카파 계수의 공식은 우연에 의한 일치를 감안한 일치도라고 할 수 있다.

문제에 제시된 자료에서 P_A를 구하면 분류항목과 항목별 참조자료 간 일치 확률이므로, $P_A=\dfrac{9+7}{20}=0.8$이다.

P_C는 우연히 두 평가자에 의하여 일치된 평가를 받을 확률이므로 분류항목과 항목별 참조자료가 모두 산림으로 평가할 확률과 모두 나지로 평가할 확률의 합으로 구할 수 있다.

분류항목이 산림으로 평가할 확률	$\frac{9+3}{20}=0.6$	항목별 참조자료가 산림으로 평가할 확률	$\frac{9+1}{20}=0.5$
분류항목이 나지로 평가할 확률	$\frac{1+7}{20}=0.4$	항목별 참조자료가 나지로 평가할 확률	$\frac{3+7}{20}=0.5$

각각의 확률이 위와 같으므로 분류항목과 항목별 참조자료가 모두 산림으로 평가할 확률은 $0.6 \times 0.5 = 0.3$이고, 모두 나지로 평가할 확률은 $0.4 \times 0.5 = 0.2$이다.

따라서 P_C는 $0.3 + 0.2 = 0.5$임을 알 수 있다.

위의 자료를 바탕으로 카파 계수 공식 $K=\dfrac{P_A-P_C}{1-P_C}$에 대입해 보면, $K=\dfrac{0.8-0.5}{1-0.5}=\dfrac{0.3}{0.5}=0.6$이므로 60%이다.

18 측고기를 이용하여 입목의 수고를 측정할 때 입목의 첨단을 본 고저각이 +70%, 근주를 본 고저각이 − 20%, 측정자와 입목 간의 수평거리가 20m라면, 입목의 수고[m]는?

① 10
② 15
③ 18
④ 20

19 기후변화 저감 산림사업인 A/R CDM 사업개발 단계에서 타당성 분석 내용으로 옳지 않은 것은?

① 영속성 입증
② 추가성 입증
③ 누출
④ 취약성 입증

20 국가단위에서 일어나는 탄소저장량의 변화를 정확하게 알아내기 위한 산림감시시스템에 대한 설명으로 옳지 않은 것은?

① 환경적 · 경제적으로 효과적이고 효율적인지, 배분이 공정하며 정치적으로 적합한지에 대해 검토하는 행위
② 측정된 탄소배출량과 감축량, 계산 방법 및 절차, 현재와 미래 전망 등에 대해 작성하여 보고하는 행위
③ REDD+ 사업 수행으로 생겨난 온실가스 흡수량(배출 감소량)을 정량화하여 기록하는 행위
④ REDD+ 사업이 등록된 뒤 모니터링을 실시하고 그 결과를 검증하여 탄소배출권을 인증하는 행위

....

ANSWER 18.③ 19.④ 20.①

18 $\dfrac{70-(-20)}{100} \times 20 = \dfrac{90}{100} \times 20 = 18$

19 A/R CDM 사업개발의 타당성 분석 내용
  ㉠ 영속성 입증
  ㉡ 추가성 입증
  ㉢ 누출
  ㉣ 토지적격성 입증

20 REDD+MRV
  ㉠ REDD+를 통해 발생한 온실가스 감축량을 인정받기 위해 투명성을 확보할 수 있는 국가산림감시체계를 갖추고 있어야 한다.
  ㉡ 산림탄소 저장량을 측정하고 국가단위에서 일어나는 저장량을 측정하고 국가단위에서 일어나는 저장량의 변화를 정확하게 알아내기 위한 산림감시시스템으로, 온실가스 배출량 및 흡수량의 측정(Measuring), 보고(Reporting), 검증(Verification)을 말한다.
    • 측정 : REDD+ 사업 수행으로 생긴 온실가스 흡수량(배출 감소량)을 정량화하여 기록하는 행위
    • 보고 : 측정된 탄소 배출량과 감축량, 계산 방법 및 절차, 현재와 미래 전망 등에 대해 작성하여 보고하는 행위
    • 검증 : REDD+ 사업이 등록된 뒤 모니터링을 실시하고 그 결과를 검증하는 것을 통해 탄소배출권을 인정하는 것을 의미

1 국유림경영계획서의 사업별 총괄계획에 해당하지 않는 것은?

① 시설계획

② 재정계획

③ 임목생산계획

④ 소득사업계획

2 임업에 자본장비도 개념을 적용할 때, 이에 대한 설명으로 옳지 않은 것은?

① 임업에서는 기본장비도를 산출하기 위한 고정자본에 토지를 포함시키는 것이 보통이다.

② 자본장비도는 임목축적에 해당한다.

③ 자본효율은 생장률에 해당한다.

④ 적절한 임목축적과 생장률을 갖추었을 때 생장량이 많아진다.

ANSWER 1.② 2.①

1 사업별 총괄계획

㉠ **조림예정지정리계획**: 미립목지, 산불 병해충 피해임지, 수확벌채적지, 수종갱신 대상지 등에 대하여 조림예정지정리계획을 수립하고 지존물의 정리 및 정리방향 등에 대하여 계획한다.

㉡ **조림계획**: 인공·천연갱신을 구분하여 갱신면적과 본수를 기록하며, 비료주기 및 보식계획을 수립할 수 있다.

㉢ **숲가꾸기계획**: 풀베기, 어린나무가꾸기, 가지치기, 무육솎아베기, 천연림보육, 천연림개량, 움싹갱신지보육 등에 대한 사업 계획량을 기록한다.

㉣ **임목생산계획**: 주벌과 수익솎아베기 계획으로 나누어 기록한다.

㉤ **시설계획**: 임도, 사방, 자연휴양림 시설계획으로 나누어 작성한다.

㉥ **소득사업계획**: 임산물소득사업에 대한 계획을 작성한다.

㉦ **기타사업계획**: 상기 외의 사업계획이 있을 시 작성한다.

2 ① 임업에서는 기본장비도를 산출하기 위한 고정자본에 토지를 제외시키는 것이 보통이다.

3 임분생장에 대한 설명으로 옳지 않은 것은?

① 정상적인 경우 지위가 높을수록 임분의 단위면적당 본수는 상대적으로 적어진다.

② 임분의 직경이나 수고의 평균값은 간벌에 의하여 값이 변화한다.

③ 하층간벌의 경우 간벌 후의 평균직경은 간벌 전에 비하여 작아지게 된다.

④ 임분의 단위면적당 흉고단면적 및 재적은 간벌 후 감소하였다가 생장에 의하여 다음 주기까지 다시 증가하는 형태를 보인다.

4 산림경영계획의 임목 생산을 위한 수종별 일반기준벌기령[년]을 바르게 연결한 것은?

	수종	국유림	공·사유림	기업경영림
①	잣나무	60	50	30
②	낙엽송	50	40	20
③	참나무류	60	30	20
④	편백	50	40	30

ANSWER 3.③ 4.④

3 ③ 하층간벌의 경우 간벌 후의 평균직경은 간벌 전에 비하여 커지게 된다.

4 기준벌기령〈산림자원의 조성 및 관리에 관한 법률 시행규칙 별표3〉

구분	국유림	공·사유림(기업경영림)
가. 일반기준벌기령		
소나무	60년	40년(30)
(춘양목보호림단지)	(100년)	(100년)
잣나무	60년	50년(40)
리기다소나무	30년	25년(20)
낙엽송	50년	30년(20)
삼나무	50년	30년(30)
편백	60년	40년(30)
기타 침엽수	60년	40년(30)
참나무류	60년	25년(20)
포플러류	3년	3년
기타 활엽수	60년	40년(30)

나. 특수용도기준벌기령

펄프·갱목·표고·영지·천마 재배, 목공예, 숯, 목초액, 섬유판(fiber board), 산림바이오매스에너지의 용도로 사용하고자 할 경우에는 일반기준벌기령 중 기업경영림의 기준벌기령을 적용한다. 다만, 소나무의 경우에는 특수용도기준벌기령을 적용하지 아니한다.

5 윤벌기가 50년이고 상업적으로 이용한 재적이 10년 차에 처음 인식되는 현실임분축적이 30,000m³인 산림이 있다. 조정계수를 활용한 폰만텔(von Mantel) 공식으로 계산한 이 산림의 표준연벌채량[m³/년]은?

① 750
② 1,500
③ 3,000
④ 5,000

6 글라저(Glaser)식에 대한 설명으로 옳은 것만을 모두 고르면?

> ㉠ 통계적인 방법으로 임목가의 근사식을 유도한 것이다.
> ㉡ 원가수익의 절충적인 성격을 띠고 있어 벌기 전의 중간영급 임목의 평가에 적당하다.
> ㉢ 예상이익을 현재가치로 환산하여 임목의 가치를 구하는 방법이다.
> ㉣ 복리계산을 할 필요가 없어 계산이 간편하다.

① ㉠, ㉡
② ㉢, ㉣
③ ㉠, ㉡, ㉣
④ ㉠, ㉡, ㉢, ㉣

....

ANSWER 5.② 6.③

5 $\dfrac{2 \times 30000}{50 - 10} = 1500\,(\mathrm{m^3/년})$

6 글라저(Glaser)식
㉠ 통계적인 방법으로 임목가의 근사치를 산출하는 방법이다.
㉡ 이 식은 평가상 가장 문제가 되는 이율을 사용하지 않아 주관성이 개입될 여지가 적다.
㉢ 복리계산을 할 필요가 없어 계산이 간편하다.
㉣ 원가수익의 절충적인 성격을 띠고 있어 중간영급 임목의 평가에 적당하다.

7 소나무림 임지 A가 ha당 4,000만 원에 거래되었고, 인접한 지역에 3ha의 소나무림 임지 B가 있다. 임지 A와 B에 대한 지위와 지리등급별 지수가 다음과 같을 때, 입지법에 의한 소나무림 임지 B의 임지매매가[만 원]는?

	임지 A	임지 B
지위등급별 지수(%)	80	20
지리등급별 지수(%)	40	60

① 4,500

② 6,000

③ 7,500

④ 9,000

8 산림생장모델의 구축과정에 대한 설명으로 옳지 않은 것은?

① 모델 선정 및 설계 과정에서 용도와 조건에 부합하도록 설계해야 한다.

② 자료수집을 위한 산림조사 방법 및 내용은 필요로 하는 생장인자 및 환경인자가 무엇인가에 따라 결정되어야 한다.

③ 생장함수식은 설명인자(독립변수)가 반응인자(종속변수)에 어떻게 영향을 끼치는가를 생장법칙성에 근거하여 수식으로 표현하도록 구성한다.

④ 산림생장모델 함수를 유도·검증할 때, 생물학적 법칙성보다는 통계적 신뢰성과 효율성이 높은 것을 우선적으로 고려한다.

ANSWER 7.① 8.④

7 입지법＝거래사례가격×(평가대상임지의 입지지수/거래사례지의 입지지수)

$$4,000 \times \frac{20 \times 60}{80 \times 40} = 1,500$$

$$1,500 \times 3 = 4,500$$

8 ④ 정확성은 생물학적 법칙성뿐만 아니라 통계적 신뢰성 측면에서도 검증되어야 한다.

9 다음 조건을 갖는 낙엽송 임분 III 등지의 개위면적[ha]은?

임분	면적(ha)	ha당 벌기재적(m³)	비고
I 등지	600	400	윤벌기 100년
II 등지	800	300	1영급 = 10영계
III 등지	600	200	

① 400

② 500

③ 700

④ 800

10 산림관계 법령에서 규정하고 있는 산림분야 전문가에 대한 설명으로 옳은 것은?

① 산림복지전문가에는 숲해설가, 산림치유지도사가 포함된다.

② 산림교육전문가에는 숲해설가, 자연환경해설사가 포함된다.

③ 산림치유전문가에는 산림치유지도사, 숲길등산지도사가 포함된다.

④ 산림체육전문가에는 산림스포츠지도사가 포함된다.

ANSWER 9.① 10.①

9
$$벌기평균재적 = \frac{(600 \times 400) + (800 \times 300) + (600 \times 200)}{20} = 300$$

III 등지의 개위면적 $= 600 \times 200 = x \times 3 \times 300$

$\therefore x = 400$

10
② **산림교육전문가**: 산림교육전문가 양성기관에서 산림교육 전문과정을 이수한 사람으로서 숲해설가, 유아숲지도사, 숲길등산
지도사 중 어느 하나에 해당하는 사람을 말한다〈산림교육의 활성화에 관한 법률 제2조 제2호〉.

③ **산림치유지도사**: 산림청장은 산림치유를 활성화하기 위하여 대통령령으로 정하는 자격기준을 갖춘 사람에게 산림치유를 지
도하는 사람의 자격을 부여하고 이를 육성할 수 있다〈산림문화 · 휴양에 관한 법률 제11조의2 제1항〉.

④ **산림레포츠지도사**: 산림청장은 산림레포츠를 활성화하기 위하여 대통령령으로 정하는 자격기준을 갖춘 사람에게 산림레포츠
를 지도하는 사람의 자격을 부여하고 이를 육성할 수 있다〈산림문화 · 휴양에 관한 법률 제12조 제1항〉.

11 원격탐사에서 위성영상분석을 위한 전처리 작업이 아닌 것은?

① 영상강조   ② 영상분류

③ 컬러합성   ④ 기하보정

12 「국유림 경영계획 작성 및 운영 요령」상 국유림경영계획을 위한 지황 및 임황 조사에 대한 설명으로 옳지 않은 것은?

① 경사도는 소반의 주 경사도를 보고 구분한다.

② 토성의 구분에서 사질양토는 모래가 대략 $\frac{1}{3} \sim \frac{2}{3}$ 인 토양(점토의 함량이 20% 이하)이다.

③ 지리 6급지의 범위는 임도 또는 도로까지의 거리가 601~700m 이하이다.

④ 임분의 평균수고는 최저 ~ 최고의 수고 범위를 분모로 하고, 평균수고를 분자로 하여 정수 단위로 표시한다.

ANSWER 11.② 12.③

11 영상 전처리
  ㉠ **영상강조**: 영상의 명암 및 색상을 강조하여 영상에 존재하는 물체들 사이의 차이를 분명하게 함으로써 영상의 분석과 판독을 용이하게 하는 것이다.
  ㉡ **방사보정**: 대기에 의한 왜곡을 보정하여 원래의 영상자료에 대한 밝기의 값을 계산하는 것이다.
  ㉢ **기하보정**: 휘어진 영상을 평면 위에 존재하는 기존의 지형도와 중첩시키기 위해 인공위성의 영상에 나타나는 각 점의 위치를 지형도와 같은 크기와 투영값을 갖도록 변환해 주는 과정이다. 기하보정 과정을 거쳐야만 지도와 기하학적인 일체성을 갖는 영상을 획득할 수 있다.
  ㉣ **정사보정**: 중심투영에 의한 기복변위와 카메라의 자세에 의해 발행한 변위를 제거하여 지도와 같이 모든 점이 수직 방향에서 본 것과 같이 정사투영된 특성을 갖도록 하는 과정이다.
  ㉤ **지형보정**: 지형효과에 의한 오차를 보정하는 것이다.

12 ③ 지리 6급지의 범위는 임도 또는 도로까지의 거리가 501~600m 이하이다.
  ※ 지리 … 소반경계에서 임도 또는 도로까지의 거리를 100m 단위로 1~10급지까지 구분한다.

급지	범위	급지	범위
1	100m 이하	6	501~600m 이하
2	101~200m 이하	7	601~700m 이하
3	201~300m 이하	8	701~800m 이하
4	301~400m 이하	9	801~900m 이하
5	401~500m 이하	10	901m 이상

13 「공·사유림 경영계획 작성 및 운영 요령」상 산림경영계획서 기재요령에 대한 설명으로 옳지 않은 것은?

① 산림소재지는 경영계획편성지의 시·군·구, 읍·면·동, 리까지 기재한다.

② 임반 구획은 능선, 하천, 도로 등 자연경계나 도로 등 고정적 시설을 따라 확정한다.

③ 임황조사 수종은 주요 수종의 수종명, 혼효림의 경우 5종까지 조사할 수 있다.

④ 면적은 ha단위 정수로 기록하며 필요한 경우 소수점 둘째자리까지 기재할 수 있다.

14 「산림문화·휴양에 관한 법률」상 산림치유지도사와 산림레포츠지도사의 업무에 대한 설명으로 옳지 않은 것은?

① 산림치유지도사는 자연휴양림, 산림욕장, 치유의 숲, 숲길 등에서 농림축산식품부령으로 정하는 산림치유 프로그램을 개발·보급하거나 지도하는 업무를 담당한다.

② 1급 산림치유지도사의 업무범위는 산림치유 프로그램의 실행 계획 수립을 포함한다.

③ 2급 산림치유지도사의 업무범위는 산림치유 프로그램의 기획·개발을 포함한다.

④ 산림레포츠지도사는 산림레포츠시설에서 농림축산식품부령으로 정하는 산림레포츠 프로그램을 개발·보급하거나 지도하는 업무를 담당한다.

ANSWER 13.④ 14.③

13 ④ ha단위 정수로 기록하며, 필요한 경우 소수점 한 자리까지 기재할 수 있다.

14 산림치유지도사 업무범위〈산림문화·휴양에 관한 법률 시행규칙 별표3〉

등급	구분	업무범위
1급 산림치유지도사	기획·개발	• 산림치유 프로그램의 기획·개발 • 산림치유 프로그램의 매뉴얼 작성 • 산림치유 프로그램의 실행 계획 수립 • 산림치유 프로그램의 실행을 위한 산림치유지도사 자체 능력배양 교육 계획 수립 • 산림치유 프로그램에 대한 평가 • 산림치유 프로그램 관련 관리·실행 업무(2급 산림치유지도사의 업무를 포함한다)
2급 산림치유지도사	관리·실행	• 산림치유 프로그램의 활동계획 수립 • 산림치유 프로그램의 참가자 관리 • 산림치유 프로그램의 실행을 위한 시설 및 이용자의 안전관리 • 산림치유 프로그램 활동의 지도

15 산주 K가 8년 전에 융자를 받아 소나무림 2ha를 5,000만 원에 구입하고, 같은 해에 200만 원을 들여 임지개량을 하였을 때, ha당 임지비용가[만 원]는? (단, 이율은 연 5% 이고, $1.05^8 = 1.5$를 적용한다)

① 3,900
② 4,500
③ 5,200
④ 7,800

16 「산림복지 진흥에 관한 법률」상 산림복지단지 조성을 위한 생태적 산지이용 기준으로 옳지 않은 것은?

① 시설물이 설치되거나 산지의 형질이 변경되는 부분 사이에 100분의 50 이상의 산림을 존치하거나 폭 20미터 이상의 수림대를 조성할 것
② 산지의 지형이 유지되도록 절토량·성토량·토공량 및 형질변경 면적을 최소화하고 비탈면의 높이는 12미터 이하가 되도록 할 것
③ 산지의 수질 및 토양이 보전되도록 빗물 비투과율은 전용면적의 100분의 30 이하로 하고 별도의 오염방지 대책을 마련할 것
④ 산지의 수량 변화를 최소화하고 산사태, 토사유출에 대비하여 사방시설을 설치하는 등 재해방지 대책을 마련할 것

ANSWER 15.① 16.①

15 $(5,000+200) \times 1.05^8 = 7,800$

$\dfrac{7,800}{2} = 3,900$(만 원)

16 산림복지단지의 생태적 산지이용 세부기준〈산림복지 진흥에 관한 법률 시행령 별표 7〉
㉠ 시설물이 설치되거나 산지의 형질이 변경되는 부분 사이에 100분의 60 이상의 산림을 존치하거나 폭 30미터 이상의 수림대를 조성할 것
㉡ 산지의 지형이 유지되도록 절토량·성토량·토공량 및 형질변경 면적을 최소화하고 비탈면의 높이는 12미터 이하가 되도록 할 것
㉢ 산지의 수질 및 토양이 보전되도록 빗물 비투과율은 전용면적의 100분의 30 이하로 하고 별도의 오염방지 대책을 마련할 것
㉣ 산지의 수량 변화를 최소화하고 산사태, 토사유출에 대비하여 사방시설을 설치하는 등 재해방지 대책을 마련할 것
㉤ 건축물의 디자인, 색채, 소재를 주변 산지 경관과 조화되도록 할 것
㉥ 건축물의 높이·길이·밀도·건폐율 및 용적률을 적정하게 할 것
㉦ 건축물의 에너지 이용 효율 및 신·재생에너지 사용 비율을 제고하고 온실가스 배출을 최소화할 것

17 다음 조건에서 손익분기점이 되는 임목 판매량의 공헌이익률[%]은?

> - 총 벌채 재적의 고정비 : 30만 원
> - m³당 벌채비 등 변동비 : 15만 원
> - m³당 판매 가격 : 20만 원

① 10

② 17

③ 25

④ 50

18 다음은 잣나무 인공림 400m² 표준지의 흉고직경 6cm 이상인 입목에 대한 산림조사를 실시하여 1개의 표준목을 선정한 내용이다. 이 표준목의 흉고직경과 수고를 적용하여 산출한 단목 재적과 ha당 재적 [m³]은? (단, π = 3.14로 계산하며, 흉고단면적은 소수점 셋째자리에서 반올림한다)

> - 표준지 내 본수 : 10
> - 수고(m) : 20
> - 흉고직경(cm) : 40
> - 흉고형수 : 0.5

	단목 재적	ha당 재적
①	0.8	115
②	0.8	255
③	1.3	325
④	1.3	435

ANSWER 17.③ 18.③

17 공헌이익 = 20 - 15 = 5(만 원)

공헌이익률 = $\frac{5}{20} \times 100 = 25(\%)$

18 ㉠ 임목재적 = 단면적 × 수고 × 형수

단면적 = (직경)² × 3.14 ÷ 4 = (0.4)² × 3.14 ÷ 4 ≒ 0.13

∴ 임목재적 = 0.13 × 20 × 0.5 = 1.3

㉡ ha당 재적

400 : 10 = 10,000 : x, x = 250

∴ 1.3 × 250 = 325

19 촬영고도(H)는 12,500피트(feet)이고 초점거리(f)가 3인치(inches)인 항공사진에서 사진 중심 근처의 축척은?

① $\dfrac{1}{12,500}$

② $\dfrac{1}{50,000}$

③ $\dfrac{1}{75,000}$

④ $\dfrac{1}{100,000}$

20 산림평가와 관계된 임업경영요소에 대한 설명으로 옳은 것은?

① 임업생산에 있어서 정지·식재·풀베기작업 등의 노동은 토지에서 이루어지므로 토지(임지)는 노동대상이라 할 수 있다.

② 임업에서 사용하는 화폐자본의 일부는 노동과 노동대상에 지불하고 일부는 노동용구와 노동설비를 위하여 지불하는데, 전자를 고정자본이라 하고 후자를 유동자본이라 한다.

③ 임업생산에 소요되는 단위면적당의 노동량은 농업에 비하여 매우 많다.

④ 임업생산도 다른 토지생산업의 경우와 같이 토지·자본 및 노동의 세 가지 요소가 필요하다.

ANSWER 19.② 20.④

19 사진 중심 근처의 축척=초점거리/촬용고도

1ft. = 12in. = 30.48cm

12,500ft. = 150,000in

$\dfrac{3}{150,000} = \dfrac{1}{50,000}$

20 ① 임지는 노동수단이다.

② 임업에서 사용하는 화폐자본의 일부는 노동과 노동대상에 지불하고 일부는 노동용구와 노동설비를 위하여 지불하는데, 전자를 유동자본이라 하고 후자를 고정자본이라 한다.

③ 임업생산에 소요되는 단위면적당의 노동량은 농업에 비하여 적고 자본도 많이 들지 않는다.

1 벌기령의 종류 중 이자를 고려하는 것은?

① 재적수확 최대 벌기령

② 화폐수익 최대 벌기령

③ 산림순수익 최대 벌기령

④ 토지순수익 최대 벌기령

2 국유림경영계획에서 산림의 기능별 구분이 아닌 것은?

① 자연환경보전림　　　　　　　　② 도시환경보전림

③ 산지재해방지림　　　　　　　　④ 산림휴양림

ANSWER 1.④　2.②

1　④ 수확의 수입시기에 따르는 이자를 계산한 총수입에서 이에 대한 조림비, 관리비 및 이자를 공제한 토지순수입의 자본가가 최고가 되는 때를 벌기령으로 정하는 것이다.

① 단위면적에서 수확되는 목재생산량이 최대가 되는 연령을 벌기령으로 하는 방법이다. 벌기평균생장량이 최대인 때를 벌기령으로 정한다.

② 일정한 면적에서 매년 평균적으로 최대의 화폐수익을 올릴 수 있는 연령을 벌기령으로 하는 것이다. 수입만 합계하고 자본과 이자 계산은 하지 않은 점이 단점이다.

③ 산림의 총수익을 올리는 데 들어간 일체의 경비를 공제한 산림순수익이 최대가 되는 연령을 벌기령으로 하는 것이다. 조림비와 관리비에 대한 이자를 계산하지 않는다.

③ 임업생산에 소요되는 단위면적당의 노동량은 농업에 비하여 적고 자본도 많이 들지 않는다.

2　산림의 기능별 구분

㉠ 생활환경보전림

㉡ 자연환경보전림

㉢ 수원함양림

㉣ 산지재해방지림

㉤ 산림휴양림

㉥ 목재생산림

3 2010년의 소나무 임분 ha당 재적이 200m^3, 10년 후인 2020년의 재적이 300m^{3}일 때, 이 임분의 재적 생장률[%]을 단리산공식으로 계산하면?

① 3.0

② 5.0

③ 7.0

④ 10.0

4 산림투자의 경제성을 분석하는 방법 중에서 회수기간법에 대한 설명으로 옳은 것은?

① 목표 회수기간의 결정이 객관적이다.

② 회수기간 이후의 현금흐름을 무시한다.

③ 평가에 많은 시간이 소요되고 복잡하다.

④ 투자안에서 발생하는 현금유입의 현재가치에서 현금유출의 현재가치를 뺀 값을 의미한다.

5 국유림경영계획의 지황조사에 대한 설명으로 옳지 않은 것은?

① 표고는 표준지의 중심부에서 GPS를 이용하여 평균표고로 표시한다.

② 토성은 B층 토양의 모래·미사·점토의 함량에 대해 촉감법으로 구분한다.

③ 무입목지는 미입목지와 제지로 구분되며, 미입목지는 입목도 30% 이하인 임지이다.

④ 지위는 임지의 생산능력을 나타내며 산림경영에서는 주로 지위지수를 활용한다.

....

ANSWER 3.② 4.② 5.①

3 $P = V - \dfrac{v}{nv}$

$\dfrac{300-200}{10 \times 200} = 0.05$

$\therefore 5(\%)$

4 ① 목표회수기간의 결정이 주관적이기 쉽다.

③ 경제성 평가에 대한 시간, 비용 및 노력 등이 절약될 수 있다.

④ 회수기간 이후에 발생될 수 있는 현금유입액을 무시한다.

5 ① 표고는 지형도에 의거해서 최저에서 최고로 표시한다.

6 「국유림경영계획 작성 및 운영 요령」상 경영목표의 우선순위 결정과 관련하여 ㈎에 들어갈 말로 옳은 것은?

> 국유림 경영목표체계에 수반된 모든 계획이나 조치는 [㈎   ] 개념에 따라 실현토록 해야 한다.

① 목재보속수확　　　　　　　　　　② 다목적 이용
③ 경제적 경영　　　　　　　　　　　④ 사회적 경영

7 「국유림경영계획 작성 및 운영 요령」상 국유림경영계획서의 일반현황조사 내용에 해당하지 않는 것은?

① 지역사회가 국유림경영에 요구하거나 참여하고자 하는 사항

② 과거부터 현재까지 소유관리 변천 연혁

③ 산원주민 인구 및 직업 상황, 토지이용 상황

④ 특정임산물 현황

ANSWER 6.② 7.④

6 ② 국유림 경영목표체계에 수반된 모든 계획이나 조치는 다목적 이용개념에 따라 실현토록 해야 한다. 기본적으로 경영목표체계에 있어서 목표 상호간에 우선순위는 없다. 모든 개별목표는 임분 단위(소반)에서 동시에 함께 추구하여야 한다. 그러나 목표체계내의 어느 한 목표를 추구하는 것이 다른 목표를 달성하는데 부정적인 영향을 주는 것이 명백한 때에는 개별 임분 또는 개별경영체(부분경영체)단위에서 우선순위를 고려하여 산림기능의 총체적 이용을 최적화하도록 해야 한다〈국유림경영계획 작성 및 운영요령 별표〉.

7 일반현황 조사
　㉠ 산림의 지리적 위치 및 지세 : 행정구역상의 위치 및 인접 경영계획구의 관련 사항, 경도와 위도 및 산림대, 해안과의 거리 및 주요산맥의 해발고, 하천의 수원관계 등을 조사하고, 경영 계획구 전체에 대한 대체적인 지세를 조사한다.
　㉡ 면적 : 경영계획구의 면적, 경영계획 편성면적, 행정구역별 면적을 조사한다.
　㉢ 기상 : 경영계획구의 온도, 습도, 강수량, 풍속, 일조량을 조사하되, 인근 기상대의 과거 관측자료 평균치를 활용한다(최근 10년간 평균).
　㉣ 경영연혁 : 과거부터 현재까지의 소유관리 변천연혁과 경영계획편성연혁을 조사한다.
　㉤ 산림개황 : 경영계획구 산림에 대한 모암의 구성 토양의 성질 비옥도와 산림을 구성하고 있는 임종, 임상, 수종, 영급, 축적 등을 조사한다.
　㉥ 교통시설 및 임산물 시장상황 : 임산물의 반출 및 이동 등을 위한 교통시설을 조사하고, 임산물생산에 대한 소비상황 및 시장 가격 등을 조사한다.
　㉦ 산원주민의 실정 : 인구 및 직업상황, 기타 산업의 발달 및 토지이용 상황, 임금 등을 조사한다.
　㉧ 국유림경영과 지역사회의 요구사항 : 임산물 채취 숲길 조성 협의체 참여 등 지역사회가 국유림경영에 요구하거나 참여하고자 하는 사항을 조사한다.

8 국유림경영계획의 수확조절을 위한 하이어공식법에 대한 설명으로 옳지 않은 것은?

① 법정축적은 수종별 영급, 평균수고, 평균경급 등을 참고하여 법정상태를 구한다.

② 현실축적은 조사된 자료를 통하여 구한다.

③ 표준벌채량은 현실축적과 갱신기를 고려하여 산정한다.

④ 생장량 조사시의 오차, 미래의 불확실성 등을 고려하여 생장량 조정계수를 적용한다.

9 법정림의 윤벌기가 100년이고 면적은 5,000ha이다. 이 법정림의 수확표상 ha당 재적은 임령이 50년일 때 170m³이고, 100년일 때는 400m³이다. 이 법정림의 법정생장량[m³/년]은?

① 20,000

② 25,000

③ 30,000

④ 35,000

10 지리정보시스템의 벡터기반 공간분석에서 도형정보의 둘레로부터 일정한 거리 내의 공간을 의미하며 권역설정 및 접근성 분석에 유용하게 활용하는 분석기능은?

① Buffer

② Dissolve

③ Merge

④ Union

ANSWER 8.③ 9.① 10.①

8 ③ 표준벌채량은 현재 임분의 생장량을 기준으로 하되, 현재의 임분축적과 법정축적을 고려하여 산정한다.

9 $400 \times \dfrac{5,000}{100} = 20,000$

10 ① 버퍼는 지도 주변의 거리의 단위나 시간을 나타내는 구역이다. 버퍼는 근접 분석에 유용하다.

11 「산림자원의 조성 및 관리에 관한 법률」상 산림에 해당하는 것은?

① 산림의 경영 및 관리를 위하여 설치한 도로

② 과수원, 차밭, 꺾꽂이순 또는 접순의 채취원

③ 입목 · 대나무가 생육하고 있는 건물 담장 안의 토지

④ 입목 · 대나무가 생육하고 있는 논두렁 · 밭두렁

12 임지기망가식에서 임지기망가가 최댓값에 도달하는 시기에 영향을 미치는 인자로 옳지 않은 것은?

① 이율

② 주벌수익

③ 조림비

④ 관리비

ANSWER 11.① 12.④

11 "산림"이란 다음 각 목의 어느 하나에 해당하는 것을 말한다. 다만, 농지, 초지(草地), 주택지, 도로, 그 밖의 대통령령으로 정하는 토지에 있는 입목(立木) · 대나무와 그 토지는 제외한다.
  ㉠ 집단적으로 자라고 있는 입목 · 대나무와 그 토지
  ㉡ 집단적으로 자라고 있던 입목 · 대나무가 일시적으로 없어지게 된 토지
  ㉢ 입목 · 대나무를 집단적으로 키우는 데에 사용하게 된 토지
  ㉣ 산림의 경영 및 관리를 위하여 설치한 도로
  ㉤ ㉠부터 ㉢까지의 토지에 있는 암석지(巖石地)와 소택지(沼澤地 : 늪과 연못으로 둘러싸인 습한 땅)

12 임지기망가 최댓값 관계
  ㉠ 이율이 크면 최댓값에 도달하는 시기가 빠르다.
  ㉡ 간벌수익이 클수록 시기가 이를수록 최댓값이 빨리 온다.
  ㉢ 주벌수익의 증대속도가 빨리 감퇴할수록 최댓값이 빨리 온다.
  ㉣ 지위가 양호한 임지일수록 최댓값이 빨리 온다.
  ㉤ 조림비가 클수록 최댓값이 늦게 온다.
  ㉥ 관리비는 기망가의 최댓값과 무관하다.

13 임분밀도의 척도에 해당하지 않는 것은?

① 1ha당 본수

② 1ha당 평균수고

③ 입목도

④ 임분밀도지수

14 단목생장모델의 특성으로 옳지 않은 것은?

① 대부분의 단목생장모델은 동적생장모델로 분류된다.

② 모델 구성 및 활용에 필요한 생장인자가 복잡하여 실용성이 다소 떨어진다.

③ 개체목별로 추정한다는 점에서 원칙적으로 동령림, 단순림에 적용한다.

④ 각 개체목별 위치를 파악해야 하므로 대부분의 단목생장모델은 위치종속생장모델이다.

ANSWER 13.② 14.③

13 임분밀도의 척도
ㄱ 단위면적당 임목본수
ㄴ 재적
ㄷ 흉고단면적
ㄹ 입목도
ㅁ 상대밀도
ㅂ 임분밀도지수
ㅅ 수관경쟁인자
ㅇ 상대공간지수

14 ③ 개체목별로 추정한다는 점에서 원칙적으로 이령림, 혼효림에 적용한다.

15 다음과 같이 현금흐름이 발생하는 사업이 있을 때, 회수기간법을 이용하여 계산한 회수기간[년]은? (단, 모든 현금흐름은 균등하게 발생한다)

구분	시기(년)	금액(천 원)
투자비	0	5,000
수입	1	1,000
	2	2,000
	3	4,000
	4	2,000

① 2.0

② 2.5

③ 3.0

④ 3.5

16 임업경영의 수익성분석 지표에 대한 관계식으로 옳지 않은 것은?

① 자본순수익 = 소득 − (가족노동평가액 + 자기토지지대)

② 자본이익률(%) = $\left(\dfrac{\text{자본순수익}}{\text{투하자본액}} \right) \times 100$

③ 자본회전율 = $\dfrac{\text{투하자본액}}{\text{조수익}}$

④ 토지순수익 = 순수익 + 자기토지지대

17 「산림기본법 시행령」에서 정의하는 '산촌' 지역의 요건에 해당하지 않는 것은?

① 행정구역면적에 대한 산림면적의 비율이 70% 이상일 것

② 인구밀도가 전국 읍·면의 평균 이하일 것

③ 행정구역면적에 대한 경지면적의 비율이 전국 읍·면의 평균 이하일 것

④ 산림소유면적이 2ha 미만인 산주가 전체의 60% 이상일 것

18 회귀년에 대한 설명으로 옳지 않은 것은?

① 회귀년은 사업의 집약도, 수종, 입지 조건 등에 따라 다르다.

② 택벌림에 윤벌기를 설정하여 계획을 수립하는 경우에는 윤벌기가 회귀년의 정수배가 되도록 결정하는 것이 보통이다.

③ 회귀년은 개벌작업을 하는 산림에 설정되는 기간 개념이다.

④ 회귀년 길이는 조림, 보호, 벌채작업, 기반시설 등을 고려하여 결정한다.

19 흉고직경이 20cm, 수고가 10m인 소나무를 형수법으로 계산한 입목재적[m³]은? (단, 원주율은 3.14이고 형수는 0.5이다)

① 0.1570

② 0.2355

③ 0.3140

④ 0.3925

ANSWER 17.④ 18.③ 19.①

17 "산촌"이란 산림면적의 비율이 현저히 높고 인구밀도가 낮은 지역으로서 대통령령으로 정하는 지역을 말한다.
ⓐ 행정구역면적에 대한 산림면적의 비율이 70퍼센트 이상일 것
ⓑ 인구밀도가 전국 읍·면의 평균 이하일 것
ⓒ 행정구역면적에 대한 경지면적의 비율이 전국 읍·면의 평균 이하일 것

18 ② 회귀년이란 맨처음 택벌을 실시한 일정 구역을 또다시 택벌하는 데 요하는 기간을 말한다.

19 입목재적＝형수×원기둥부피
$0.1^2 \times 3.14 \times 10 \times 0.5 = 0.157 (\mathrm{m}^3)$

20 「임업 및 산촌진흥촉진에 관한 법률 시행령」상 임업기능인 양성에 대한 설명으로 옳지 않은 것은?

① 영림단의 구성원 수는 6명 이상 30명 이하이어야 한다.

② 기능인영림단은 구성원 수가 6명 이상 10명 이하인 경우 기능2급 이상의 산림경영기술자가 60% 이상 이어야 한다.

③ 기능인영림단은 구성원 수가 11명 이상 30명 이하인 경우 기능2급 이상의 산림경영기술자가 40% 이상 이어야 한다.

④ 기계화영림단은 기능인영림단의 요건을 갖추고 임업훈련기관에서 임업기계장비에 관한 기술교육을 이수 한 자가 전체구성원의 30% 이상이어야 한다.

ANSWER 20.③

20 기능인영림단 :「산림기술 진흥 및 관리에 관한 법률 시행령」에 따른 기능2급 이상의 산림경영기술자가 다음 각 목의 구분에 따른 비율 이상일 것〈임업 및 산촌 진흥촉진에 관한 법률 시행령 제16조 제3항 제1호〉
  ㉠ 구성원 수가 6명 이상 10명 이하인 경우 : 60퍼센트
  ㉡ 구성원 수가 11명 이상 30명 이하인 경우 : 50퍼센트

1 측정지점에서 수목까지의 수평거리를 측정할 필요가 없는 측고기는?

① 와이제측고기   ② 크리스튼측고기

③ 하가측고기   ④ 아브네이레블

2 전나무의 흉고직경이 30cm, 수고가 25m, 형수가 0.51일 때 Denzin식을 이용하여 계산한 재적[m³]은?

① 0.3   ② 0.5

③ 0.7   ④ 0.9

ANSWER 1.② 2.④

1
  ② 입목(立木)의 수고를 측정하는 기구 중의 하나로 다른 측고기에 비하여 매우 간편하다. 이 측고기는 불규칙적인 수가 적힌 20cm 또는 30cm되는 금속 또는 목재로 된 자와 일정한 길이의 폴과 함께 사용한다. 폴을 측정하고자 하는 나무 밑에 세우고 눈에서 어느정도 떨어진 위치에 크리스튼측고기를 수직 또는 나무와 평행하게 세운 다음 측고기의 길이가 보무를 보는 협각에 완전히 끼게 하고, 측고기를 통하여 나무 밑에 세운 폴을 시준할 때 그 시준선이 측고기와 만나는 선의 눈금을 읽어서 수고를 구한다.

  ① 수고 측정기구의 하나인 와이제측고기는 기하학적 원리를 응용한 측고기로서 구조가 간단하고 가벼워 사용상 편리하다. 금속제 원통에 시준장치가 있고 원통에 붙은 자의 한 면은 톱니모양으로 되어 있다. 원통 안에 보관하는 기구는 수평거리를 고정시키는 눈금과 추가 있으며, 닮은꼴 삼각형의 원리에 의하여 수고를 측정할 수 있도록 고안되어 있다.

  ③ 삼각법에 의하여 수고를 측정할 수 있도록 제작되어 있는 기구이다. 이 기구는 수고를 측정하고자 하는 입목으로부터 다양한 거리에서 측정할 수 있는 눈금이 미리 제작되어 있기때문에, 측정 조건에 따라 수평거리로 15m, 20m, 25m 등으로 떨어진 거리에서 측정할 경우 해당 수평거리를 기구의 앞에 붙은 회전나사를 돌려 선택한 후, 시준공과 대물공을 통하여 나무의 수관 정단부와 지표부위를 두 번 시준하여 눈금을 읽음으로서 수고를 측정하도록 제작되어 있다.

  ④ 본래는 물리학에서 일반구조물의 높이를 측정하는데 사용되는 기구로 가볍고 구조가 간편하며 쉽게 사용할 수 있어서 수고 측정에도 많이 사용되며 비교적 좋은 결과를 보여준다. 이 측고기의 구조는 길이 15cm, 1변의 길이 1.5cm의 4각형으로 된 상자에 수준기, 고저 분도환과 수준기조정 손잡이가 부착되어 있으며, 상자의 한쪽에는 시준공이 있어 이를 통하여 목표물을 시준할 수 있게 되어있다.

2
  입목(立木)의 재적을 계산하기 위해 V=ghf의 형수법을 사용할 때, 수고를 25m 그리고 형수는 0.51을 전제로 계산하면 V=d^2/1000이 된다.

$$V = \frac{d^2}{1000} = \frac{30^2}{1000} = 0.9$$

3 「2020년 산림기본통계」에 대한 설명으로 가장 옳지 않은 것은?

① 산림기본통계는 5년, 10년이 되는 해의 익년 9월에 공표한다.

② 산림의 임상별, 영급별 등 면적 정보는 1:5,000 임상도를 활용한다.

③ 산림기본통계의 임목축적은 가중이동평균법과 복합추정법을 활용한다.

④ 「산림기본법 시행규칙」 제36조에 따라 5년마다 공표한다.

4 A 기업의 제재목 판매단가는 50,000원/m³, 변동비가 30,000원/m³, 고정비가 1,000,000원이라고 할 때, 손익분기점 판매량[m³]은?

① 5

② 25

③ 50

④ 100

ANSWER 3.④ 4.③

3 ④ 산림기본통계는 〈산림자원의 조성 및 관리에 관한 법률 시행규칙 제36조〉에 따라 5년마다 공표한다.

4 손익분기점 매출량 $= \dfrac{판매가격 - 변동비}{고정비} = \dfrac{1000000}{50000 - 30000} = 50$

5 「한국산림인증제도 산림경영인증표준」에서 산림경영 요구사항 중 생물다양성의 보전에 대한 내용으로 가장 옳지 않은 것은?

① 산림생태계의 임상별, 영급별 면적 및 구성비 등 산림생태계 현황에 관한 기본적인 자료를 체계적으로 기록하여 관리하여야 한다.

② 신규조림 및 재조림 시에는 적정한 임목축적 수준과 산림경영목표 및 현지 조건에 적합한 수종을 고려하여 진행되어야 한다.

③ 목재 및 비목재임산물과 서비스를 지속가능하게 생산할 수 있도록 산림의 생산성을 유지시키기 위한 조치를 취하여야 한다.

④ 산림경영사업은 적절하다면 이령림 및 혼효림과 같이 수평적·수직적 구조의 다양성, 종 다양성 및 경관 다양성을 촉진시킬 수 있는 방법을 적용하여야 한다.

6 산림생장의 구성요소에 있어서 초기재적에 대한 총생장량을 구할 때, 그 양만큼 공제되는 것은?

① 진계생장량   ② 고사량

③ 벌채량   ④ 측정 말기의 생존 입목의 재적

ANSWER 5.③ 6.①

5 ③ 산림 생태계 생산력의 유지에 관한 내용이다.

※ **생물다양성의 보전**

㉠ 산림경영계획 상에 산림 생태계의 종·유전적 다양성을 유지·증진시키는 것을 경영목표로 삼고 있음을 명시하여야 한다.

㉡ 산림생태계의 임상별, 영급별 면적 및 구성비 등 산림 생태계 현황에 관한 기본적인 자료를 체계적으로 기록하여 관리하여야 한다.

㉢ 생태학적으로 중요한 다음과 같은 산림 지역을 보호하고 해당 지역의 상태가 유지·증진될 수 있도록 산림자원을 조사하고 지도를 작성하여 관리하여야 한다.

• 수변구역이나 습지 소생물권 등 보호되고 있고, 희귀하고 민감하거나 대표적인 산림 생태계

• 보호되어야 하는 재래종이나 멸종위기종의 서식지를 포함한 지역

• 멸종 위기이거나 보호받는 현지 내 유전자원이 포함된 지역

• 자연적으로 발생한 종이 풍부하게 분포된 국가적으로 중요한 대규모 경관지역

㉣ 희귀·위협·멸종위기에 처한 종의 보호를 위한 관련 지침에 따라 관리하여야 한다.

• 생물 다양성의 유지상 중요한 재래종이나 희귀종에 대해서는 별도의 보호관리 기술

• 해당 구성요소의 종류와 개체수를 파악하여 전문가의 조언에 기초한 적절한 보호대책

• 불법 수렵·포획·채취 활동 등을 방지하기 위한 모니터링 및 통제 등 적절한 조치

• 희귀·위협·멸종위기에 처한 종을 상업적 목적으로 이용하는 것을 금지하고, 필요시 해당 종의 개체수를 늘리는 등의 보호조치

㉤ 신규조림 및 재조림 시에는 적정한 임목축적 수준과 산림경영목표 및 현지 조건에 적합한 수종을 고려하여 진행되어야 한다.

• 생태학적 연속성의 개선과 회복에 기여하는 신규조림 및 재조림 활동이 장려되어야 한다.

• 가급적이면 현지 조건에 잘 적응한 재래종 또는 산지적응종을 우선적으로 고려한다.

• 외래수종 또는 변종이 재래종 및 산지적응종에 미치는 영향을 평가한 후, 부정적인 영향을 방지하거나 최소화할 수 있는 경우 또는 환경적·경제적으로 긍정적인 효과를 기대할 수 있는 경우에 한하여 외래수종 또는 변종을 이용한다.

㉥ 유전자 변형에 의한 수목을 사용하여서는 안 된다.

㉦ 산림경영시업은 적절하다면 이령림 및 혼효림과 같이 수평적·수직적 구조의 다양성, 종 다양성 및 경관 다양성을 촉진시킬 수 있는 방법을 적용하여야 한다. 경제적으로 타당하다면 적합한 곳에서는 왜림과 같이 가치 있는 생태계를 만들어내는 전통적인 산림경영시스템을 지원해야 한다.

㉧ 생태계에 지속적인 피해를 초래하지 않는 범위 내에서 숲 가꾸기와 벌채 작업을 실행하여야 한다.

㉨ 방목이 이루어지는 경우를 포함하여 동물 개체군의 크기가 산림갱신과 생장에 미치는 압력과 생물 다양성에 미치는 압력간의 균형을 도모하는 조치를 취하여 한다.

㉩ 고사목, 속이 빈 나무, 오래된 수풀과 희귀목은 주변 생태계와 산림의 안정성 및 건강을 고려하여 생물다양성의 유지·증진을 위하여 본수나 원래의 분포 그대로를 유지하여야 한다.

6 ① 산림조사기간 동안 측정할 수 있는 크기로 생장한 새로운 임목들의 재적을 뜻한다.

7 수확표상 단위면적당 흉고단면적이 24m²인 임분이 있다. 이 임분의 입목도가 0.6일 때. 실제의 단위면적당 흉고단면적[m²]은?

① 4.0   ② 6.0

③ 9.6   ④ 14.4

8 산림평가의 측면에서 살펴본 산림의 특수성으로 가장 옳지 않은 것은?

① 수익을 예측하기가 어렵고, 적합한 예측방법이 확립 되어 있지 않다.

② 벌기수입과 육성비용과의 균형을 유지할 수 있게 되어, 임업이율이 마이너스가 되게 하는 경향이 높다.

③ 산림의 거래가격은 이용가격을 상회하는 것이 일반적 이어서, 산림의 가격을 불안정하게 한다.

④ 자연적으로 장기간에 걸쳐 생산된 것으로 동형 동질인 것이 없다.

9 중앙원주의 둘레로 원목의 재적을 계산하는 방식인 호푸스(Hoppus)법으로 알려진 구적식은? 단, U는 중앙 원주의 둘레, l은 재장이다.)

① $\left(\dfrac{U}{5}\right)^2 \times 2l$ ② $\left(\dfrac{U}{5}\right)^2 \times l$

③ $\left(\dfrac{U}{4}\right)^2 \times 2l$ ④ $\left(\dfrac{U}{4}\right)^2 \times l$

ANSWER 7.④ 8.② 9.④

7 현실임분축적=입목도 × 정상임분축적 $= 0.6 \times 24 = 14.4$

8 ② 토지가격과 노임의 급상승현상은 인공림에서 벌기수입과 육성비용과의 균형을 유지할 수 없게 되어, 임업이율이 마이너스가 되게 하는 경향이 높다.

9 Hoppus법 $= \left(\dfrac{U}{4}\right)^2 \times l$

10 〈보기〉의 (가)에 들어갈 내용으로 옳은 것은?

국유림경영계획의 소림도 구분기준인 "소(疎)"는 수관밀도가 ___(가)___%이하인 임분이다.

① 40

② 50

③ 60

④ 70

11 벌기수확에 의한 방식으로 법정축적을 계산할 때, 추계축적에 해당하는 것은? (단, u는 벌기령, m_u는 벌기년도 재적이다.)

① $\left(\dfrac{u}{2} \times m_u\right) + \dfrac{m_u}{2}$

② $\left(\dfrac{u}{2} \times m_u\right) - \dfrac{m_u}{2}$

③ $\left(\dfrac{u}{2} \times m_u\right) + \dfrac{2}{m_u}$

④ $\left(\dfrac{u}{2} \times m_u\right) - \dfrac{2}{m_u}$

ANSWER 10.① 11.①

10 소밀도 : 조사면적에 대한 입목의 수관면적이 차지하는 비율을 100분율로 표시하며 그 구분기준은 다음과 같다.

ⓐ 소(′) : 수관밀도가 40% 이하 임분

ⓑ 중(″) : 수관밀도가 41~70%인 임분

ⓒ 밀(‴) : 수관밀도가 71% 이상인 임분

11 벌기수확에 의한 방법

ⓐ 추기의 법정축적 $V_h = \dfrac{U}{2} V_u + \dfrac{V_u}{2}$

ⓑ 춘기의 법정축적 $V_f = \dfrac{U}{2} V_u - \dfrac{V_u}{2}$

ⓒ 하기의 법정축적 $V_g = \dfrac{U}{2} V_u$

12 〈보기〉는 「2020년 산림기본통계」상 입목지의 정의이다. (개)~(대)에 들어갈 내용을 옳게 짝지은 것은?

> 교목의 울폐도가 ___(개)___ % 이상인 임분 또는 ha당 일정 본수 이상의 치수[침엽수 ___(나)___ 본, 활엽수 ___(대)___ 본 이상]가 고르게 생육하고 있는 임분

	(개)	(나)	(대)
①	20	1,000	1,400
②	20	1,100	1,500
③	30	1,200	1,600
④	30	1,300	1,700

13 「도시숲 등의 조성 및 관리에 관한 법률 시행규칙」상 도시숲등의 기능 구분에 해당하지 않은 것은?

① 탄소흡수형 도시숲등

② 재해방지형 도시숲등

③ 경관보호형 도시숲등

④ 생태계 보전형 도시숲등

ANSWER 12.③ 13.①

12 ③ 입목지란 교목의 울폐도가 30% 이상인 임분 또는 ha당 일정 본수 이상의 치수(침엽수 1,200본, 활엽수 1,600본 이상)가 고르게 생육하고 있는 임분이다.

13 도시숲등의 기능 구분
　㉠ 기후보호형 도시숲등 : 폭염·도시열섬 등 기후여건을 개선하고 깨끗한 공기를 순환·유도하는 기능을 가진 도시숲등
　㉡ 경관보호형 도시숲등 : 심리적 안정감과 시각적인 풍요로움을 주는 등 자연경관의 감상·보호 기능을 가진 도시숲등
　㉢ 재해방지형 도시숲등 : 홍수·산사태 등 자연재해를 방지하거나 소음·매연 등 공해를 완화하여 국민의 안전을 지키는 기능을 가진 도시숲등
　㉣ 역사·문화형 도시숲등 : 문화재 또는 사찰·사당 등 종교적 장소와 전통마을 주변에 조성·관리하여 역사를 보존하고 문화를 진흥하는 기능을 가진 도시숲등
　㉤ 휴양·복지형 도시숲등 : 체험·놀이·학습을 통한 교육과 산림욕·산림치유 등 휴양·치유 등의 기능을 가진 도시숲등
　㉥ 미세먼지 저감형 도시숲등 : 미세먼지 발생원으로부터 생활권으로 유입되는 미세먼지 등 오염물질을 차단하거나 흡수·침강 등의 방법으로 저감하는 기능을 가진 도시숲등
　㉦ 생태계 보전형 도시숲등 : 생태계를 보전·복원하고 생태계가 서로 연결되도록 하는 등 생태계와 조화를 이루는 기능을 가진 도시숲등

14 「임업 및 산촌 진흥촉진에 관한 법률 시행령」상 전업임업에 해당하는 임업경영규모[ha]와 연중 임산물을 주원료로 하는 생산활동 일수[일]를 옳게 짝지은 것은?

① 10, 120
② 20, 150
③ 30, 180
④ 50, 200

15 「2020년 산림기본통계」 기준 우리나라 산림현황에 대한 설명으로 가장 옳은 것은?

① 소유별 ha당 임목축적은 공유림이 가장 낮다.
② 영급별 산림면적 비율은 V영급이 가장 높다.
③ 임상별 ha당 임목축적은 혼효림이 가장 낮다.
④ 산림기능별 산림면적 비율은 목재생산림이 가장 높다.

16 〈보기〉는 국유림경영계획의 지황조사 항목에 대한 설명이다. 조건에 해당하는 B층 토양의 건습도는?

• 기준 : 손으로 꽉 쥐었을 때 손가락 사이에 물기가 약간 비친 정도
• 해당지 : 경사가 완만한 사면

---

① 약건
② 적윤
③ 약습
④ 습

14 ④ 전업임업 : 50헥타르 이상의 산림에서 임업을 경영하고 있거나 임산물을 주원료로 하는 생산활동을 1년 중 200일 이상 할 수 있는 임업

15 ① 소유별 ha당 임목축적은 사유림이 가장 낮다.
② 영급별 산림면적 비율은 Ⅳ영급이 가장 높다.
③ 임상별 ha당 임목축적은 활엽수림이 가장 낮다.

16 건습도 구분

구분	기준	비고
건조	손으로 꽉 쥐었을 때 수분에 대한 감촉이 거의 없다	지피식생 단순
약건	꽉 쥐었을 때 손바닥에 습기가 약간 묻을 정도	지피식생 보통
적윤	손으로 꽉 쥐었을 때 손바닥 전체에 습기가 묻고 물의 감촉이 뚜렷하다	지피식생 및 임목 생장 양호
약습	꽉 쥐었을 때 손가락 사이에 물기가 약간 비친다	지피식생 다양
습	꽉 쥐었을 때 손가락 사이에 물방울이 맺힌다	지피식생 다양

17 택벌작업에서 회귀년 길이의 장단과 산림시업과의 관계에 관한 설명으로 가장 옳은 것은?

① 산림보호를 위해 임지노출을 줄일 수 있는 긴 회귀년이 유리하다.

② 조림기술적인 측면에서 짧은 회귀년은 수종구성 개선 등에 유리하다.

③ 벌채작업에서 단기적으로는 벌채, 집재, 운재 등을 고려한 짧은 회귀년이 유리하다.

④ 임도, 방화시설 등 기반시설 투자를 고려할 때, 사업초기에 짧은 회귀년을 채택하여 시설비를 충당해야 한다.

18 임분밀도의 척도로서 단위면적당 흉고단면적과 평방평균직경을 병합시켜 계산하는 것은?

① 입목도

② 상대밀도

③ 임분밀도지수

④ 상대공간지수

•···

ANSWER 17.② 18.②

17 ① 회귀년이 길어지면 면적당 벌채량이 많아진다. 이로 인해 임목도가 낮아지면 풍·설해 및 토사붕괴 등의 피해가 일어나기 쉽다.
③ 벌채·집재·운재는 단위 면적당 많은 벌채를 하는 것이 유리. 따라서 긴 회귀년이 요망된다.
④ 임도, 방화시설 등의 소요비용을 충당하기 위하여 면적당 다량의 벌채를 하는 것이 유리. 단, 이것은 첫 회귀년에 적용된다.

18 ② 흉고단면적과 평방평균직경을 병행시킨 상대밀도
① 이상적인 임분의 재적 또는 흉고단면적에 대한 실제 임분의 재적 또는 흉고단면적 비율을 의미한다.
③ 임분밀도지수를 활용할 수 있는 1ha당 본수를 10인치(25cm)크기 흉고직경에서의 1ha당 본수를 기준으로 표준화한 것이다.
④ 우세목의 수고에 대한 입목 간 평균거리의 백분율을 의미한다. 상대공간지수 RSI가 100%라는 것은 우세목의 수고만큼 입목 같은 거리가 떨어져 있다는 것을 의미하고 상대공간지수 RSI가 25%라는 것은 입목간의 간격이 우세목 수고의 25%라는 것을 의미한다.

19 「산림복지 진흥에 관한 법률」상 산림복지단지의 조성 원칙으로 가장 옳지 않은 것은?

① 산림 내에 위치하여야 하며, 체류시설은 충분한 일조량 확보가 가능해야 한다.

② 산지전용을 통한 개발지역 확장의 개념으로 지역발전에 이바지해야 한다.

③ 야생동식물의 서식지 파괴, 생태계 질서의 교란, 자연경관의 훼손 및 표토의 유실을 최소화한다.

④ 물, 식량, 에너지, 쓰레기 등을 최대한 재활용하는 선순환시스템을 구축한다.

20 「지속가능한 산림자원 관리지침」상 리기다 소나무를 간벌할 때, 간벌 후 입목본수 기준[본/ha]은? (단, 가슴높이 지름 7~9cm인 경우이다.)

① 1,000

② 1,500

③ 2,000

④ 2,300

ANSWER 19.②

19 산림복지단지의 조성 원칙

㉠ 산지전용을 통한 개발지역의 확장이 아닌 산지의 지속가능한 이용이라는 원칙에 부합할 것

㉡ 산림복지단지는 산림복지서비스 기능을 고려하여 불가피한 사정이 없으면 산림 내에 위치하여야 하며, 체류시설의 경우에는 충분한 일조량 확보가 가능할 것

㉢ 산림복지단지를 조성하려는 지역의 목재, 토석 등 자연재료를 최대한 활용하고 해당 지역의 경관적인 특성을 건축과 조경에 반영할 것

㉣ 물, 식량, 에너지, 쓰레기 등을 최대한 재활용하는 선순환시스템이 구축될 수 있도록 필요한 시설 등을 구비할 것

㉤ 대기·수질·토양·해양 오염, 야생동식물의 서식지 파괴, 생태계 질서의 교란, 자연경관의 훼손 및 표토의 유실을 최소화할 것

㉥ 산림복지단지의 이용자가 산림자원 육성과 보호, 치유활동을 할 수 있는 여건을 조성할 것

㉦ 산림복지단지의 이용자에게 산림문화·휴양, 산림교육 및 치유 등의 산림복지서비스를 제공하기 위한 산림복지서비스 시설 등을 구비할 것

㉧ 그 밖에 산림복지단지의 조성과 관련하여 대통령령으로 정하는 사항에 적합할 것

20 간벌후 입목본수기준

(단위 : 본/ha)

수종	가슴높이 지름(㎝)											
	8	10	12	14	16	18	20	22	24	26	28	30
잣나무	1,500	1,200	1,000	880	760	670	600	530	480	440	400	–
낙엽송	1,500	1,300	1,100	1,000	900	800	700	600	530	490	410	–
리기다소나무	2,000	1,600	1,300	1,100	940	810	710	630	560	500	–	–
소나무(강원)	2,300	1,800	1,500	1,300	1,100	950	840	740	670	610	–	–
소나무(중부)	1,300	1,110	960	860	780	710	650	610	–	–	–	–
삼나무	2,200	1,860	1,630	1,430	1,260	1,130	1,010	890	–	–	–	–
편백	2,700	2,200	1,700	1,510	1,330	1,180	1,070	950	–	–	–	–
해송	1,700	1,400	1,200	1,060	950	850	750	660	620	–	–	–
참나무류	980	880	800	730	660	600	540	500	460	430	390	350

1 우리나라 임업경영의 특성에 대한 설명으로 옳지 않은 것은?

① 임목의 성숙기는 경제적으로 유리할 때 정하는 것이 일반적이다.

② 조림노동을 제외한 육성노동과 벌채 · 운반노동은 계절적 제약을 크게 받지 않는다.

③ 육성임업과 채취임업이 병존하지만 임업의 발달과정을 보면 육성임업이 먼저 시작된다.

④ 토지나 기후조건에 대한 요구도가 낮아 임업은 농업이나 축산업을 할 수 없는 곳에서 경영할 수 있는 이점이 있다.

2 생산함수의 제2영역에 대한 설명으로 옳지 않은 것은?

① 총생산물은 계속 증가한다.

② 한계생산물이 평균생산물보다 크다.

③ 한계생산물은 계속적으로 감소한다.

④ 한계생산물은 감소하지만 0보다 작아지지는 않는다.

3 계통적 표본추출에서 조사면적이 400ha이며, 표본점 개수를 25개로 하였을 때 표본점 추출 간격(m)은?

① 40
② 50
③ 400
④ 500

ANSWER 1.③ 2.② 3.③

1 ③ 임업의 발달과정을 보면 먼저 채취임업이 시작하고, 천연림의 벌채지가 점점 오지화되어 목재의 가격이 높아지면 육성임업인 인공조림이 시작된다.

2 ② 제2영역은 총생산은 계속 증가하지만 한계생산과 평균생산은 계속적으로 감소하는 범위이다.

3 $\sqrt{\dfrac{전조사대상면적}{표본점추출개수}} \times 100 = \sqrt{\dfrac{400}{25}} \times 100 = 400(\text{m})$

4 임업이율에 대한 설명으로 옳지 않은 것은?

① 경제이율, 환원이율, 수익률로 구분할 수 있다.

② 일반 물가등귀율을 내포하고 있는 명목적 이율이다.

③ 이자액의 결정, 사업의 수익도 판단 또는 자본가를 산정하는 경우에 사용되는 이율의 특성을 갖는다.

④ 엔드레스(Endress)는 수익성이 낮다는 이유로 임업이율을 다른 보통 이율보다 높게 평정해야 한다고 주장하였다.

5 원격탐사 센서의 성능 중 분광해상도에 대한 설명으로 옳은 것은?

① 센서가 전자파 파장대역을 얼마나 다양하게 관측할 수 있는가를 의미한다.

② 대상물을 얼마나 세밀하게 인식할 수 있는가를 의미한다.

③ 대상지를 어느 정도의 시간 간격으로 관측할 수 있는가를 의미한다.

④ 영상의 픽셀값을 얼마나 잘 표현하는가를 의미한다.

6 국유림경영의 목표에 대한 설명으로 옳지 않은 것은?

① 경영목표체계의 주목표와 부분목표는 기본적으로 우선순위가 같다.

② 모든 개별 목표는 임분단위에서 동시에 함께 추구해야 한다.

③ 산림에 소재하는 토양기념물보호는 보호기능의 부분목표에 해당한다.

④ 달성하고자 하는 목표 상호 간에 상충될 때에는 보호기능을 우선해야 한다.

ANSWER 4.④ 5.① 6.③

4 ④ 엔드레스는 임업이율은 보통이율보다 낮게 책정해야 한다고 주장했으며, 이유로는 소유의 안정, 경영의 간편, 발전에 의한 이율 저하, 생산 기간의 장기성, 수입과 재산의 유동성이 있다.

5 ① 분광해상도는 카메라가 빛을 얼마나 다양한 파장으로 분리해서 볼 수 있는지에 관한 능력을 뜻한다.

6 ③ 산림에 소재하는 토양기념물보호는 휴양 및 문화기능의 부분목표에 해당한다.

7 「국유림의 경영 및 관리에 관한 법률」상 국유림경영관리의 기본원칙으로 옳지 않은 것은?

① 산림생태계의 건강도와 활력도 유지
② 지속가능한 산림경영을 통한 임산물의 안정적 공급
③ 지역사회의 발전을 고려한 국가 전체의 이익 도모
④ 공·사유림 경영의 선도적 역할 수행

8 「임업 및 산촌 진흥촉진에 관한 법률 시행령」상 독림가에 대한 설명으로 옳지 않은 것은?

① 300ha 이상의 산림을 산림경영계획에 따라 모범적으로 경영하고 있는 사람은 모범독림가의 요건을 갖춘 자이다.
② 100ha 이상의 산림을 산림경영계획에 따라 모범적으로 경영하고 있는 사람은 우수독림가의 요건을 갖춘 자이다.
③ 3ha 이상의 산림을 산림경영계획에 따라 모범적으로 경영하고 있는 사람은 자영독림가의 요건을 갖춘 자이다.
④ 조림 실적이 100ha 이상이고 산림경영계획에 따라 산림을 모범적으로 경영하고 있는 법인은 법인독림가의 요건을 갖춘 자이다.

···

ANSWER 7.① 8.③

7 국유림경영관리의 기본원칙
㉠ 지역사회의 발전을 고려한 국가 전체의 이익 도모
㉡ 지속가능한 산림경영을 통한 임산물의 안정적 공급
㉢ 자연친화적 국유림 육성을 통한 산림의 공익기능 증진
㉣ 국유림의 국민이용 증진을 통한 국민의 삶의 질 향상
㉤ 공·사유림 경영의 선도적 역할 수행

8 독림가의 요건
㉠ 개인독림가(個人篤林家)
• 모범독림가 : 300헥타르 이상의 산림(수익분배림(분수림) 및 조림(造林)의 목적으로 대부받은 국유림을 포함한다. 이하 이 조에서 같다)을 산림경영계획에 따라 모범적으로 경영하고 있는 사람 또는 조림 실적이 100헥타르 이상이고 산림경영계획에 따라 산림을 모범적으로 경영하고 있는 사람
• 우수독림가 : 100헥타르 이상의 산림을 산림경영계획에 따라 모범적으로 경영하고 있는 사람 또는 조림 실적이 50헥타르 이상(유실수(有實樹)는 20헥타르 이상)이고 산림경영계획에 따라 산림을 모범적으로 경영하고 있는 사람
• 자영독림가 : 5헥타르 이상의 산림을 산림경영계획에 따라 모범적으로 경영하고 있는 사람 또는 유실수를 3헥타르 이상 조림하여 산림을 산림경영계획에 따라 모범적으로 경영하고 있는 사람
㉡ 법인독림가 : 다음 각 목의 어느 하나에 해당하는 법인
• 300헥타르 이상의 산림을 산림경영계획에 따라 모범적으로 경영하고 있는 법인 또는 조림 실적이 100헥타르 이상이고 산림경영계획에 따라 산림을 모범적으로 경영하고 있는 법인
• 「농어업경영체 육성 및 지원에 관한 법률」에 따른 농업법인 중 10헥타르 이상의 산림을 산림경영계획에 따라 모범적으로 경영하고 있는 법인 또는 조림 실적이 5헥타르 이상이고 산림경영계획에 따라 산림을 모범적으로 경영하고 있는 법인

9 조림비가 포함된 벌기령으로 옳은 것만을 모두 고르면?

> ㉠ 화폐수익 최대 벌기령
> ㉡ 산림순수익 최대 벌기령
> ㉢ 수익률 최대 벌기령
> ㉣ 재적수확 최대 벌기령

① ㉠, ㉡　　　　　　　　　　　② ㉠, ㉣

③ ㉡, ㉢　　　　　　　　　　　④ ㉢, ㉣

10 손익분기점 분석에 대한 설명으로 옳지 않은 것은?

① 매출액이 손익분기점보다 높으면 기업의 수익성이 안정적이라 할 수 있다.
② 손익분기점 매출량은 고정비용을 공헌이익으로 나눈 것이다.
③ 고정비의 단위당 원가는 조업도의 증감과 관계없이 변동하지 않는다.
④ 총수익 및 총비용은 조업도와 선형적 관계를 갖는다.

ANSWER 9.③　10.③

9　㉡ 산림의 총수익에서 일체의 비용을 공제한 것을 산림순수익이라하며, 이 순수익이 최대가 되는 벌기령을 말한다. 이 또한 자본과 이자를 고려하지 않는 단점이 있다.
　　㉢ 순수익의 생산자본에 대한 비, 즉 수익률이 최대가 되는 벌기령을 말한다. 순수익의 자본에 대한 이율이 최고로 되는 것을 목표로 하기 때문에 수익성의 원칙에 입각한 일반사업경영에서도 보통 이를 기준으로 한다.

10　③ 손익분기점은 원가 및 조업도의 증감에 따라 손실 또는 이익으로 분기한다.

11 「산림기본법」상 산림기본계획의 수립 내용으로 옳지 않은 것은?

① 산림복지의 증진에 관한 사항

② 국제산림협력에 관한 사항

③ 도시와의 교류 촉진에 관한 사항

④ 산사태 · 산불 · 산림병해충 등 산림재해의 대응 및 복구 등에 관한 사항

12 임지평가 방법 중 임지기망가의 간벌수익 계산 방법으로 옳은 것은?

① 유한연년이자의 전가합계

② 무한연년이자의 전가합계

③ 유한정기이자의 전가합계

④ 무한정기이자의 전가합계

ANSWER 11.③ 12.④

11 산림기본계획의 수립 내용
- ㉠ 산림시책의 기본목표 및 추진방향
- ㉡ 산림자원의 조성 및 육성에 관한 사항
- ㉢ 산림의 보전 및 보호에 관한 사항
- ㉣ 산림의 공익기능 증진에 관한 사항
- ㉤ 산사태 · 산불 · 산림병해충 등 산림재해의 대응 및 복구 등에 관한 사항
- ㉥ 임산물의 생산 · 가공 · 유통 및 수출 등에 관한 사항
- ㉦ 산림의 이용구분 및 이용계획에 관한 사항
- ㉧ 산림복지의 증진에 관한 사항
- ㉨ 탄소흡수원의 유지 · 증진에 관한 사항
- ㉩ 국제산림협력에 관한 사항
- ㉪ 그 밖에 산림 및 임업에 관하여 대통령령으로 정하는 사항

12 ④ 임지기망가란 임지에서 기대할 수 있는 가치로 임지에서 장래 기대되는 순수익의 현재가(전가)로 정한 가격으로 무한정기
이자식에 의해 계산한다.

13 수간석해의 방법에 대한 설명으로 옳지 않은 것은?

① 임목의 성장과정을 정밀히 사정할 목적으로 임목을 벌채하여 성장량을 측정하는 방법이다.

② 원판의 단면 반경은 심각등분법, 원주등분법, 절충법으로 구할 수 있다.

③ 각 영급에 대한 수고의 결정은 수고곡선법, 직선연장법, 평행선법으로 구할 수 있다.

④ 총재적은 결정간재적과 초단부재적을 더한 값이다.

14 「산림자원의 조성 및 관리에 관한 법률 시행규칙」상 벌채기준에 대한 설명으로 옳지 않은 것은?

① 모두베기의 1개 벌채구역의 면적은 최대 50만 제곱미터 이내로 한다.

② 골라베기는 형질이 우량한 임지에서 실행하며, 골라베기 비율은 본수를 기준으로 30퍼센트 이내로 한다.

③ 모수작업의 1개 벌채구역의 면적은 5만 제곱미터 이내로 한다.

④ 왜림작업의 벌채는 입목의 생장휴지기에 실행한다.

15 국유림 경영계획의 수확조절에 대한 설명으로 옳지 않은 것은?

① 수확조절은 현실영급이 법정영급 상태에 도달할 수 있도록 법정축적법을 적용한다.

② 표준벌채량 산정을 위한 조정계수는 임분의 법정축적을 보정하기 위한 값이다.

③ 표준벌채량 산정을 위한 갱정기는 현실영급을 법정영급 상태로 조정하는 데 걸리는 기간이다.

④ 현재의 임분축적이 법정축적보다 많은 경우에는 표준벌채량이 임분의 평균생장량보다 많아지게 되어 현재의 임분축적은 감소하게 된다.

ANSWER 13.④ 14.② 15.②

13 총재적 = 결정(수)간재적 + 초단부재적 + 근재주적

14 ② 골라베기는 형질이 우량한 임지에서 실행하며, 골라베기 비율은 재적을 기준으로 30퍼센트 이내로 한다. 다만, 표고재배용 나무는 50퍼센트 이내로 할 수 있다.

15 ② 표준벌채량 산정을 위한 생장량 조정계수는 생장량 조사 시 오차, 미래의 불확실성 등을 고려하기 위한 값으로 0.7내외를 적용한다.

16 산림수확조절 방법 중 한즈릭(Hanzlik) 공식에 대한 설명으로 옳은 것은?

① 축적을 조정하는 것이 아니라 과숙 임분만이 변하는 것으로 가정하여 전체 윤벌기 동안의 벌채량을 산정하는 것이다.

② 표준벌채량 산정을 위한 이용률은 법정림의 생장비율을 의미하며 수확표로부터 구할 수 있다.

③ 장래 n년 후의 임목축적은 n년 동안의 벌채량을 공제한 현실재적과 같다는 근거에서 고안된 것이다.

④ 매년의 벌채량을 추정하기 위해 요구되는 것은 총재적과 윤벌기이다.

17 산림생장모델에 대한 설명으로 옳은 것은?

① 직경분포모델에서 직경급을 하나로 하면 단목생장모델이 되고, 직경급을 세분하여 입목본수만큼 하면 임분생장모델이 된다.

② 과정기반모델은 산림생장의 정확한 과정 및 기작을 파악하고자 하는 것에 초점이 맞추어져 있는 것으로 볼 수 있다.

③ 임분생장모델은 임분의 구조를 가장 잘 나타내고, 단목생장모델은 임분의 구조를 전혀 나타내지 못한다.

④ 대부분의 단목생장모델은 위치정보가 필요 없는 위치독립모델에 기반을 두고 있다.

ANSWER 16.① 17.②

16 ① 노령림의 법정림 전환단계에 발생하는 문제를 중점으로 지속 가능한 연년벌채량을 결정하는 방법이다.

17

종류	정의	장점	단점
임분생장모델	이용되는 생장정보의 범위에 따라 평균값을 이용	모델 구축 및 활용면에서 가장 간단하다.	임분의 구조를 전혀 나타내지 못한다.
직경분포모델	직경급별 평균값에 기반 (임분생장모델과 단목생장 모델의 중간형태)	평균값에 기반을 둔 임분생장모델의 한계를 크기면에서는 극복, 이령림에서 적용가능	하나의 수종이 하나의 직경급으로 묶이지 않는 한 혼효림의 생장을 파악하는 데에 한계가 있다.
단목생장모델	개체목의 고유한 생장값을 기초	임분의 구조를 가장 잘 나타냄 (이령림, 혼효림에 적용가능)	모델 구축 및 활용면에서 가장 복잡하다
과정기반모델 (생리적모델)	기상 및 환경요인을 생장의 영향인자오 포함시켜 산림생장을 광합성 및 호흡기작에 근거하여 예측	산림생장의 반응을 비교적 정확히 설명해준다.	입력인자의 조사가 어렵고 모델이 복잡하여 산림시업과 관련된 현장에서 적용이 까다로운 편이다.

18 프레슬러(Pressler)식에 의한 임령 5년에서 10년 사이의 성장률(%)은?

임령(년)	총성장량(m^3)	정기성장량(m^3)	정기평균성장량(m^3)	총평균성장량(m^3)
5	0.0000			0.00000
		0.0012	0.00024	
10	0.0012			0.00012
		0.0092	0.00184	
15	0.0104			0.00069

① 40.0

② 17.4

③ 11.5

④ 10.3

19 정적임분생장모델의 활용성 중 임분의 기초정보 파악에 대한 설명으로 옳지 않은 것은?

① 지위지수는 임령과 평균수고로부터 추정할 수 있다.

② 밀도는 수확표상의 주임목 1ha당 단면적에 대해 조사된 1ha당 단면적의 비율인 입목도로 추정할 수 있다.

③ 수확표상의 주·부임목 합계 1ha당 재적에 입목도를 곱하여 조사임분의 1ha당 재적을 추정할 수 있다.

④ 혼효림에서는 정적임분생장모델을 활용할 수 없다.

20 비공간적 임분구조지수에 대한 설명으로 옳지 않은 것은?

① 정규분포 및 t분포식, 지수함수식과 같은 통계적 분포식을 이용한 직경 및 수고급별 본수분포로 임분구조를 나타내는 기법이다.

② 로렌츠(Lorenz) 곡선이 (0, 0)과 (1, 1)을 잇는 선형에 가까워질수록 동질적인 임분구조를 나타낸다.

③ 로렌츠(Lorenz) 곡선을 함수식으로 유도하여 임분구조의 동질성을 지수화하면 횡적 구조의 다양성지수를 유도할 수 있다.

④ 임분구조의 다양성 지수($L\beta$)는 1에 가까울수록 동질적 임분구조를 나타낸다.

ANSWER 18.① 19.④ 20.④

18 프레슬러식 : {(현재 재적−과거 재적)/(현재 재적+과거 재적)}×(200/기간)

{(0.0012−0.0000)/(0.0012+0.0000)}×(200/5)

0.0012/0.0012×40=40(%)

19 ④ 정적임분생장모델은 관리 방법이 하나로 고정된 상태에서 임분의 생장 및 수확을 예측하는 생장모델로, 혼효림에서도 활용할 수 있다.

20 ④ 임분구조지수는 0에서 1사이의 값을 가지며, 임분구조가 다양할수록 1에 접근하는 특징을 지니고 있다.

1 산림경영의 지도원칙 중 수익성의 원칙에 대한 설명으로 옳은 것은?

① 합리성의 원칙 또는 합목적성의 원칙이라고도 한다.

② 공공성의 원칙과 더불어 산림경영에 있어서 최고 지도원칙이다.

③ 국민 또는 지역주민의 경제적 복리증진을 최대로 달성하도록 운영해야 한다는 원칙이다.

④ 벌기평균재적생장량이 최대가 되는 벌기령을 택함으로써 구체화된다.

2 회귀년 길이의 장단 결정 시 고려사항에 대한 설명으로 옳지 않은 것은?

① 수종의 구성상태 개선 측면에서 볼 때 긴 회귀년이 유리하다.

② 임지 노출로 인한 토사붕괴 피해를 예방하는 측면에서 볼 때 짧은 회귀년이 유리하다.

③ 조림의 기술적인 측면에서 볼 때 짧은 회귀년이 유리하다.

④ 기반시설에 대한 투자가 많이 요구될 때 긴 회귀년이 유리하다.

ANSWER 1.② 2.①

1 수익성 원칙이란 최대의 이익 또는 이윤을 목적으로 경영하는 원칙으로 이윤율의 최대를 목표로 한다. 즉 이윤 또는 자본이윤은 임금, 지대, 이자, 감가상각비 등의 총 비용을 총수입에서 공제한 잔액을 말한다. 이윤은 생산활동에서 얻은 소득에서 생산 3요소인 토지, 자본, 노동에 대하여 약정한 지대, 이자, 노임을 지불한 나머지인 기업이윤을 취하고, 이 연간수익과 사용자본과의 백분율, 즉 이윤율로서 수익성을 결정한다. 수익성의 원칙은 공공성의 원칙과 함께 임업의 최고 지도원칙이다.
① 경제성의 원칙 ③ 공공성의 원칙 ④ 생산성의 원칙

2 임목생장촉진, 수종구성상태 개선, 병충해에 따른 고손목처리 등은 회귀년이 짧을수록 유리하다.

3 전통적인 법정림에 대한 바그너(Wagner)의 비판을 반영한 법정조건으로 옳지 않은 것은?

① 수종의 혼효 및 품종에 대해 환경적·경영적으로 최적의 상태로 구성되어야 한다.

② 교통 및 운반시설이 잘 갖추어져야 한다.

③ 산림생산 과정에서 피해에 대한 보호조직이 준비되어야 한다.

④ 균등한 노동력이 투입되어야 한다.

4 ㈎~㈐에 들어갈 말을 바르게 연결한 것은?

> 연년생장량곡선과 평균생장량곡선은 [㈎] 곡선이 최고에 달하는 시점에서 서로 만나며, 두 곡선이 만나기 전에는 [㈏] 이 더 크지만, 두 곡선이 만난 후에는 [㈐] 이 더 크다. 생장 측면에서만 보면 [㈑] 이 최고에 달하기 전까지는 벌채하지 않고 두는 것이 효율적이다.

	㈎	㈏	㈐	㈑
①	연년생장량	연년생장량	평균생장량	연년생장량
②	평균생장량	연년생장량	평균생장량	평균생장량
③	평균생장량	평균생장량	연년생장량	평균생장량
④	연년생장량	평균생장량	연년생장량	연년생장량

ANSWER 3.④ 4.②

3 각각의 목표에 따라 실현 가능한 사업상의 기준이 되는 법정조건

㉠ 임지는 가장 좋은 상태를 계속 유지하고 있어야 한다.

㉡ 수종의 갱신과 혼효 및 그 품종에 있어서 환경이나 경영상 가장 좋은 상태로 구성되어져야 한다.

㉢ 삼림의 보육에 적합한 환경이고 피해에 대한 보호조직이 잘 갖추어져 있어야 한다.

㉣ 여러 가지 운반시설이 정비되어 있어야 한다.

4 ㈎㈐㈑ 평균생장량 : 어느 주어진 기간동안 매년 평균적으로 증가한 양

㈏ 연년생장량 : 수령 또는 임령이 1년 증가함에 따라 추가적으로 증가하는 수확량

5 국유림경영계획에서 임목생산에 대한 설명으로 옳지 않은 것은?

① 벌채종은 수확을 위한 벌채, 숲가꾸기를 위한 벌채, 수종갱신을 위한 벌채, 피해목 제거를 위한 벌채로 구분한다.
② 벌채율은 소반 안의 벌채예정구역 내 축적에 대한 벌채재적의 비율로 표기한다.
③ 서어나무의 일반기준벌기령은 50년이다.
④ 잣나무의 특수용도기준벌기령은 40년이다.

6 임분생장에 대한 설명으로 옳지 않은 것은?

① 단위면적당 본수는 하층간벌 횟수가 증가함에 따라 감소한다.
② 하층간벌 직후 단위면적당 흉고단면적은 간벌 전과 비교하여 감소한다.
③ 하층간벌 직후 평균수고는 간벌 전과 비교하여 증가한다.
④ 하층간벌 직후 단위면적당 재적은 간벌 전과 비교하여 증가한다.

ANSWER 5.③ 6.④

5

구분	국유림	공 · 사유림(기업경영림)
1. 일반기준벌기령소나무 (춘양목보호림단지) 잣나무 리기다소나무 낙엽송 삼나무 편백참나무류 포플러류	70년 (100년) 70년 35년 60년 60년 70년 70년	50년(30) (100년) 60년(40) 25년(20) 40년(20) 40년(30) 50년(30) 50년(20)
2. 특수용도기준벌기령 펄프, 갱목, 표고 · 영지 · 천마 재배, 목공예, 목탄,목초액, 섬유판, 산림바이오매스에너지의 용도로 사용하고자 할 경우에는 일반기준벌기령중 기업경영림의 기준벌기령을 적용한다. 다만, 소나무의 경우에는특수용도기준벌기령을 적용하지 아니한다.	15년	15년

6 하층간벌 직후 평균직경은 간벌 전과 비교하여 증가한다.

7 「산림자원의 조성 및 관리에 관한 법률」 제8조에 따른 산림의 기능별 구분에 해당하지 않는 것은?

① 산림재해방지　　　　　　　　② 경관의 개선

③ 수원의 함양　　　　　　　　　④ 목재 생산

8 조사목별 수고를 이용하여 삼점평균 수고를 계산하고 그 결과값을 1m 괄약한 적용수고를 구할 때, (가)~(다)에 들어갈 값을 바르게 연결한 것은?

직경급 (cm)	조사목별 수고(m)					삼점평균 수고 (m)	적용수고 (m)
	1	2	3	합계	평균		
20	10.2	—	—	10.2	10.2		(가)
22	11.0	11.5	12.0	34.5	11.5		(나)
24	14.4	14.8	—	29.2	14.6	(다)	

	(가)	(나)	(다)
①	10	11	14.6
②	11	12	15.4
③	10	12	14.6
④	11	11	15.4

ANSWER 7.② 8.③

7 산림의 기능별 구분
　㉠ 수원(水源)의 함양(涵養)
　㉡ 산림재해방지
　㉢ 자연환경 보전
　㉣ 목재 생산
　㉤ 산림 휴양
　㉥ 생활환경 보전

8 (가) 10 (나) 12 (다) 14.6
　※ 수고조사 및 계산서 기재 요령
　　㉠ 삼점평균 : 산출하고자 하는 바로 아래 경급의 수고와 산출하고자하는 경급의 수고 및 산출하고자 하는 위 경급의 수고를 합한 평균을 산출하여 기재, 다만 최하단위 수고는 그대로 기재
　　㉡ 적용수고 : 삼점평균 수고의 소수이하를 반올림(4사5입)한 수고로 임지의 수고를 결정

9 국유림경영계획의 지황조사에 대한 설명으로 옳지 않은 것은?

① 지종구분에는 입목도에 따른 구분과 법정지정사항에 따른 구분이 있다.

② 경사도는 소반의 주 경사도를 보고 구분한다.

③ 해당 수종의 지위지수곡선이 없을 경우 침엽수는 잣나무 곡선을 적용하여 지위를 정한다.

④ 표고는 지형도에 의거하여 최저에서 최고를 분모로, 평균을 분자로 하여 표시한다.

10 산림경영 대상지가 축척이 1:25,000인 항공사진상에서 10cm × 20cm인 직사각형으로 측정되었을 때 실제면적[ha]은?

① 200

② 500

③ 1,250

④ 5,000

11 적정 벌기령 70년에서의 주벌수익의 현재가가 5,000만 원, 10년생까지 투입된 비용의 후가합계가 500만 원이고 현재 임령이 30년인 산림의 글라저(Glaser) 보정식을 이용한 임목가[만 원]는?

① 500

② 800

③ 850

④ 1,000

ANSWER 9.④ 10.③ 11.④

9 임령은 임분의 최저~최고 수령을 범위를 분모로 하고 평균수령을 분자로 표시한다.

10 1:25,000이므로, 10 cm × 20 cm인 직사각형의 실제 길이는 2500 × 5000이다.
따라서 실제 면적은 12500000m² = 1250ha이다.

11 $A_m = \dfrac{m^2}{n^2}(A_n - C_0') + C_0'$

A_m 현재의 평가대상 임목가 A_n 적정 벌기령)에서의 주벌수익 C_0' 첫 년도의 비용(조림비 등)

$\dfrac{(30-10)^2}{(70-10)^2} \times 4500 + 500$

$= \dfrac{400}{3600} \times 4500 + 500 = 1000$

12 우리나라 산림기본계획에 대한 설명으로 옳지 않은 것은?

① 제1차 치산녹화 10년 계획 : 당초 계획보다 4년 앞당겨 108만 ha 조림 완료

② 제4차 산림기본계획 : 「산림기본법」 중심의 분법적인 전문 기능별 산림관계 법령체계로 개편

③ 제5차 산림기본계획 : 지속가능한 산림경영기반 구축을 목표로 '심는 정책'에서 '가꾸는 정책'으로 전환

④ 제6차 산림기본계획 : 계획 기간이 10년에서 20년으로 변경

13 법정상태인 산림의 현실축적량은 250,000m^3, 수확표를 통한 법정임분재적은 300,000m^3, 법정벌채량은 15,000m^{3}일 때, 훈데스하겐공식에 따른 표준연벌채량[m^3/년]은?

① 12,000

② 12,500

③ 13,000

④ 13,500

14 산림 관련 법률이 정한 기본계획의 수립기간에 대한 설명으로 옳지 않은 것은?

① 산림생물다양성기본계획은 5년마다 수립한다.

② 산림복원 기본계획은 5년마다 수립한다.

③ 산촌진흥기본계획은 10년마다 수립한다.

④ 산림문화 · 휴양기본계획은 5년마다 수립한다.

ANSWER 12.③ 13.② 14.②

12 ③ 국제적 산림관리 패러다임인 지속가능한 산림 경영과 선진국가의 과제인 복지국가 실현을 중심으로 설정하였다.

13 $\dfrac{15000}{300000} \times 250000 = 12500$

14 ② 산림복원 기본계획은 10년마다 수립, 시행하여야 한다.

15 임지의 평가 방식의 적용에 대한 설명으로 옳지 않은 것은?

① 임지 소유자가 임지 매각 시 최소한 해당 임지에 투입된 비용을 회수하고자 할 경우 임지비용가법을 적용한다.

② 인공조림에 의한 개벌교림작업을 영구히 하고자 할 경우 임지기망가법을 적용한다.

③ 택벌림과 같이 연년 수입이 있는 경우 수익환원법을 적용한다.

④ 임지를 다른 용도로 전용시킬 경우 입지법을 적용한다.

16 「국유림경영계획 작성 및 운영요령」상 국유림경영계획의 업무분장에 따른 지방산림청의 업무에 해당하는 것은?

① 국유림경영계획운영에 대한 평가내용을 차기사업 및 계획에 반영

② 산림조사 및 국유림경영계획 작성 기초자료 제공

③ 국유림경영계획 목표 및 사업계획에 근거한 사업실행

④ 조림대부림(분수림포함) 경영계획 승인

15 ④ 임지법은 거래사례지의 입지지수와 평가대상 임지의 입지지수와의 비율에 의해 거래사례가격을 수정하여 비준가격을 구하는 방법이다.

16 ②③④ 국유림관리소의 업무에 해당한다.
 ※ 지방산림청의 업무
  ㉠ 산림조사 및 국유림경영계획수립(단, 선도 산림경영단지 제외)·운영
  ㉡ 국유림경영계획에 근거한 국유림관리소의 경영성과 분석 및 평가
  ㉢ 연간사업계획에 근거한 국유림관리소 단위의 자원배분 및 조성
  ㉣ 국유림경영계획운영에 대한 평가내용을 차기사업 및 계획에 반영
  ㉤ 산림청소관 국유림을 대학학술림으로 사용하는 경우의 경영계획 승인

17 지리정보시스템(GIS)의 벡터와 래스터 자료에 대한 설명으로 옳은 것은?

① 벡터 자료는 실제 공간을 점, 선, 면으로 표현한 자료로서, 위상구조(topology) 정보가 공간분석을 위하여 필요하다.

② 벡터 자료로는 FGIS 임상도 자료가 있으며, 래스터 자료보다 자료 구조가 단순하여 정보처리에 시간이 적게 소요되는 장점이 있다.

③ 래스터 자료는 사물 정보를 격자모양 그리드로 표현한 자료로서, 산림경계와 같은 도형의 위치정보를 벡터보다 정밀하게 표현할 수 있는 장점이 있다.

④ 래스터 자료로는 위성영상 자료가 있으며, 셀 하나에 여러 개의 속성정보를 가질 수 있다.

18 고정비 1,000만 원을 투입하여 소나무 원목 300m³를 생산·매각 후 목표이익 2,000만 원을 달성하기 위한 원목 판매단가[만 원/m³]는? (단, 단위당 변동비는 10만 원/m³이다)

① 10

② 20

③ 30

④ 40

---

17 ② 벡터자료는 구조가 복잡하여 정보처리에 많은 시간이 소요된다.

③ 사물의 위치정보는 셀의 행과 열에 의하여 결정되며, 자료의 구조가 벡터에 비하여 단순한 장점을 갖고 있다.

④ 각 셀의 값은 정수, 실수 등으로 입력할 수 있으며, 1개의 속성 정보만 입력할 수 있다.

18
$$\frac{10000000 + 20000000}{p - 100000} = 300$$

$$300p - 30000000 = 30000000$$

$$300p = 60000000$$

$$\therefore p = 200000$$

19 「산림자원의 조성 및 관리에 관한 법률 시행규칙」상 수확을 위한 벌채기준에 대한 설명이다. (가)~(다)에 들어갈 값을 바르게 연결한 것은?

- 모수작업하는 1개의 벌채구역 면적은 [(가)] 제곱미터 이내로 하며, 벌채구역 사이에는 폭 [(나)] 미터 이상의 수림대(樹林帶)를 남겨두어야 한다.
- 표고재배용 나무의 골라베기 비율은 재적을 기준으로 [(다)] 퍼센트 이내로 할 수 있다.

	(가)	(나)	(다)
①	5만	10	50
②	10만	10	70
③	5만	20	50
④	10만	20	70

20 임목소유자가 벌기 이상의 낙엽송 임분에서 400m³의 임목을 직영생산할 때 적합한 시장가역산법을 이용한 임목평가액[만 원]은? (단, 단위재적당 최기시장가격은 30만 원/m³, 단위재적당 생산비용은 15만 원/m³, 투하자본 회수기간은 4개월, 정상이윤은 5%이다)

① 1,500

② 3,200

③ 4,800

④ 6,000

ANSWER 19.③ 20.③

19 • 모수작업하는 1개의 벌채구역 면적은 50만 제곱미터 이내로 하며, 벌채구역 사이에는 폭 20미터 이상의 수림대(樹林帶)를 남겨두어야 한다.
  • 표고재배용 나무의 골라베기 비율은 재적을 기준으로 50퍼센트 이내로 할 수 있다.

20 $X = A - B(1 + lr)$
  $300000 - 150000(1 + 4 \times 0.05) = 12$
  $120000 \times 400 = 48000000$

1 산림경영의 개념에 대한 설명 중 (가), (나)에 들어갈 말을 바르게 연결한 것은?

> ㉠ [(가)] 은 산림의 다양한 편익(시장재적 · 비시장재적 편익)이 같은 공간에서 동시적으로 유지 · 보존 및 생산되어야 한다는 것을 함축하고 있는데, 이는 산림을 구획하고 각각의 부분에서 다른 종류의 편익을 생산하는 [(나)] 과는 근본적으로 다르다.
>
> ㉡ [(나)] 은 오직 생장량에 의해서만 제약받지만, [(가)] 은 산림생태계의 유지라는 제약조건을 받게 된다.

	(가)	(나)
①	보속수확	다목적 산림경영
②	다자원적 산림경영	보속수확
③	다자원적 산림경영	다목적 산림경영
④	다목적 산림경영	다자원적 산림경영

ANSWER 1.③

1 다자원적 산림경영 … 거시적 차원에서 산림생태계를 구성하는 구성요소 간 상호작용을 중시하는 개념이다. 상호의존적인 재화와 서비스의 최소비용 동시생산을 목적으로 한다. 인간중심 관점에서 경제적 가치창출을 목적으로 목재생산을 중요시했던 과거의 산림관리 패러다임은, 근래로 오면서 인간과 자연의 조화를 중시하 는 다자원적 산림경영의 패러다임으로 변화하였다.

※ 산림관리 패러다임의 발전과정

구분	보속수확(다목적 이용)	다자원적 산림경영	지속가능한 산림경영
목적	상호 독립적인 재화 및 서비스의 지속적인 생산	상호 의존적인 재화 및 서비스의 지속적인 동시 생산	산림생태계의 다양성 및 장기적 통합성의 유지
제약조건	개별 자원의 장기적인 생산은 생장량보다 작거나 동일	산림을 하나의 시스템으로서 유지	다양한 재화 및 서비스의 생산

2 임지기망가와 그 산정인자의 관계에 대한 설명으로 옳지 않은 것은?

① 간벌수익이 증가하면 임지기망가는 증가한다.

② 간벌수익이 증가하면 임지기망가 최댓값은 빨리 온다.

③ 이율이 증가하면 임지기망가는 감소한다.

④ 이율이 증가하면 임지기망가 최댓값은 늦게 온다.

3 「탄소흡수원 유지 및 증진에 관한 법률」상 (가) 에 들어갈 내용으로 옳은 것은?

신규조림이란 최소한 과거 (가) 년 동안 산림이 아니었던 토지에 대하여 인위적인 식재·파종 및 천연갱신 유도를 통하여 산림으로 전환하는 것을 말한다.

① 20

② 30

③ 40

④ 50

4 국유림경영계획서의 도면에 대한 설명으로 옳지 않은 것은?

① 임상과 영급은 위치도에 표현되는 정보내용이다.

② 제지와 미사업지는 경영계획도에 표현되는 정보내용이다.

③ 경영계획도는 경영계획에 의하여 편성된 10년 계획을 표현한 도면이다.

④ 목표임상도는 산림을 임상별로 6가지 기능으로 구분하여 정해진 색깔로 표현한다.

....

ANSWER 2.④ 3.④ 4.④

2 임지기망가 … 어떤 임지에 일정의 시업을 영구히 했을 때 그 임지로부터 얻을 수 있다고 생각되는 순수익의 현재가(전가)합계로서, 임지순수확가 또는 임지수익가라고도 한다.
④ 이율이 증가하면 임지기망가 최댓값은 빨리 온다.

3 "신규조림"이란 최소한 과거 50년 동안 산림이 아니었던 토지에 대하여 인위적인 식재·파종 및 천연갱신 유도를 통하여 산림으로 전환하는 것을 말한다〈「탄소흡수원 유지 및 증진에 관한 법률」 제2조(정의) 제2호〉.

4 ④ 산림기능도에 대한 설명이다. 목표임상도는 장기적인 관점에서 궁극적으로 달성하고자 하는 임상을 결정하여 도면에 표시하는 것으로 국유림경영계획 편성과정에서 작성한다. 이와 같은 목표임상도는 기존 임상에 대한 갱신 계획의 근거가 된다.

5 산림 원격탐사 영상의 전처리에 있어 기하보정에 대한 설명으로 옳은 것은?

① 태양광 입사각에 의한 복사량 차이를 보정한다.

② 지상기준점에 의해 산출된 좌표변환식으로 영상 화소(pixel)들을 새로운 영상으로 재배열한다.

③ 히스토그램평활화를 통해 영상자료의 농도를 변환하고 임의의 농도분포를 가지는 영상을 만든다.

④ 기하보정 방법 중 계통적 보정은 지상기준점을 이용하여 좌표변환식을 산출한다.

6 실제 목재 생산량을 파악하는 것이 주목적인 실용적 산림소유자에게 적합한 생장량 측정방법은? (단, V_1 : 측정초기 생존입목 재적, V_2 : 측정말기 생존입목 재적, M : 고사량, C : 벌채량, I : 진계생장량)

① $V_2 - V_1$

② $V_2 + C - V_1$

③ $V_2 + C - I - V_1$

④ $V_2 + M + C - V_1$

....

ANSWER 5.② 6.②

5 기하보정 … 원격탐사에 의해 획득된 영상 데이터들은 위성의 위치와 자세의 변화, 위성의 속도 변화, 주사범위와 주사경의 회전속도 변화, 지구자전, 지도투영법 등의 여러 가지 요인들에 의해 영향을 받아 기하학적으로 크게 왜곡되어 있다. 왜냐하면 센서가 3차원 구조를 가지고 있는 자연물을 2차원의 영상으로 나타내기 때문에 모든 이미지는 지형오차를 포함하고 있기 때문이다. 따라서 이렇게 휘어진 영상을 평면 위에 존재하는 기존의 지형도와 중첩시키기 위해서는 인공위성 영상에 나타나는 각 점의 위치를 지형도와 같은 크기와 투영값을 갖도록 변환해 주는 과정이 반드시 필요하다.
① 대기보정에 대한 설명이다.
③ 영상강조에 대한 설명이다.
④ 비계통적 방법에 대한 설명이다.

6 ② 진계생장량을 포함하는 순생장량
① 입목축적에 대한 순변화량
③ 측정초기 생존입목 재적에 대한 순생장량
④ 측정초기 생존입목 재적에 대한 총생장량

7 임목의 평가방법에 대한 설명으로 옳은 것은?

① 임목비용가법은 중령림에 적용하고 비용의 전가합계에서 수익의 전가합계를 공제하여 계산한다.

② 시장가역산법은 벌기 이상의 임목에 적용하고 미래의 순수익을 임업이율로 할인한 현재가로 계산한다.

③ 글라저(Glaser)법은 중령림에 적용하고 임목매매가격에서 임목생산비용을 공제한 수익의 전가합계로 계산한다.

④ 임목기망가법은 벌기 미만 장령림에 적용하고 현재와 벌채예정년 사이 기대되는 수익의 전가합계에서 그 기간 동안 소요되는 비용의 전가합계를 공제하여 계산한다.

8 「지속가능한 산림자원 관리지침」상 산림의 기능별 조성·관리에 있어 자연환경보전림의 유형구분에 해당하지 않는 것은?

① 생산형   ② 문화형

③ 보전형   ④ 학술·교육형

ANSWER 7.④ 8.①

7 ① 임목비용가법은 유령림에 적용하고 비용의 후가합계에서 수익의 후가합계를 뺀 순비용가 합계를 산출한다.
  ② 시장가역산법은 매매가를 조사한 후, 여기에서 원목이 시장에 출하될 때까지 소요되는 비용을 뺀 값으로 임목가를 추정하는 방법이다.
  ③ 글라저법은 초년도의 조림비를 기점으로 하고 벌기 수확을 종점으로 하는 곡선식을 구해 중간 임령의 임분가치를 평가하는 방법이다.

8 자연환경보전림의 유형구분
  ㉠ 보전형 : 생태계, 유전자원 보호 등을 위해 보전해야 할 산림
  ㉡ 문화형 : 역사·문화적 가치 보호 등을 위해 보전해야 할 산림
  ㉢ 학술·교육형 : 학술·교육의 목적으로 보전해야 할 산림

9 동적임분생장모델에 대한 설명으로 옳은 것만을 모두 고르면?

> ㉠ 가장 간단한 형태는 수확표이다.
> ㉡ 관리방법의 변화에 따라 임분의 생장을 다양하게 예측할 수 있는 임분차원의 생장모델이다.
> ㉢ 고사율을 파악하기 어려운 경우 임령에 따른 최대 밀도곡선을 통하여 본수를 추정한다.
> ㉣ 개체목의 생장을 수령, 지위, 현재 크기, 인접목과의 경쟁상태 등을 고려하여 추정한다.

① ㉠, ㉡

② ㉠, ㉢

③ ㉡, ㉢

④ ㉢, ㉣

10 대규모 산림자원조사에서 표본점을 일정한 간격으로 추출하여 전 산림에 고르게 배치하도록 하는 표본추출법은?

① 계통추출법

② 임의추출법

③ 층화추출법

④ 집락추출법

ANSWER 9.③ 10.①

9 ㉠ 정적임분생장모델의 가장 간단한 형태가 수확표이다.
　　㉣ 단목생장모델에 대한 설명이다.

10 ① **계통추출법** : 임의추출법으로 뽑은 표본을 정해 놓은 표본추출간격에 따라서 표본을 추출하는 방법
② **임의추출법** : 모집단에 일련번호를 부여한 후 난수표를 이용하여 무작위 추출하는 방법
③ **층화추출법** : 모집단이 가진 특성을 고려하여 집단을 나누고 각 집단에서 표본을 무작위로 추출하는 방법
④ **집락추출법** : 모집단이 가진 특성을 고려하지 않고 모집단의 구성단위를 몇 개의 집락으로 나눈 뒤 무작위로 추출하는 방법

11 「산림조합법 시행령」상 임업인의 범위에 해당하는 것만을 모두 고르면?

> ㉠ 3헥타르 이상의 산림에서 임업을 경영하는 자
> ㉡ 1년중 60일 이상 임업에 종사하는 자
> ㉢ 임업경영을 통한 임산물의 연간 판매액이 100만원 이상인 자
> ㉣ 잣나무 1만제곱미터 이상을 재배하는 자

① ㉠, ㉣   ② ㉢, ㉣
③ ㉠, ㉡, ㉢   ④ ㉡, ㉢, ㉣

12 임분수확표에 나타나는 정보가 아닌 것은?

① 임령
② 평균수고
③ 정기평균생장량
④ 수확예정금액

ANSWER 11.① 12.④

11　임업인의 범위⟨「산림조합법 시행령」 제2조⟩ … 「산림조합법」 제2조 제10호에서 "대통령령으로 정하는 자"란 다음 각 호의 어느 하나에 해당하는 자를 말한다.

1. 3헥타르 이상의 산림에서 임업을 경영하는 자
2. 1년 중 90일 이상 임업에 종사하는 자
3. 임업경영을 통한 임산물의 연간 판매액이 120만 원 이상인 자
4. 「산림자원의 조성 및 관리에 관한 법률」 제16조 제1항 및 같은 법 시행령 제12조 제1항 제1호에 따라 등록된 산림용 종묘 생산업자
5. 3백제곱미터 이상의 포지(圃地 : 묘목을 생산 및 관리하여 배출하는 곳)를 확보하고 조경수 또는 분재소재를 생산하거나 산채 등 산림부산물을 재배하는 자
6. 대추나무 1천제곱미터 이상을 재배하는 자
7. 호두나무 1천제곱미터 이상을 재배하는 자
8. 밤나무 5천제곱미터 이상을 재배하는 자
9. 잣나무 1만제곱미터 이상을 재배하는 자
10. 연간 표고자목 20세제곱미터 이상을 재배하는 자

12　임분수확표란 임분의 생장과 수확량 등에 대한 내용을 지위와 임령별로 나타낸 표로 수확예정금액은 나타나 있지 않다.

13 목재수확을 통해 매년 1,200만 원의 수익을 영구히 얻을 때의 자본가[만 원]는? (단, 이율은 3%임)

① 36,000

② 40,000

③ 44,000

④ 50,000

14 산림사업 투자안을 평가할 때 순현재가치법에 대한 설명으로 옳은 것은?

① 총투자액이 다른 투자안들을 비교할 때 용이하다.

② 투자비용을 모두 회수하는 데 걸리는 기간으로 표시한다.

③ 순현재가가 0보다 작으면 투자할 가치가 없는 사업으로 평가한다.

④ 현재의 투자로 인하여 미래에 발생할 현금 유입과 유출의 현재가를 같게 하는 적절한 할인율을 구하는 기법이다.

ANSWER 13.② 14.③

13 $\frac{12,000,000}{0.03} = 400,000,000 = 40,000$만 원

14 순현재가치법 … 투자에 의하여 발생할 미래의 모든 현금흐름을 알맞은 할인율로 할인하여 계산한 현재가를 기준하여 장기투자를 결정하는 방법이다. 다시 말해 순현재가치법은 투자의 결과로 발생하는 현금유입을 일정한 할인율로 할인하여 얻은 현재가와 투자비용을 할인하여 얻은 현금유출의 현재가를 비교하는 방법이다. 순현재가치법을 투자의 의사결정방법으로 사용할 때에는 현재가가 0보다 큰 투자안을 투자 할 가치가 있는 것으로 평가한다. 이것은 수익의 현재가가 투자비용의 현재가 보다 크다는 것을 뜻한다. 그러나 이 방법은 계산한 값이 절대치로 나타나기 때문에 총 투자액이 다른 여러 투자 안이 있을 때 각 투자안의 경제성을 비교하기 어렵다.

15 국유림종합계획에 포함되어야 하는 사항이 아닌 것은?

① 국유림의 경영 및 관리 현황

② 조림, 숲가꾸기, 임도시설 등 산림사업에 대한 계획

③ 국유림의 경영 및 관리에 관한 주요 사업과 추진방법

④ 사업 시행에 소요되는 경비의 산정 및 조달에 관한 사항

16 국유림경영계획 수립방법 중 수확조절에 대한 설명으로 옳지 않은 것은?

① 면적 위주 임목생장량 산정을 지양한다.

② 법정축적을 고려한 하이어(Heyer) 공식으로 벌채량을 산정한다.

③ 임목생장량의 적정성을 검토할 때 경영목표 달성상 적기에 실행을 요하는 수확벌채를 우선한다.

④ 벌채량을 산정할 때 생장량 조정계수는 생장량 조사 시 오차와 미래불확실성을 고려하여 적용한다.

17 국유림경영계획서 작성에 있어 사업별 총괄계획에 대한 내용으로 옳지 않은 것은?

① 숲가꾸기계획은 비료주기 및 보식계획으로 나누어 작성한다.

② 임목생산계획은 주벌 및 수익간벌계획으로 나누어 기록한다.

③ 조림계획은 인공·천연 갱신을 구분하여 기록한다.

④ 시설계획은 임도, 사방, 자연휴양림 시설계획으로 나누어 작성한다.

ANSWER 15.② 16.③ 17.①

15 국유림종합계획 등〈「국유림의 경영 및 관리에 관한 법률」제6조〉
   ① 산림청장은 국유림을 종합적이고 효율적으로 경영하고 관리하기 위하여 「산림기본법」 제11조에 따른 산림기본계획 및 지역
    산림계획에 따라 국유림종합계획을 관계 중앙행정기관의 장과 협의하여 10년마다 수립·시행하여야 한다.
   ② 제1항의 국유림종합계획에는 다음 각 호의 사항이 포함되어야 한다.
    1. 국유림의 경영 및 관리에 관한 목표와 추진방향
    2. 국유림의 경영 및 관리 현황
    3. 국유림의 경영 및 관리에 관한 주요사업과 추진방법
    4. 사업시행에 소요되는 경비의 산정 및 조달에 관한 사항
    5. 그 밖에 국유림의 경영 및 관리에 관하여 농림축산식품부령으로 정하는 사항

16 ③ 임목생장량의 적정성을 검토할 때 경영목표 달성상 적기에 실행을 요하는 간벌을 우선한다.

17 ① 조림계획에 해당하는 설명이다. 숲가꾸기작업은 어린나무가꾸기, 간벌 등을 실행하는 것이 중요하다. 따라서 풀베기, 어린
    나무가꾸기, 가지치기 등에 대한 사업계획량을 기록한다.

18 수확표를 통해 법정축적이 240m³, 장기보속수확량이 12m³로 나타난 산림의 훈데스하겐(Hundeshagen) 공식에 따른 표준연벌채량이 15m³일 때, 이 산림의 현실임분축적[m³]은?

① 200

② 250

③ 300

④ 350

19 벌채목 재적 측정에 대한 설명으로 옳지 않은 것은?

① 중앙단면적과 재장의 곱으로 구하는 후버(Huber)식은 재장이 길어지면 오차가 커진다.

② 원구와 말구단면적의 평균과 재장의 곱으로 구하는 스말리안(Smalian)식은 재장이 길면 과대치를 준다.

③ 뉴튼(Newton)식은 원구나 말구단면적보다 중앙단면적의 가중치가 4배 더 크다.

④ 말구단면적의 제곱으로 구하는 말구직경자승법은 재장 4m를 기준으로 계산법이 다르다.

20 제21차 기후변화협약 당사국 총회에서 합의한 파리협정에 대한 내용에 해당하지 않는 것은?

① 모든 국가에 온실가스 감축 책무 강화

② 개도국 REDD를 Post-2012 기후변화협약 의제로 결정

③ 개도국의 이행지원을 위한 기후재원과 관련하여 선진국의 재원공급 의무 규정

④ 국가별로 온실가스 감축 목표를 스스로 정하는 방식인 국가별 기여방안 채택

ANSWER 18.③ 19.④ 20.②

18 $\frac{12}{240} \times x = 15$ $\therefore x = 300$

19 ④ 말구단면적의 제곱으로 구하는 말구직경자승법은 재장 6m를 기준으로 계산법이 다르다.
- 재장이 6m 미만이면 $V = d^2 \times L \times 1/10,000$
- 재장이 6m 이상이면 $V = d + (L'-4)/2^2 \times L \times 1/10,000$

이때 d(cm)는 말구직경, L(m)은 통나무의 길이, L'(m)는 통나무 길이 L에서 소수점 이하를 제거한 값

20 프랑스 파리에서 개최된 제21차 기후변화협약 당사국 총회(COP21)는 1997년 일본 교토에서 채택된 교토의정서가 2020년 만료됨에 따라 새로운 기후변화에 대응하기 위해 마련되었다. 교토의정서가 이른바 선진국 중심의 온실가스 감축 노력이었다면, 2015년 12월 채택된 파리협약은 전 지구적 협력이라는 것이 가장 큰 차이이다.
② Post-2012 협상시안이었던 2009년 제15차 당사국 총회에서 국가 간 의견 차이와 협상 과정상 문제로 협상이 결렬되었다.

1 소나무 재선충병 방제를 고려하여 결정하는 벌기령은?

① 공예적 벌기령
② 조림적 벌기령
③ 재적수확 최대 벌기령
④ 산림순수익 최대 벌기령

2 국유림 경영계획을 위한 임황조사에 대한 설명으로 옳지 않은 것은?

① Ⅳ영급의 수령범위는 41~50년생이다.
② 수관밀도가 40% 초과 70% 이하인 임분의 소밀도는 중이다.
③ 침엽수 또는 활엽수의 입목재적·수관점유면적 비율이 25% 초과 75% 미만 점유하고 있는 임분의 임상은 혼효림으로 구분한다.
④ 평균경급은 임분의 최저~최고 흉고직경(가슴높이지름)의 범위를 분모로 하고 평균 흉고직경을 분자로 하여 괄약 2cm를 적용한다.

ANSWER 1.② 2.①

1 조림적 벌기령 … 자연적 벌기령 또는 생리적 벌기령이라고도 한다. 수목이 자연적으로 고사하는 연령, 갱신에 가장 적당한 연령, 산림생산력이 가장 잘 보존될 수 있는 연령, 충해방지·심재부후 등 유해 작용을 방지하기에 가장 유리한 연령 등을 고려하여 정한 벌기령이다.

2 ① Ⅳ영급의 수령범위는 31~40년생이다. 영급별 수령범위는 10년을 기준으로 Ⅰ~Ⅹ로 구분한다.

3 「산림자원의 조성 및 관리에 관한 법률」상 산림자원은 자원으로서 국가경제와 국민생활에 유용한 것을 말한다. 이 법률에 따른 산림자원에 해당하지 않는 것은?

① 산림 휴양 및 경관 자원

② 산림에 있는 토석·물 등의 무생물자원

③ 산림의 경영 및 관리를 위하여 설치한 임도

④ 산림에 있거나 산림에서 서식하고 있는 수목, 초본류, 이끼류, 버섯류 및 곤충류 등의 생물자원

4 다음 법정림의 법정영급면적[ha]은?

> • 산림면적 : 1,800ha
> • 윤벌기 : 60년
> • 1개 영급의 영계 수 : 20개

① 600

② 700

③ 800

④ 900

---

3 「산림자원의 조성 및 관리에 관한 법률」 제2조(정의) 제2호

"산림자원"이란 다음 각 목의 자원으로서 국가경제와 국민생활에 유용한 것을 말한다.

가. 산림에 있거나 산림에서 서식하고 있는 수목, 초본류(草本類), 이끼류, 버섯류 및 곤충류 등의 생물자원

나. 산림에 있는 토석(土石)·물 등의 무생물자원

다. 산림 휴양 및 경관 자원

4 법정영급면적[ha]=(산림면적/윤벌기) × 영급의 영계 수=(1,800/60) × 20=600

5 「제8차 국가산림자원조사 및 산림의 건강·활력도 현지조사 지침서」상 다음 설명에 해당하는 입목의 수관급은?

> 임분 수관의 상층(임분의 대표층)을 형성하는 입목으로서 충분한 수직 광선을 받으나, 측면으로부터 약간의 수평 광선을 받는 입목

① 우세목
② 준우세목
③ 중층목
④ 피압목

· ·

ANSWER 5.②

5 입목 수관급의 구분기준

참조	입목구분	구분기준
a	우세목 (Dominant)	임분 수관의 최상층을 형성하는 입목으로서 수관이 잘 발달되어 충분한 수직 광선을 받으며, 측면으로부터 수평광선 일부를 받는 입목
b	준우세목 (Co-dominant)	임분 수관의 상층(임분의 대표층)을 형성하는 입목으로서 충분한 수직 광선을 받으나, 측면으로부터 약간의 수평광선을 받는 입목
c	중층목 (Intermediate)	수관이 우세목과 준우세목의 아래층을 형성하는 나무로서 수직 및 수평 광선을 거의 받지 못하는 입목
d	피압목 (Overtopped)	수관이 하층에 속하고 이웃한 상층목의 압박으로 제대로 성장하지 못한 열세목. 수직 및 수평 광선을 전혀 받지 못하는 입목
e	폭목 (Wolf tree)	수관이 임관층보다 위로 자라고 넓게 발달한 나무로 이웃한 상층목들의 생장에 방해가 되는 입목

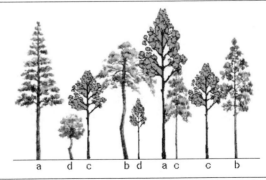

6 임분의 재적추정을 위한 표준목법에 해당하지 않는 것은?

① Bitterlich법

② Draudt법

③ Urich법

④ 단급법

7 임업경영의 지도원칙에 대한 설명으로 옳지 않은 것은?

① 수익성 원칙과 공공성 원칙은 산림경영에 있어서 최고의 지도원칙이다.

② 생산성 원칙은 종종 수익성 원칙 실현의 전제 조건이 된다.

③ 환경보전 원칙은 광의의 합자연성 원칙의 중요한 부분이라고 할 수 있다.

④ 생산자본 유지의 보속 원칙은 국토보전 · 수원함양 등의 기능이 발휘되도록 경영하는 원칙이다.

8 산림수확조절방법 중 정수계획법의 특성이 아닌 것은?

① 선형목적함수

② 선형제약조건식

③ 모형변수들이 0 또는 양(+)의 정수

④ 가분성을 전제로 한 기법

....

ANSWER 6.① 7.④ 8.④

6 표준목법 ··· 임분 내에서 표준목을 선정하여 임분재적을 추정하는 방법으로, 표준목이란 임분재적을 총본수로 나눈 평균재적을 갖는 임목을 말한다. 표준목은 표준목의 흉고직경과 수고를 결정하여 선정하는데 이때 사용되는 표준목법의 종류는 단급법, Draudt법, Urich법, Hartig법 등이 있다.

7 ④ 환경보전의 원칙에 대한 설명이다. 생산자본 유지의 보속 원칙은 산림에서 그 생장량에 가까운 수확만을 획득 · 이용하고 생산자본으로서 임목축적은 이를 침해하지 않는 원칙이다.

8 정수계획법의 특성
㉠ 선형목적함수
㉡ 선형제약조건식
㉢ 모형변수들이 0 또는 양 (+)의 정수
㉣ 특정 변수에 대한 정수제약조건

9 산림치유에 대한 용어를 정의하고 있는 법률은?

① 산림복지 진흥에 관한 법률

② 산림교육의 활성화에 관한 법률

③ 산림문화 · 휴양에 관한 법률

④ 수목원 · 정원의 조성 및 진흥에 관한 법률

10 국유림 경영계획의 노동력 수급계획에서 연간 1,200명의 노동력 수급이 필요하다면, 산출된 상시 노동인력[명]은?

① 5

② 6

③ 7

④ 8

11 산림투자의 경제성 분석방법 중 편익 · 비용비율법에 대한 설명으로 옳지 않은 것은?

① 편익 · 비용비율법은 투자사업으로 발생된 편익흐름의 현재가치의 총계를 비용흐름의 현재가치의 총계로 나눈 비율을 이용하는 방법이다.

② 여러 개의 투자사업들 가운데 투자의 우선순위를 결정할 때에는 편익 · 비용비율이 작은 것부터 시작하면 된다.

③ 편익 · 비용비율법은 투자규모가 큰 사업에 유리하게 나타나는 순현재가의 문제점을 피하고 투자규모가 다른 여러 가지 사업을 객관적인 입장에서 비교하기 위한 방법이다.

④ 편익 · 비용율에 의한 사업의 투자우선순위 결정은 재정투자의 제약조건하에서 투자비용단위당 편익을 극대화할 경우 적용하게 된다.

ANSWER 9.③ 10.① 11.②

9 "산림치유"란 향기, 경관 등 자연의 다양한 요소를 활용하여 인체의 면역력을 높이고 건강을 증진시키는 활동을 말한다〈「산림문화 · 휴양에 관한 법률」 제2조(정의) 제4호〉.

10 국유림 경영계획의 노동력 수급계획에서 연간작업일수는 약 240일로 추정한다. 따라서 연간 1,200명의 노동력 수급이 필요하다고 할 때 상시 노동인력 $x = 1200/240 = 5$이다.

11 ② 여러 개의 투자사업들 가운데 투자의 우선순위를 결정할 때에는 편익 · 비용비율이 큰 것부터 시작하면 된다.

12 「제8차 국가산림자원조사 및 산림의 건강·활력도 현지조사 지침서」상 산림의 정의에 대한 설명이다. ㈎~㈐에 들어갈 내용으로 바르게 연결한 것은?

> FAO에서 제시된 임계기준에 따라 최소면적이 ㉮ ha 이상, 수고가 ㉯ m 이상으로 자랄 수 있는 입목의 수관밀도가 ㉰ % 이상인 토지로서, 최소 폭이 30m 이상이어야 한다. 인위적 또는 자연적 요인에 의해 일시적으로 나무가 제거되었지만 산림으로 회복될 것으로 예상되는 미립목지와 죽림을 포함한다.

	㉮	㉯	㉰
①	0.5	5	10
②	0.5	10	10
③	1	5	20
④	1	10	20

12 산림의 정의〈제9차 국가산림자원조사 및 산림의 건강활력도 현지조사 지침서〉

ⓐ 「산림자원의 조성 및 관리에 관한 법률」 제2조 제1항의 정의를 따른다.

ⓑ 세부적으로는, FAO에서 제시된 임계기준에 따라 최소면적(Minimum area)이 0.5ha 이상, 수고가 5m 이상으로 자랄 수 있는 입목의 수관밀도(Canopy cover)가 10% 이상인 토지로서, 최소 폭(Minimum width)은 30m 이상이어야 한다.

ⓒ 인위적 또는 자연적 요인에 의해 일시적으로 나무가 제거되었지만 산림으로 회복될 것으로 예상되는 미립목지와 죽림을 포함한다. 산림경영활동을 위한 임도 및 적재소 등은 산림(제지)에 포함한다.

ⓓ 단, 건물부지, 도로(국도, 지방도), 철도부지 등 반영구적으로 산림 이외의 목적으로 사용되는 토지에 대해서는 위에서 정한 기준치(Threshold)를 적용하지 아니한다.

13 기업 A가 편백나무의 제재목을 판매하여 이익을 얻고자 한다. 다음 조건을 이용하여 손익분기점의 매출량[m³]과 목표이익 달성을 위한 최소한의 매출량[m³]을 바르게 연결한 것은?

- 편백나무 제재목 판매단가 : 10만 원/m³
- 변동비 : 5만 원/m³
- 고정비 : 5백만 원
- 목표이익 : 2천만 원

	손익분기점의 매출량	목표이익 달성을 위한 최소한의 매출량
①	80	400
②	80	500
③	100	400
④	100	500

14 m년마다 R원씩 n회 얻을 수 있는 이자의 후가합계식은? (단, p는 연이율이다)

① $\dfrac{R(1+p)^{n-m}}{(1+p)^n - 1}$

② $\dfrac{R\{(1+p)^{nm} - 1\}}{(1+p)^m - 1}$

③ $\dfrac{R\{(1+p)^{m-1} - 1\}}{(1+p)^{nm} - 1}$

④ $\dfrac{R(1+p)^{nm}}{(1+p)^n - 1}$

ANSWER 13.④ 14.②

13 • 손익분기점의 매출량＝고정비/(단위당 판매단가−단위당 변동비)
＝5,000,000/(100,000−50,000)＝100
• 목표이익 달성을 위한 최소한의 매출량＝(고정비＋목표이익)/(단위당 판매단가−단위당 변동비)
＝(5,000,000＋20,000,000)/(100,000−50,000)＝500

14 유한정기이자의 미래가식 ＝ $\dfrac{R\{(1+p)^{nm} - 1\}}{(1+p)^m - 1}$

15 「산림문화·휴양에 관한 법률」상 다음 정의에 해당하는 용어는?

> 국민의 건강증진을 위하여 산림 안에서 맑은 공기를 호흡하고 접촉하며 산책 및 체력단련 등을 할 수 있도록 조성한 산림(시설과 그, 토지를 포함한다)을 말한다.

① 산림욕장
② 자연휴양림
③ 명상숲
④ 치유의 숲

ANSWER 15.①

15 정의〈「산림문화·휴양에 관한 법률」 제2조〉
1. "산림문화"란 산림과 인간의 상호작용으로 형성되는 정신적·물질적 산물의 총체로서 산림과 관련한 전통과 유산 및 생활양식 등과 산림을 활용하여 보고, 즐기고, 체험하고, 창작하는 모든 활동을 말한다.
1의2. "산림휴양"이란 산림 안에서 이루어지는 심신의 휴식 및 치유 등을 말한다.
2. "자연휴양림"이라 함은 국민의 정서함양·보건휴양 및 산림교육 등을 위하여 조성한 산림(휴양시설과 그 토지를 포함한다)을 말한다.
3. "산림욕장"(山林浴場)이란 국민의 건강증진을 위하여 산림 안에서 맑은 공기를 호흡하고 접촉하며 산책 및 체력단련 등을 할 수 있도록 조성한 산림(시설과 그 토지를 포함한다)을 말한다.
4. "산림치유"란 향기, 경관 등 자연의 다양한 요소를 활용하여 인체의 면역력을 높이고 건강을 증진시키는 활동을 말한다.
5. "치유의 숲"이란 산림치유를 할 수 있도록 조성한 산림(시설과 그 토지를 포함한다)을 말한다.
6. "숲길"이란 등산·트레킹·레저스포츠·탐방 또는 휴양·치유 등의 활동을 위하여 제23조에 따라 산림에 조성한 길(이와 연결된 산림 밖의 길을 포함한다)을 말한다.
7. "산림문화자산"이란 산림 또는 산림과 관련되어 형성된 것으로서 생태적·경관적·정서적으로 보존할 가치가 큰 유형·무형의 자산을 말한다.
8. "숲속야영장"이란 산림 안에서 텐트와 자동차 등을 이용하여 야영을 할 수 있도록 적합한 시설을 갖추어 조성한 공간(시설과 토지를 포함한다)을 말한다.
8의2. "산림레포츠"란 산림 안에서 이루어지는 모험형·체험형 레저스포츠를 말한다.
9. "산림레포츠시설"이란 산림레포츠에 지속적으로 이용되는 시설과 그 부대시설을 말한다.
10. "숲경영체험림"이란 임업(「임업 및 산촌 진흥촉진에 관한 법률」제2조 제1호에 따른 영림업 또는 임산물생산업에 한정한다) 경영을 체험할 수 있도록 조성한 산림(산림문화·휴양을 위한 시설과 토지를 포함한다)을 말한다.

16 다음은 소나무림의 재적조사 내용이다. 임령 40년에서의 ha당 총 평균생장량[m³/ha/yr]과 10년 간(임령 30~40년)의 정기평균생장량[m³/ha/yr]을 바르게 연결한 것은?

임령(yr)	재적(m³/ha)
30	140
40	200
50	240

	총평균생장량	정기평균생장량
①	4	6
②	4	7
③	5	6
④	5	7

17 개체목별로 경쟁지수를 파악하는 단목차원의 거리종속경쟁지수가 아닌 것은?

① 생육공간지수
② 상대공간지수
③ 수관면적중첩지수
④ 크기비율지수

16 • 총평균생장량이란 임목의 총생장량을 현재까지 경과된 총 연수로 나눈 값이다. 따라서 임령 40년에서의 ha당 총평균생장량 =200/40=5
   • 정기평균생장량은 정기생장량을 그 기간의 연수로 나눈 값이다. 따라서 10년간(임령 30~40년)의 정기평균생장량= (200-140)/10=6

17 ② 상대공간지수는 입목도, Reineke의 임분밀도지수 등과 함께 임분차원의 거리독립경쟁지수에 해당된다.

18 국유림 경영계획에서 산림의 기능별 구분에 대한 설명으로 옳은 것은?

① 생활환경보전림은 「자연환경보전법」에 의한 자연생태계·경관보전지역을 포함한다.

② 유전자원보전림은 수목원 안의 산림을 포함한다.

③ 재해방지림은 개발제한구역 안의 산림을 포함한다.

④ 자연환경보전림은 「산림자원의 조성 및 관리에 관한 법률」에 의한 채종림·채종원·시험림을 포함한다.

19 국유림 경영계획을 위한 산림조사에서 지황조사에 대한 설명으로 옳은 것은?

① 법정지정사항에 따른 지종구분은 입목지와 미립목지로 구분한다.

② 유효토심은 30cm 미만, 30~90cm, 90cm 이상으로 구분한다.

③ 경사도는 10° 미만, 10~40°, 40° 이상으로 구분한다.

④ 방위는 소반의 주 사면 방향을 보고 8방위(동·서·남·북·남동·남서·북동·북서)로 구분한다.

ANSWER 18.④ 19.④

18 ① 생활환경보전림은 도시와 생활권 주변의 경관유지 등을 통해 생활에 쾌적한 환경을 제공하기 위한 산림이다.
② 수목원 안의 산림은 자연환경보전림에 포함된다.
③ 개발제한구역 안의 산림은 생활환경보전림에 포함된다.

19 ① 입목지와 무입목지로 구분한다.
② 유효토심은 30cm 미만, 30~60cm 미만, 60cm 이상으로 구분한다.
③ 경사도는 15° 미만(완경사지), 15~20° 미만(경사지), 20~25° 미만(급경사지), 25~30° 미만(험준지), 30° 이상(절험지)으로 구분한다.

20 산림투자의 경제성 분석방법에 대한 설명으로 옳은 것은?

① 회수기간법은 회수기간 이후에 발생될 수 있는 현금 유입액도 고려한다.

② 일반적으로 내부수익률이 시장이자율보다 작으면 투자사업으로서의 가치가 있고, 내부수익률이 시장이자율보다 크면 투자사업으로서 가치가 없다.

③ 순현재가치법은 순현재가치가 0보다 클 때 사업의 가치가 있다고 판단하는 방법이다.

④ 편익 · 비용비율은 연차별 비용의 현재가치 총액과 미래에 있어서 발생하는 예상순수익의 현재가치 총액을 같게 하는 할인율이다.

....

ANSWER 20.③

20 ① 회수기간법은 비용을 가장 빠른 기간 내에 회수할 수 있는 사업을 좋은 사업으로 평가하는 방법으로, 회수기간 이후에 발생될 수 있는 현금유입액은 무시한다.

② 일반적으로 내부수익률이 시장이자율보다 크면 투자사업으로서의 가치가 있고, 내부수익률이 시장이자율보다 작으면 투자사업으로서 가치가 없다.

④ 편익 · 비용비율은 편익의 현재가치와 비용의 현재가치의 비율로 나타내는데, 이때 현재가치란 미래에 발생할 편익과 비용을 할인한 현 시점의 시간적 가치를 말한다.

1 임분생장의 특성에 대한 설명으로 옳지 않은 것은?

① 임분은 생장 과정에서 자체 경쟁에 의하여 자연적으로 본수가 감소된다.

② 임분의 직경이나 수고의 평균값은 인위적으로 조절되지 않는다.

③ 지위가 높을수록 흉고직경이나 수고가 크게 마련이다.

④ 임분의 단위면적당 흉고단면적 및 재적은 간벌 후에는 감소되었다가 생장에 의하여 다음 주기까지 다시 증가하는 형태를 보인다.

2 선형계획법에서 선형계획모형의 전제조건에 해당하지 않는 것은?

① 비례성

② 확률성

③ 분할성

④ 제한성

3 벌채목의 재적측정 방법 중 중앙단면적에 가중치를 부여하여 계산하는 재적공식은?

① Brereton 식

② Newton 식

③ Smalian 식

④ Huber 식

ANSWER 1.② 2.② 3.②

1 ② 임분의 직경이나 수고의 평균값은 간벌에 의하여 그 값이 변화된다.

2 선형계획모형의 전제조건:비례성, 비부성, 부가성, 분할성, 선형성, 제한성, 확정성

3 ① 미국에서 주로 사용하는 방법으로 원구와 말구에서 각각 수피를 제외한 장단양경(인치)을 각각 재어서 평균한 것을 가산하여 다시 2로 나누어 평균 중앙직경을 산출하고 이것을 자승한 후에 여기에 0.7854를 곱한 후 재장(피트)을 곱하고, 12로 나누어 보드푸트 단위의 재적을 구하는 방법이다.

④ 후버식 또는 중앙직경식이라고도 하며, 통나무 중앙의 단면적을 이용하여 재적을 계산하는 것으로 Neiloid체의 통나무 재적을 계산하는데 적합한 공식이다.

4 「산림교육의 활성화에 관한 법률」상 산림교육전문가에 해당하지 않는 것은?

① 숲해설가   ② 유아숲지도사

③ 숲길등산지도사   ④ 산림치유지도사

5 산림경영계획서 작성에 있어서 다음 조건의 B층 토양건습도는?

손으로 꽉 쥐었을 때 손바닥 전체에 습기가 묻고 물에 대한 감촉이 뚜렷함

① 약건   ② 적윤

③ 약습   ④ 습

6 동령림과 이령림의 임분구조에 대한 설명으로 옳지 않은 것은?

① 동령림은 임령이 증가할수록 평균직경급으로 집중 정도가 강해져 직경급 분포가 점차 좁아지는 형태를 보인다.
② 동령림이 2개의 영급과 수고급으로 구성된 복층림의 경우에는 최고점이 2개인 종모양의 분포를 보이기도 한다.
③ 이령림은 직경급이 증가할수록 본수가 작아지는 전형적인 역J자 형태의 분포를 나타낸다.
④ 이령림을 10년의 영급으로 구분한다면 각 영급은 동령림과 같은 종모양의 임분구조를 보인다.

ANSWER 4.④   5.②   6.①

4 산림교육전문가
  ㉠ 숲해설가
  ㉡ 유아숲지도사
  ㉢ 숲길등산지도사

5 토양 건습도
  ㉠ 건조 : 손으로 꽉 쥐었을 때, 수분에 대한 감촉이 거의 없음.
  ㉡ 약건 : 손으로 꽉 쥐었을 때, 손바닥에 습기가 약간 묻는 정도
  ㉢ 적윤 : 손으로 꽉 쥐었을 때, 손바닥 전체에 습기가 묻고 물에 대한 감촉이 뚜렷
  ㉣ 약습 : 손으로 꽉 쥐었을 때, 손가락 사이에 약간 물기가 비친 정도
  ㉤ 습 : 손으로 꽉 쥐었을 때, 손가락 사이에 물방울이 맺히는 정도

6 ① 동령림은 임령이 증가할수록 평균직경급으로부터 분산되는 정도가 강해져 직경급 분포가 점차 좁아지는 형태를 보인다.

7 잣나무 동령림의 400m² 표준지 조사 결과가 흉고직경 20cm, 수고 10m인 입목이 20본일 때, 형수법으로 계산한 이 임분의 ha당 재적[m³/ha]은? (단, 형수는 0.50이다)

① 39.3

② 78.5

③ 117.6

④ 157.2

8 우리나라 산림계획에 대한 설명으로 옳은 것은?

① 제1차 치산녹화 10개년 계획은 100만 ha의 조림계획을 4년 앞당겨 달성하였다.

② 제2차 치산녹화 10개년 계획은 녹화의 바탕 위에 산지자원화 기반을 조성한다는 목표를 수립하였다.

③ 제3차 산림기본계획은 지속 가능한 산림경영기반 구축과 사람과 숲이 어우러진 풍요로운 녹색국가 실현이라는 목표를 수립하였다.

④ 제4차 산림기본계획은 가치 있는 국가자원, 건강한 국토환경, 쾌적한 녹색공간 조성을 통한 산림기능의 최적 발휘를 목표로 하였다.

....

ANSWER 7.② 8.①

7 $0.12 \times 3.14 \times 10 \times 0.5 = 0.157$

$0.157 \times 20 = 3.14$

$400 : 3.14 = 10000 : x$

$\therefore x = 78.5$

8 ② 제2차 치산녹화 10개년 계획은 장기수 위주의 경제림 조성과 국토녹화 완성이라는 목표를 수립하였다.

③ 제3차 산림기본계획은 녹화의 바탕 위에 산지자원화 기반을 조성한다는 목표를 수립하였다.

④ 제4차 산림기본계획은 지속 가능한 산림경영기반 구축과 사람과 숲이 어우러진 풍요로운 녹색국가 실현이라는 목표를 수립하였다.

9 국유림경영계획 수립·운영의 지황조사에 대한 설명으로 옳지 않은 것은?

① 경사 25 ~ 30도 미만은 급경사지이다.

② 입목도 30 %를 초과하는 임지는 입목지이다.

③ 해당 수종의 지위지수곡선이 없는 경우 침엽수는 잣나무 지위지수곡선을 적용한다.

④ 소반경계에서 임도까지 거리가 250m이면 지리는 3급지이다.

10 산림의 생산기간에 대한 설명으로 옳은 것은?

① 윤벌기는 임분 또는 수목에 성립하며, 전체 산림을 일순벌 하는 데 요하는 기간이다.

② 개별작업에서의 갱신기란 벌채 후 벌채목이 반출되고 새로 산림이 성립될 때까지의 연수를 말한다.

③ 회귀년은 조림의 측면에서 기간을 길게 하여 1회 벌채량을 많게 하는 것이 유리하다.

④ 개량기는 유령림에서 윤벌기보다 짧기 때문에 개량기 종료 후에 수확의 지속성을 고려하여 결정해야 한다.

ANSWER 9.① 10.②

9 ① 경사 25 ~ 30도 미만은 험준지이다.
※ 산림경영계획상의 경사유형

구분	경사도
완경사지	15도 미만
경사지	15~20도 미만
급경사지	20~25도 미만
험준지	25~30도 미만
절험지	30도 이상

10 ① 벌기령은 임분 또는 수목에 성립한다.
③ 회귀년은 조림의 기술적인 측면에서 볼 때 기간을 짧게 하는 것이 유리하다.
④ 개량기는 유령림에서 윤벌기보다 길기 때문에 개량기 종료 후에 수확의 지속성을 고려하여 결정해야 한다.

11 인공조림에 의한 개벌교림작업에서 임지기망가를 증가시키는 인자의 조건으로 옳지 않은 것은? (단, 다른 인자는 변하지 않는 것으로 가정한다)

① 주벌수익의 증가

② 조림비의 감소

③ 이율의 증가

④ 관리비의 감소

12 산림평가와 관련된 임업 경영요소에 대한 설명으로 옳은 것은?

① 조림비는 조림 초년도에 지출되는 것으로 보고 전가합계로 계산한다.

② 관리비는 조림비 이외의 일체의 경비를 말한다.

③ 조림비의 대부분은 묘목대이다.

④ 주수익은 주벌수익과 간벌수익으로 나누어지며, 일반적으로 간벌수익의 단가가 높다.

....

ANSWER 11.③ 12.①

11 임기지망가에 영향을 주는 조건
  ㉠ 주벌수확과 간벌수확
  ㉡ 조림비, 무육비 및 관리비
  ㉢ 이율
  ㉣ 벌기

12 ② 관리비는 관리경영에 소요되는 비용이다.
  ③ 협의의 조림비는 조림을 시작하여 성립까지 10여년 간에 걸쳐서 지출되는 육성적 비용이며, 광의의 조림비는 산림을 육성하는데 소요된 가치의 총화를 말한다.
  ④ 주수익은 주벌수익과 간벌수익으로 나누어지며, 일반적으로 주벌수익의 단가가 높다.

13 다음 조건의 산림을 오스트리안(Austrian) 공식으로 계산한 표준연벌채량[m³]은?

- 현실임분의 축적 : 150m³/ha
- 연년생장량 : 6m³/ha
- 법정축적 : 180m³/ha
- 면적 : 100ha
- 갱정기 : 20년
- 윤벌기 : 50년

① 450　　　　　　　　　　　　　② 500

③ 550　　　　　　　　　　　　　④ 600

14 33년 후에 주벌수입 2,000만 원을 얻기 위한 현재가[만 원]는? (단, 연이율은 5%이고 $1.05^{33} = 5.0$으로 한다)

① 400　　　　　　　　　　　　　② 450

③ 500　　　　　　　　　　　　　④ 550

13　$6 + \left(\dfrac{150 - 180}{2} \right) = 4.5$

　　$4.5 \times 100 = 450$

14　$\dfrac{20000000}{1.05^{33}} = \dfrac{20000000}{5} 4000000$

15 「사회공헌형 산림탄소상쇄 운영표준」상 용어의 정의로서 옳지 않은 것은?

① 탄소함량비 : 건조된 바이오매스 내에 함유되어 있는 탄소량의 비율이다.

② 누출량 : 산림탄소상쇄사업을 실시함으로써 사업 경계 밖에서 발생하는 이산화탄소 배출 증가량을 말한다.

③ 베이스라인 흡수(배출)량 : 산림탄소상쇄사업을 하지 않았을 경우 사업경계 내에서 통상적으로 이루어지는 활동 가운데 발생가능성이 가장 높은 활동(베이스라인)을 고려한 이산화탄소 흡수(배출)량을 말한다.

④ 순흡수량 : 이산화탄소 총흡수량에서 베이스라인 흡수량을 뺀 값을 말한다.

16 산림기본법령상 산림기본계획 및 지역산림계획에 대한 설명으로 옳지 않은 것은?

① 산림청장은 지방자치단체에 대하여 산림기본계획 및 지역산림계획의 추진실적 등을 평가하고 그 결과에 따라 예산을 차등 지원할 수 있다.

② 시장·군수는 20년마다 시·군산림계획을 수립한다.

③ 산림기본계획구의 명칭은 산림기본계획구 앞에 해당 시·도 또는 지방산림청의 명칭을 붙인다.

④ 산림청장은 20년마다 산림기본계획을 수립하되, 산림의 상황 또는 경제사정의 현저한 변경 등의 사유가 있는 경우에는 이를 변경할 수 있다.

17 국유림 경영계획서 작성의 임황조사에 대한 설명으로 옳지 않은 것은?

① 임종은 산림이 성립된 원인을 규명하기 위한 조사사항으로 천연림과 인공림으로 구분한다.

② 혼효율은 주요 수종의 입목재적·본수·수관점유면적 비율에 의하여 100분율로 산정한다.

③ 수종은 주수종을 기재하고 혼효림의 경우에는 점유비율 순으로 모든 수종을 차례로 기재한다.

④ 임령은 임분의 나이를 의미하며 임분의 최저 ~ 최고 수령의 범위를 분모로 하고 평균수령을 분자로 하여 정수단위로 표시한다.

ANSWER 15.④ 16.② 17.③

15 ④ 순흡수량이란 이산화탄소 총흡수량에서 베이스라인 흡수량과 사업추진 시 발생하는 이차적 배출량을 뺀 값을 말한다.

16 ② 특별시장·광역시장·특별자치시장·도지사·특별자치도지사 및 지방산림청장은 제1항의 산림기본계획에 따라 관할 구역에 소재한 산림의 특수성을 고려한 지역산림계획을 수립·시행하여야 한다. 산림기본계획 및 지역산림계획은 20년마다 수립하되, 산림의 상황 또는 경제사정의 현저한 변경 등의 사유가 있는 경우에는 이를 변경할 수 있다. 이 경우 산림기본계획을 변경할 때에는 협의회의 의견을 들어야 한다.

17 ③ 수종은 주수종을 기재하고 혼효림의 경우에는 점유비율이 높은 주요수종부터 5종까지 기재할 수 있다.

18 매년 3,000,000원씩 조림비를 8년간 지불한다면, 마지막 지불이 끝났을 때의 후가[만 원]는? (단, 연이율은 5%이고 $1.05^8 = 1.5$로 한다)

① 1,500

② 2,000

③ 2,500

④ 3,000

19 「임업 및 산촌 진흥촉진에 관한 법률」상 산촌진흥기본계획에 포함되어야 하는 내용이 아닌 것은?

① 도시와의 교류 촉진에 관한 사항

② 도시민의 산촌 정착 지원에 관한 사항

③ 산촌의 녹색관광 및 생태관광 육성에 관한 사항

④ 산림시책의 기본목표 및 추진방향에 관한 사항

ANSWER 18.④ 19.④

18 $\dfrac{3,000,000(1.05^8 - 1)}{0.05} = \dfrac{3,000,000(1.5 - 1)}{0.05} 30,000,000$

19 산촌진흥기본계획

㉠ 산촌의 산림자원 조성·경영 기반을 확충하는 등 산림의 종합 정비에 관한 사항

㉡ 농림수산물의 생산·가공·판매 및 산림휴양자원을 활용한 산촌주민의 소득증대에 관한 사항

㉢ 산촌의 도로·주택·상하수도 등 주거환경의 조성·정비에 관한 사항

㉣ 산촌의 고유한 문화와 전통의 계승·발전에 관한 사항

㉤ 도시와의 교류 촉진에 관한 사항

㉥ 도시민의 산촌 정착 지원에 관한 사항

㉦ 산촌의 녹색관광 및 생태관광 육성에 관한 사항

㉧ 그 밖에 산촌진흥을 위하여 농림축산식품부령으로 정하는 사항

20 「산림기본법」의 내용에 대한 설명으로 옳지 않은 것은?

① 「산림기본법」은 산림정책의 기본이 되는 사항을 정하여 산림의 다양한 기능을 증진하고 임업의 발전을 도모함으로써 국민의 삶의 질 향상과 국민경제의 건전한 발전에 이바지함을 목적으로 한다.

② 산촌이란 산림면적의 비율이 현저히 높고 인구밀도가 낮은 지역으로서 대통령령으로 정하는 지역을 말한다.

③ 산림은 국토의 많은 부분을 이루는 귀중한 자산이므로 국민의 행복한 삶을 위하여 사회·경제·문화 등 다양한 분야에서 그 기능이 가장 조화롭고 알맞게 발휘될 수 있도록 경영·관리함을 「산림기본법」의 기본이념으로 한다.

④ 산림복지란 국민에게 산림을 기반으로 산림문화·휴양, 산림교육 및 치유 등의 서비스를 창출·제공함으로써 국민의 복리 증진에 기여하기 위한 경제적·사회적·정서적 지원을 말한다.

ANSWER 20.③

20 ③ 산림은 국토환경을 보전하고 임산물을 생산하는 기반으로서 국가발전과 생명체의 생존을 위하여 없어서는 안될 중요한 자산이므로 산림의 보전과 이용을 조화롭게 함으로써 지속가능한 산림경영이 이루어지도록 함을 「산림기본법」의 기본이념으로 한다.

1 우리나라 산림의 탄소흡수원 유지·증진 및 탄소배출권을 확보할 수 있는 방법에 해당하지 않는 것은?

① 임목벌채량 확대

② REDD+ 사업 확대

③ 수확된 목제품 이용 확대

④ 산림바이오매스 에너지 이용 확대

2 법정림에서 법정연벌량에 해당하지 않는 것은? (단, U : 윤벌기, V_u : 벌기임분재적, V_s : 하기법정축적, P : 법정수확률[%], 각 영계의 연년생장량 : $Z_1, Z_2, Z_3, \cdots, Z_u$)

① V_u

② $V_s \cdot \dfrac{U}{2}$

③ $\dfrac{V_s \cdot P}{100}$

④ $Z_1 + Z_2 + Z_3 + \cdots + Z_u$

ANSWER 1.① 2.②

1 ① 산림의 탄소흡수원 유지·증진 및 탄소배출권을 확보하려면, 임목벌채량은 축소해야 한다.

2 법정연벌량=법정 생장량=벌기임분재적=벌채 기간 평균생장량×윤벌기

3 다음 수확조절공식에 해당하는 것은? (단, G_a : 현실임분축적, U : 윤벌기)

$$표준연벌채량 = \frac{2G_a}{U}$$

① 마이어공식법

② 하이어공식법

③ 한즈릭공식법

④ 폰만텔공식법

4 국유림경영계획 지황조사의 지종구분에서 입목도 산정 인자에 해당하지 않는 것은?

① 재적

② 임목본수

③ 흉고단면적

④ 수관점유면적

5 국유림경영의 목표에 대한 설명으로 옳지 않은 것은?

① 총체적인 목표는 산림생태계 보호 및 다양한 산림기능의 최적 발휘이다.

② 경영수지 개선은 주목표이지만 높은 비중을 차지하지는 않는다.

③ 주목표 및 부분목표를 달성하는 과정에서 목표간 상충되면 법적 제한사항과 보호기능을 우선하는 것이 원칙이다.

④ 휴양 및 문화 기능은 국민의 건강을 증진하고 삶의 질을 개선하며 경제 여건의 안정화에 기여한다.

ANSWER 3.④ 4.④ 5.②

3 ② 투지소유자가 조절되지 않은 산림을 법정상태의 산림으로 전환하는 것을 원한다는 가정을 기반으로 한다.
③ 노령림의 법정림 전환단계에 발생하는 문제를 중점으로 지속 가능한 연년벌채량을 결정하는 방법이다.

4 ① 입목도는 임분의 재적 또는 흉고단면적, 임목본수로 나타낸다.

5 ② 국유림경영계획은 산림생태계의보호 및 다양한 산림 기능의 최적 발휘를 위하여 산림보호 · 임산물생산 · 휴양문화 · 고용기능 등을 증진시키고, 국유림경영에 대한 수지개선을 통해 합리적인 국유림경영이 이루어지도록 유도하는데 있으며, 경영계획구에 대한 종합적인 경영계획이 되도록 작성한다.

6 「공·사유림 경영계획 작성 및 운영 요령」상 옳지 않은 것은?

① 표준지조사는 표준지 내에서 측정된 입목의 평균가슴높이지름과 평균 수고를 통하여 재적을 산출한다.

② 임반은 지형지물 또는 유역경계를 달리하거나 사업상 취급을 다르게 할 경우 달리 구획한다.

③ 표준지 면적은 산림(소반) 면적의 2% 이상으로 하며, 인공조림지로서 조림년도와 수종이 같은 경우 1% 이상으로 한다.

④ 인공 조림지는 조림년도의 묘령을 기준으로 임령을 산정하고, 그 외 임령 식별이 불분명한 임지는 생장추를 이용하여 임령을 산정한다.

7 산림경영의 지도원칙 중 보속성에 대한 설명으로 옳지 않은 것은?

① 보속성의 원칙은 모든 원칙에 우선하여 지배적인 위치를 차지하고 있다.

② 전업적 임업경영에 있어서 보속성은 연년작업을 말하며, 간단작업은 포함되지 않는다.

③ Mantel은 보속이란 연년의 목재수확을 양적보다는 질적으로 균등하게 하는 것으로 규정하고 있다.

④ Judeich는 보속을 광의로 해석하여 지력을 유지하면서 목재생산을 지속적으로 실현하는 것으로 보고, 임지의 최고 생산력 유지를 중시한다.

8 시장에서 거래되는 재화에 지불되는 가격을 참조하여 환경재화와 서비스의 가치를 추정하는 산림의 공익적 기능 평가방법이 아닌 것은?

① 임의가치법

② 여행비용법

③ 임금차이법

④ 자산가치법

6 ② 가능한 100ha 내외 구획하고, 현지여건상 불가피한 경우는 조정가능하다. 능선, 하천, 도로 등 자연경계나 도로 등 고정적 시설을 따라 확정한다.

7 ③ 해마다 목재가 균등하게 공급되는 것으로 규정하고 있다.

8 산림의 공익적 기능 평가방법
ㄱ 대리시장 가격에 의한 방법 : 여행비용법, 임금차이법, 자산가치법
ㄴ 시장가격에 의한 방법 : 생산성변화법, 소득손실법
ㄷ 조사에 의한 방법 : 임의가치법, 델파이방법
ㄹ 비용에 의한 방법 : 기회비용법, 비용효과법, 예방지출법, 대체비용법

9 생산함수에 대한 설명으로 옳지 않은 것은?

① 한계생산물이 감소한다면 총생산물도 감소한다.

② 생산물의 수확량은 생산에 사용된 생산요소의 투입량에 의존하게 된다.

③ 생산함수에서 모든 생산요소는 가변요소와 고정요소로 구분할 수 있다.

④ 평균생산물은 총생산물을 그 생산물의 생산에 필요한 생산요소의 투입량으로 나눈 것이다.

10 산림관리협회(FSC : Forest Stewardship Council)에 대한 설명으로 옳지 않은 것은?

① 회원국 정부가 출연한 금액으로 운영되는 국제기구이다.

② 의사 결정은 회원의 투표로 이루어지고, 회원은 경제·사회·환경의 3개 그룹으로 편성되어 있다.

③ 「산림관리에 관한 FSC의 원칙과 규준」 및 「인증기관을 위한 FSC의 지침」에 기초하여 산림인증기관의 평가·인정·모니터링 등을 행하고 있다.

④ 가공·유통 과정의 관리 인증(CoC : Chain of Custody certification)은 인증 목재의 시장 유통을 확보하기 위한 인증제도로, 산림경영인증과는 별도의 체계이다.

11 「산림자원의 조성 및 관리에 관한 법률 시행규칙」상 벌채기준에 대한 설명으로 옳지 않은 것은?

① 벌채는 수확을 위한 벌채, 숲가꾸기를 위한 벌채, 수종갱신을 위한 벌채, 피해목 제거를 위한 벌채로 구분된다.

② 수확을 위한 벌채의 경우 능선부·암석지·석력지·황폐우려지로서 갱신이 어렵다고 판단되는 지역은 임지를 보호하기 위하여 골라베기를 실시한다.

③ 숲가꾸기를 위한 벌채의 경우 우량목 등 보육대상목의 생육에 지장이 없는 입목과 하층식생은 존치시켜 입목과 임지가 보호되도록 한다.

④ 수종갱신을 위한 벌채의 경우 1개 벌채구역의 면적은 최대 30만제곱미터 이내로 한다.

ANSWER 9.① 10.① 11.②

9 ① 한계생산물이 이전보다 감소하더라도 양(+)의 값을 갖는 이상 총생산물은 꾸준히 증가한다.

10 ① 환경보호를 위해 국제비정부기구(NGO) 또는 기업이 중심이 되어 설립된 단체이다.

11 ② 수확을 위한 벌채의 경우 능선부·암석지·석력지·황폐우려지로서 갱신이 어렵다고 판단되는 지역은 임지를 보호하기 위하여 벌채를 하여서는 아니 된다.

12 국유림경영계획 실행상 사업착수 우선순위가 높은 것부터 순서대로나열한 것은? (단, 지역실정은 고려하지 않는다)

① 가지치기 – 무육솎아베기 – 움싹갱신지 보육 – 천연림보육
② 가지치기 – 무육솎아베기 – 천연림보육 – 움싹갱신지 보육
③ 무육솎아베기 – 가지치기 – 천연림보육 – 움싹갱신지 보육
④ 무육솎아베기 – 가지치기 – 움싹갱신지 보육 – 천연림보육

13 산림수확조절방법 중 평분법에 대한 설명으로 옳지 않은 것은?

① 재적평분법은 주로 영급을 기준으로 하여 산림을 구획하는데, 이것을 분구라고 한다.
② 면적평분법은 재적수확의 균등보다는 장소적인 규제를 더 중시하여 각 분기의 벌채면적을 같게 하는 방법이다.
③ 재적평분법은 한 윤벌기에 대하여 벌채안을 만들고 각 분기마다 벌채량을 균등하게 하여 재적수확의 보속을 도모하려는 방법이다.
④ 면적평분법에서 임분배치관계상 뒤에 배정된 임분이 과숙되어 있으면 이를 제2분기에 다시 중복하여 배정하게 되는데, 이를 복벌 또는 재벌이라고 한다.

14 원격탐사의 영상강조에 대한 설명으로 옳지 않은 것은?

① 영상자료를 목적에 따라 판독하기 쉽게 가공하는 방법이다.
② 선형변환은 입력영상의 농돗값을 선형함수에 의하여 변환하는 것이다.
③ 히스토그램정규화는 입력영상 농도의 빈도분포를 각 농돗값의 빈도가 동일하게 되도록 변환하는 것이다.
④ 농도변환은 임의의 농도분포를 가지는 영상을 만드는 것으로, 함수를 이용하는 방법과 농돗값의 히스토그램 형상을 변환하는 방법이 있다.

ANSWER 12.③ 13.④ 14.③

12 사업착수 우선순위 : 보식 – 풀베기 – 덩굴제거 – 어린나무가꾸기 – 무육간벌 – 가지치기 – 비료주기 – 천연림보육 – 움싹신지 보육 – 수확벌채 – 조림

13 ④ 면적평분법에서 임분배치관계상 뒤에 배정된 임분이 과숙되어 있으면 이를 제1분기에 다시 중복하여 배정하게 되는데, 이를 복벌 또는 재벌이라고 한다.

14 ③ 히스토그램정규화는 모든 값을 더했을 때 1이 되도록 해주는 것이다.

15 「원목 규격 고시」상 원목의 치수 측정방법에 대한 설명으로 옳지 않은 것은?

① 원목의 지름은 말구지름을 말한다.

② 원목의 평균지름은 말구지름과 원구지름을 평균한 지름을 말하며, 이때 평균의 단위치수는 20mm로 하고 20mm 미만의 끝수는 끊어버린다.

③ 원목의 말구지름은 수피를 제외한 최소지름이며, 최소지름이 400mm이상인 원목은 최소지름과 최소지름에 대한 직각지름을 동시에 측정하여 그 차 40mm마다 최소지름에 10mm씩 가산시킨 지름을 말구지름으로 한다.

④ 원목의 길이를 측정할 경우, 0.1m 미만의 여척과 지름이 60mm 미만인 끝단부는 길이에서 제외한다.

16 소나무 택벌림 5ha가 있다. 이 임지의 연간 수입은 500만 원/ha, 연간 비용은 400만 원/ha, 매년 물가등귀율이 2%이고 환원이율이 7%일 때, 수익환원법에 의한 임지의 가격[만 원]은?

① 2,000

② 2,040

③ 10,000

④ 10,200

ANSWER 15.② 16.④

15 ② 원목의 평균지름은 말구지름과 원구지름을 평균한 지름을 말한다. 이때 평균의 단위치수는 10mm로 하고 10mm 미만의 끝수는 끊어버린다.

16 연간 수입은 500만 원/ha이고, 연간 비용은 400만 원/ha이기 때문에 연간 순수입은 100만 원/ha에 해당한다.

임지 면적이 5ha이므로, 전체 순수익은 100만 원/ha × 5ha = 500만 원/년이다.

$$임지가격 = \frac{순수익}{환원이율 - 물가등귀율}$$ 이다.

환원이율은 7%, 물가등귀율은 2%로 수익환원법에 대입하면 10,000만원이 나온다.

하지만 물가등귀율을 고려하면 순수익이 매년 2% 증가하고 있다.

인플레이션에 따라 매년 증가한다고 가정하여 계산하면

$$임지가격 = \frac{500만원 \times (1+0.02)}{0.05} = 10,200(만 원)이다.$$

물가등귀율이 순수익에 반영되어 순수익이 매년 2%씩 증가한다고 가정하면, 임지의 가격은 10,200만 원에 해당한다.

17 임목소유자가 직영으로 생산할 경우 임목가격은 원목시장가격에서 벌출사업비만을 투입자본으로 보고 이에 대해서만 이익을 계산하는 시장가역산식은? (단, X : 임목구입자금, A : 원목시장가격, B : 총비용, 자금회수기간 : 5개월, p : 월이율)

① $X = A - B(1 + 5p)$

② $X = A - \dfrac{B}{(1 + 5p)}$

③ $X = \dfrac{A}{(1 + 5p)} - B$

④ $X = A(1 + 5p) - B$

18 「산림바이오매스에너지의 이용·보급 촉진에 관한 규정」상 미이용 산림바이오매스의 범위에 해당하지 않는 것은?

① 숲가꾸기를 위한 벌채를 통해 나온 산물

② 산림병해충 피해목 제거 등 방제 과정에서 나온 벌채 산물

③ 수확, 수종갱신 및 산지개발을 위한 벌채를 통해 나온 원목생산에 이용되지 않는 부산물

④ 풍해·수해·설해 등으로 발생한 산물 중 원목으로 사용될 수 있는 산물

ANSWER 17.① 18.④

17 ① 임목소유자가 직영으로 생산할 경우 임목가격은 원목시장가격에서 벌출사업비만을 투입자본으로 보고 이에 대해서만 이익을 계산하는 시장가역산식은 $X = A - B(1 + 5p)$이다.

18 "미이용 산림바이오매스"란 국내 산림경영활동 등으로 발생한 산물 중 원목 규격에 못 미치거나 수집이 어려워 이용이 원활하지 않은 산물로써 다음 각 호의 어느 하나와 같다.
ⓘ 수확, 수종갱신 및 산지개발을 위한 벌채를 통해 나온 원목생산에 이용되지 않는 부산물
ⓛ 숲가꾸기를 위한 벌채를 통해 나온 산물
ⓒ 산림병해충 피해목 제거 등 방제 과정에서 나온 벌채 산물
ⓔ 「도시숲 등의 조성 및 관리에 관한 법률」에 따른 도시숲·생활숲·가로수의 조성·관리 과정에서 나온 산물
ⓜ 산불 피해목으로 원목생산에 이용되지 않는 산물
ⓗ 풍해·수해·설해 등으로 발생하여 원목으로 사용되지 않는 산물

19 다기준의사결정 방법 중 계층분석법(AHP : Analytic Hierarchy Process)에 대한 설명으로 옳지 않은 것은?

① 평가 항목을 계층화하여 주요 요인과 세부 요인들로 구분한 후 전문가 등의 의견으로 가중치를 설정하여 분석하는 방법이다.

② 가중치를 산출하는 방법에는 고유치법, 간이계산법, 기하평균법 등이 있다.

③ 쌍대비교에서 도출된 가중치는 요인별 절대적 가중치를 의미한다.

④ 일관성 비율을 통하여 설문지 답변자의 일관성을 측정한다.

20 「임업·산림 공익기능 증진을 위한 직접지불제도 운영에 관한 법률」상 옳지 않은 것은?

① 임업직불제법은 임업·산림의 공익기능 증진과 임업인등의 소득안정을 목적으로 한다.

② 국유림을 대부받아 임산물생산업을 하는 경우, 임산물생산업 직접지불금이 일부 감액된다.

③ 육림업 직접지불금은 기준면적 구간별로 역진적 단가를 적용하여 지급한다.

④ 임산물생산업 직접지불금 수령을 위한 준수사항을 지키지 않는 경우, 공익직접지불금 전부 또는 일부를 지급하지 아니한다.

ANSWER 19.③ 20.②

19 ③ 쌍대비교에서 도출된 가중치는 요인별 상대적 가중치를 의미한다.

20 다음 각 호의 어느 하나에 해당하는 산지는 같은 항에 따른 임산물생산업 직접지불금 지급대상에서 제외한다.
㉠ 「산림자원의 조성 및 관리에 관한 법률」에 따른 국유림, 공유림
㉡ 「산지관리법」에 따라 산지전용허가를 받거나 산지전용신고를 한 산지
㉢ 「산지관리법」에 따라 산지일시사용허가를 받거나 산지일시사용신고를 한 산지. 다만, 「산지관리법」에 따른 산지일시사용신고의 경우는 제외한다.
㉣ 법에 따라 등록신청하는 연도에 「농업·농촌 공익기능 증진 직접지불제도 운영에 관한 법률」에 따른 기본형공익직접지불금을 등록신청한 산지
㉤ 법에 따라 등록신청하는 연도에 법에 따른 육림업 직접지불금을 등록신청한 산지
㉥ 법에 따라 등록제한 기간 중에 있는 자가 소유한 산지. 이 경우 지급대상 산지로서의 제한 기간은 같은 항에 따른 지급대상자의 등록제한 기간으로 한다.
㉦ 다음 각 목의 어느 하나에 해당하는 산지. 다만, 법에 따라 등록신청하는 연도의 직전 연도까지 다음 각 목에 따른 지구·지역·단지의 산지 중 보상을 받지 아니한 산지분에 대하여 산림청장이 1년 이상 임산물생산업에 이용할 수 있는 산지로 인정하는 경우에는 임산물생산업 직접지불금 지급대상 산지로 본다.
• 「국토의 계획 및 이용에 관한 법률」 규정에 따른 주거지역, 상업지역 또는 공업지역의 산지
• 「산업입지 및 개발에 관한 법률」에 따라 지정된 산업단지 및 농공단지의 산지
• 「택지개발촉진법」에 따라 지정된 택지개발지구의 산지
• 그 밖에 다른 법률에 따라 각종 개발사업의 예정지로 지정되거나 고시된 지역의 산지
㉧ 휴경 중인 산지

임업경영 기준 법령

- 국유림의 경영 및 관리에 관한 법률(약칭 : 국유림법) : [시행 2024. 7. 24.] [법률 제20079호, 2024. 1. 23., 일부개정]
- 국유림의 경영 및 관리에 관한 법률 시행령(약칭 : 국유림법 시행령) : [시행 2024. 5. 28.] [대통령령 제34533호, 2024. 5. 28., 타법개정]
- 산림기본법 : [시행 2024. 5. 1.] [법률 제19803호, 2023. 10. 31., 일부개정]
- 산림기본법 시행령 : [시행 2024. 5. 1.] [대통령령 제34437호, 2024. 4. 23., 일부개정
- 산림기본법 시행령 : [시행 2024. 5. 1.] [대통령령 제34437호, 2024. 4. 23., 일부개정]
- 산림문화 · 휴양에 관한 법률 시행령(약칭 :산림휴양법 시행령) : [시행 2024. 5. 1.] [대통령령 제34440호, 2024. 4. 23., 일부개정]
- 산림문화 · 휴양에 관한 법률 시행규칙(약칭 :산림휴양법 시행규칙) : [시행 2024. 5. 1.] [농림축산식품부령 제652호, 2024. 5. 1., 일부개정]
- 산림보호법 : [시행 2024. 5. 17.] [법률 제20309호, 2024. 2. 13., 타법개정
- 산림보호법 시행령 : [시행 2024. 6. 1.] [대통령령 제34536호, 2024. 5. 31., 일부개정]
- 산림자원의 조성 및 관리에 관한 법률(약칭 :산림자원법) : [시행 2024. 5. 17.] [법률 제19409호, 2023. 5. 16., 타법개정]
- 산림자원의 조성 및 관리에 관한 법률 시행령(약칭 :산림자원법 시행령) : [시행 2024. 5. 17.] [대통령령 제34487호, 2024. 5. 7., 타법개정]
- 산림자원의 조성 및 관리에 관한 법률 시행규칙(약칭 :산림자원법 시행규칙) : [시행 2024. 6. 13.] [농림축산식품부령 제660호, 2024. 6. 13., 일부개정]
- 산지관리법 : [시행 2024. 5. 17.] [법률 제19590호, 2023. 8. 8., 타법개정]
- 산지관리법 시행령 : [시행 2024. 7. 1.] [대통령령 제34541호, 2024. 6. 4., 일부개정]
- 수목원 · 정원의 조성 및 진흥에 관한 법률(약칭 :수목원정원법) : [시행 2024. 7. 3.] [법률 제19882호, 2024. 1. 2., 일부개정
- 수목원 · 정원의 조성 및 진흥에 관한 법률 시행령(약칭 :수목원정원법 시행령) : [시행 2024. 5. 28.] [대통령령 제34533호, 2024. 5. 28., 타법개정]
- 수목원 · 정원의 조성 및 진흥에 관한 법률 시행규칙(약칭 :수목원정원법 시행규칙) : [시행 2023. 3. 27.] [농림축산식품부령 제574호, 2023. 3. 27., 타법개정]
- 임업 및 산촌 진흥촉진에 관한 법률 시행령(약칭 :임업진흥법 시행령) : [시행 2024. 5. 17.] [대통령령 제34487호, 2024. 5. 7., 타법개정]
- 탄소흡수원 유지 및 증진에 관한 법률(약칭 :탄소흡수원법) : [시행 2024. 5. 1.] [법률 제19806호, 2023. 10. 31., 일부개정]
- 탄소흡수원 유지 및 증진에 관한 법률 시행령(약칭 :탄소흡수원법 시행령) : [시행 2024. 5. 1.] [대통령령 제34438호, 2024. 4. 23., 일부개정]
- 도시숲 등의 조성 및 관리에 관한 법률(약칭 : 도시숲법) : [시행 2024. 4. 3.] [법률 제19879호, 2024. 1. 2., 일부개정]
- 산림조합법 : [시행 2024. 2. 1.] [법률 제19939호, 2023. 12. 31., 일부개정]

임업경영 기준 규칙

- 「공 · 사유림 경영계획 작성 및 운영 요령」 [시행 2018. 8. 20.] [산림청예규 제664호, 2018. 8. 20., 일부개정]
- 「국유림경영계획 작성 및 운영요령」 [시행 2023. 2. 1.] [산림청예규 제706호, 2023. 2. 1., 일부개정]
- 「지속가능한 산림자원 관리지침」 [시행 2020. 6. 15.] [산림청훈령 제1454호, 2020. 6. 15., 일부개정]